技工院校计算机类专业教材（中／高级技能层级）

WPS Office
电子表格应用

主　编　王　刚
副主编　柳丽彩

中国劳动社会保障出版社

简介

本书主要内容包括初识 WPS 表格、制作学生信息登记表——输入数据与设置表格、统计分析学生成绩表——使用公式与函数、制作学生成绩统计图表——制作统计图表、分析学生技能竞赛成绩——处理与分析数据、分析企业销售数据——制作数据透视表与透视图等。

本书由王刚担任主编，柳丽彩担任副主编，刘新成、韩旭、冯勇、杨喜龙、晨光、赵晓林参与编写。

图书在版编目（CIP）数据

WPS Office 电子表格应用 / 王刚主编. -- 北京：中国劳动社会保障出版社，2025. --（技工院校计算机类专业教材）. -- ISBN 978-7-5167-6865-5

Ⅰ. TP391.13

中国国家版本馆 CIP 数据核字第 2025ZT2657 号

WPS Office 电子表格应用

WPS Office DIANZI BIAOGE YINGYONG

中国劳动社会保障出版社出版发行

（北京市惠新东街 1 号　邮政编码：100029）

*

北京宏伟双华印刷有限公司印刷装订　　新华书店经销

787 毫米 ×1092 毫米　16 开本　14.25 印张　277 千字

2025 年 7 月第 1 版　　2025 年 7 月第 1 次印刷

定价：36.00 元

营销中心电话：400-606-6496

出版社网址：https://www.class.com.cn

https://jg.class.com.cn

前　言

为了更好地满足技工院校计算机类专业的教学要求，适应计算机行业的发展现状，全面提升教学质量，我们组织全国有关学校的一线教师和行业、企业专家，在充分调研企业用人需求和学校教学情况、吸收借鉴各地技工院校教学改革的成功经验的基础上，根据人力资源社会保障部颁布的《全国技工院校专业目录》及相关教学文件，对技工院校计算机类专业教材进行了修订和新编。

本次修订（新编）的教材涉及计算机类专业通用基础模块及办公软件、多媒体应用软件、辅助设计软件、计算机应用维修、网络应用、程序设计、操作指导等多个专业模块。

本次修订（新编）工作的重点主要有以下几个方面。

突出技工教育特色

坚持以能力为本位，突出技工教育特色。根据计算机类专业毕业生就业岗位的实际需要和行业发展趋势，合理确定学生应具备的能力和知识结构，对教材内容及其深度、难度进行了调整。同时，进一步突出实际应用能力的培养，以满足社会对技能型人才的需求。

针对计算机软、硬件更新迅速的特点，在教学内容选取上，既注重体现新软件、新知识，又兼顾技工院校教学实际条件。在教学内容组织上，不仅局限于某一计算机软件版本或硬件产品的具体功能，而是更注重学生应用能力的拓展，使学生能够触类旁通，提升综合能力，为后续专业课程的学习和未来工作中解决实际问题打下良好的基础。

创新教材内容形式

在编写模式上，根据技工院校学生认知规律，以完成具体工作任务为主线组织教材内容，将理论知识的讲解与工作任务载体有机结合，激发学生的学习兴趣，提高学生的实践能力。

在表现形式上，通过丰富的操作步骤图片和软件截图详尽地指导学生了解软件功能并完成工作任务，使教材内容更加直观、形象。结合计算机类专业教材的特点，多数教材采用四色印刷，图文并茂，增强了教材内容的表现效果，提高了教材的可读性。

本次修订（新编）工作还针对大部分教材创新开发了配套的实训题集，在教材所学内容基础上提供了丰富的实训练习题目和素材，供学生巩固练习使用，既节省了教材篇幅，又能帮助学生进一步提高所学知识与技能的实际应用能力。

提供丰富教学资源

在教学服务方面，为方便教师教学和学生学习，配套提供了制作素材、电子课件、教案示例等教学资源，可通过技工教育网（https://jg.class.com.cn）下载使用。除此之外，在部分教材中还借助二维码技术，针对教材中的重点、难点内容，开发制作了操作演示微视频，可使用移动设备扫描书中二维码在线观看。

致谢

本次修订（新编）工作得到了河北、山西、黑龙江、江苏、山东、河南、湖北、湖南、广东、重庆等省（直辖市）人力资源社会保障厅（局）及有关学校的大力支持，在此我们表示诚挚的谢意。

编者

2025 年 4 月

目　录

CONTENTS

项目一
初识 WPS 表格

WPS Office 作为一款强大的办公软件被广泛应用，WPS 表格作为其中一项功能，为用户提供了高效的数据处理和分析工具，它拥有直观的界面，易于用户上手操作。无论是创建简单的表格记录日常数据，如收支明细、购物清单等，还是处理复杂的商业数据报表，WPS 表格都能满足用户的需求，同时利用 WPS Office 的多端互通功能，用户可以通过浏览器、移动应用等快速地收集或与他人分享信息。

本项目介绍如何下载安装 WPS Office 并进行工作簿和工作表的基础操作，包括创建和保存工作簿、编辑和管理工作表等。此外，本项目还涉及信息保护等相关知识，帮助用户更好地管理和保护自己的数据。通过本项目的学习，用户能够认识 WPS 表格并进行简单操作，为后续的深入学习奠定基础。

任务 1　安装 WPS Office

1. 能够了解 WPS Office 的功能和新特性。
2. 能够掌握 WPS Office 的下载和安装方法。
3. 能够使用 WPS Office 的协作功能。
4. 能够了解 WPS Office 首页的功能。

WPS Office 是一款轻量级、功能丰富的综合办公软件，具有高兼容性。作为一款专业、便捷的办公软件，WPS Office 具有编辑文字、表格、演示文稿和 PDF 等功能，可以阅读 CAD、EPUB 等格式文档，还提供提取图片中的文字、翻译以及转换文档格式等功能，极大地提高了工作效率，在使用这些功能前需要了解如何下载和安装 WPS Office。

一、WPS Office 的功能和新特性

相较于其他同类办公软件将文字、表格和演示文稿功能分隔开的方式，WPS Office 更加注重不同类型文档和工作间的协作，它将所有的办公工作统一在同一窗口中进行，通过标签随意切换文字、表格、演示文稿或者 PDF 等格式文档。WPS Office 通过内置的应用市场将诸多常用功能集成在一起，无论是要使用基础功能或特色功能，还是想要查找历史文档，都更便捷，体验感也更好。

WPS Office 具有极好的兼容性，在 Windows 平台中，可以支持所有 Windows 7 以上的操作系统；在 Linux 和 macOS 平台中，相应的版本可以提供相同的功能和操作方式；在手机和平板等移动设备中，也可以通过应用商店安装使用。

WPS Office 根据用户的办公习惯提供许多特色功能，如支持中文项目符号、中文纸张规格等中文特色。

WPS Office 还具备极好的现代化办公能力，通过集成 AI 功能在传统电子表格的基础上，结合数据库的特性，加入小应用、自动化、流程化、仪表盘、扩展插件及 AI 等模块。AI 功能可以通过文字描述，根据用户表格数据智能生成公式，同时也可以解读复杂公式，并提供公式的使用说明。如图 1-1-1 所示，在单元格中输入“=”后，单击单元格后的 AI 图标，打开 AI 写公式功能，使用自然语言告诉 AI 要实现的需求，便可以生成符合要求的公式。

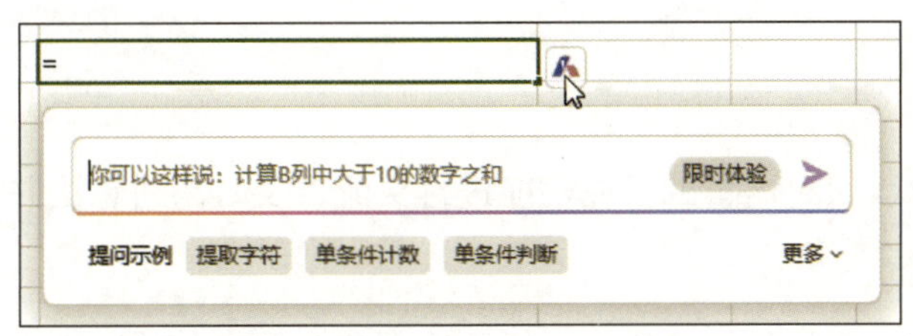

图 1-1-1　打开 AI 写公式功能

也可以通过功能区选项卡找到 WPS AI 入口进行标记特定数据、生成所需公式、快速筛选数据、操作数据透视表以及完成数据位置互换等快捷操作。

通过网络和云功能，WPS Office 的智能文档协作能力再次升级，支持多人、多端高效协同，支持同时多账号登录，用户可以轻松区分本地模式和协作模式；通过多屏协同功能，用户能够切换不同设备，在计算机上编辑内容时可用手机实时插图，而对于手机没写完的文档，打开计算机也能继续编写。

二、WPS Office 的下载和安装

为保障信息安全，安装软件时需要使用安全可靠的安装渠道，一种是通过可信的软件商店如 Android 或 iOS 系统自带的软件商店进行下载，另一种是访问软件开发者的官方网站进行下载。

WPS Office 的官方网站地址为：https://www.wps.cn/，打开官方网站后选择所需的相应版本下载即可。

在 Windows 中，WPS Office 的安装极为简单，双击安装程序后按步骤操作即可。

安装完毕后系统会自动运行 WPS Office，首次启动时会提示用户登录金山办公账号，登录账号后可以使用更多功能，并且可以同步存储文档。

三、WPS Office 的协作功能

WPS Office 提供了强大的协作功能，无论是计算机端的 Windows、Linux 或 macOS 系统还是手机端的 Android 或 iOS 系统都可以安装和使用 WPS Office。即使在没有安装 WPS Office 的设备上也可以通过使用网页版（地址为 https://www.kdocs.cn/）或微信小程序“金山文档”访问和编辑文档。

WPS Office 具体的协作功能如下。

1. 实时同步

多个用户可以同时在线编辑同一个文档，所做的修改能够实时同步显示给其他协作者，大大提高了工作效率。

2. 权限管理

可以为不同的协作者设置不同的编辑权限，如只读、可编辑等，保证数据的安全性和准确性。

3. 批注交流

协作者之间可以通过内置的批注功能进行交流，及时沟通想法并解决问题。

4. 版本控制

系统会自动记录文档的修改历史，便于追溯和恢复之前的版本。

通过这些功能，用户可以随时随地方便地阅读重要文档，快速地分发、共享和收集信息和数据。

四、WPS Office首页

通过双击桌面WPS Office图标可以启动WPS Office，其首页如图1-1-2所示。

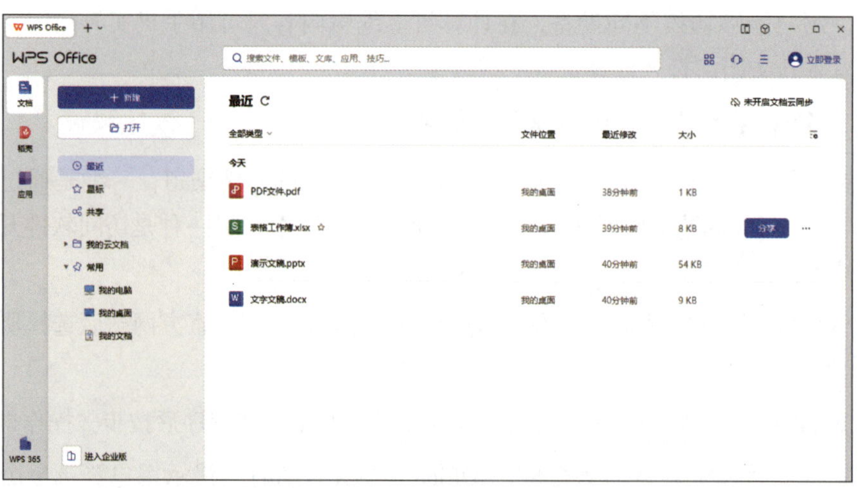

图1-1-2 WPS Office首页

在首页中可以新建或打开文档，WPS Office将近期编辑或阅读过的文档显示在“最近”列表中，便于用户管理各种工作文档，如果开启文档云同步功能，首页中还会显示同一账号在其他设备上编辑或阅读的文档。

在“文档”列表中可以使用星标功能标注重要的文档。将鼠标指针指向“文档”列表中的文档，单击其名称后出现的“☆”按钮可以设置或取消星标。可以通过左侧的“星标”选项显示所有标注星标的文档。

在“文档”列表中可以将指定的文档分享给其他人。将鼠标指针指向列表中要分享的文档，单击其右侧的“分享”按钮，弹出“分享”对话框，如图 1-1-3 所示，可以选择将指定文档通过微信、QQ、链接或二维码等方式发送给其他人进行协作，并指定协作者的查看和编辑权限。

图 1-1-3　“分享”对话框

在 WPS 表格中默认编辑的文档形式为工作簿，要建立一个工作簿，可以先单击首页左侧的“新建”按钮，再单击“表格”按钮，打开如图 1-1-4 所示的选择表格界面，可以选择建立空白表格进行编辑，也可以在 WPS 表格提供的大量模板中选择需要的模板进行套用。

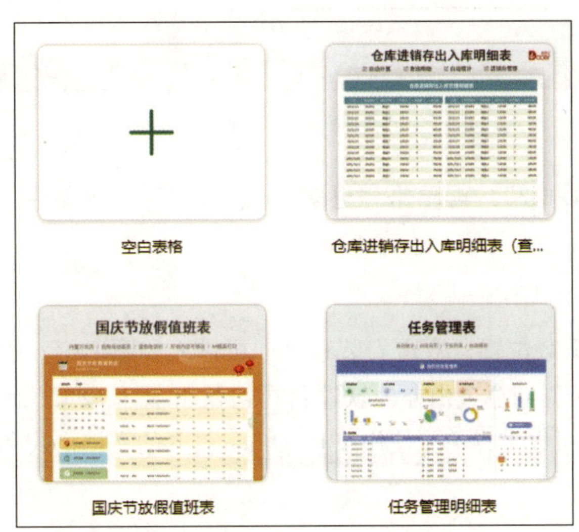

图 1-1-4　选择表格界面

提示

按住 Shift 键的同时单击“表格”按钮可以跳过选择表格模板过程，直接建立空白工作簿。

1. 下载 WPS Office

进入 WPS Office 官方网站（地址为 https://www.wps.cn），界面如图 1-1-5 所示。

图 1-1-5 WPS Office 官方网站界面

先单击“WPS Office”，再单击“更多下载”，在下拉菜单中选择“Windows 版”，将自动进入下载界面，进行安装程序下载。

2. 安装 WPS Office

找到安装程序下载位置，双击安装程序即可进入如图 1-1-6 所示的安装界面，勾选左下角的“已阅读并同意金山办公软件许可协议和隐私政策”复选框，单击右下角的“自定义设置”，可以设置希望使用 WPS Office 打开的文档格式和 WPS Office 的安装位置，如图 1-1-7 所示。

图 1-1-6　WPS Office 的安装界面

图 1-1-7　设置使用 WPS Office 打开的文档格式和 WPS Office 的安装位置

确认所有的设置后单击“立即安装”按钮，进入安装进度显示界面，安装完毕后系统会自动运行 WPS Office。

3. 卸载 WPS Office

如果想要卸载 WPS Office，则可右键单击“开始”菜单中的“WPS Office”，在弹出的快捷菜单中选择“卸载”，弹出卸载向导，如图 1-1-8 所示，先单击“直接卸载”按钮，再单击“立即卸载”按钮即可。

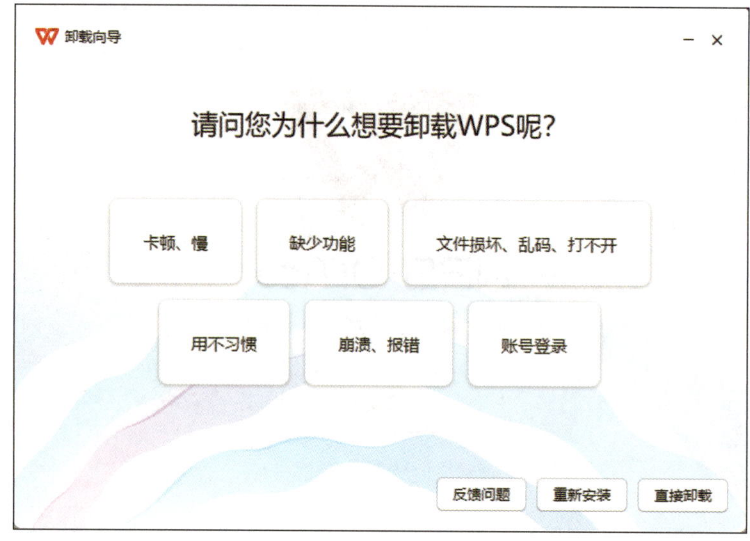

图 1-1-8　WPS Office 卸载向导

任务 2　创建表格文档

1. 能够使用 WPS 表格创建并保存表格文档。
2. 能够了解表格文档的常用格式。
3. 能够了解 WPS 表格的工作界面，并完成简单的数据输入。

在工作中经常需要处理如信息登记表、工作进度表、库存销售表等表格中的数据，WPS 表格具有强大的处理能力，可以方便地用它进行表格数据的输入、格式设置，还可以进行数据运算、图表绘制、统计分析等操作。本任务介绍 WPS 表格的工作界面和基础操作，使用 WPS 表格创建一个简单的课程表，如图 1-2-1 所示，并进行命名和保存。

	A	B	C	D	E	F
1			课程表			
2		星期一	星期二	星期三	星期四	星期五
3	第一节	数学	数学	数学	语文	语文
4	第二节	语文	英语	英语	英语	英语
5	第三节	英语	语文	信息	体育	数学
6	第四节	物理	化学	语文	数学	物理
7	第五节	政治	体育	物理	化学	生物
8	第六节	班会	地理	政治	历史	化学

图 1-2-1　课程表

一、表格文档的创建方式

表格文档是表格数据存储的载体，常用的创建表格文档方法有以下两种。

1. 方法一

打开 WPS Office，先单击 WPS Office 首页中的“新建”按钮，如图 1-2-2 所示，再单击“表格”按钮，即可创建新的表格文档。

图 1-2-2　单击“新建”按钮

2. 方法二

在桌面空白处或文件夹中的空白处单击鼠标右键，在弹出的快捷菜单中选择“新建”→“XLS 工作表”或“XLSX 工作表”，如图 1-2-3 所示。

二、表格文档的保存方式

1. 保存新建的表格文档

保存新建且没有保存过的表格文档时，可以单击快速访问工具栏中的“保存”按钮，如图 1-2-4 所示，或单击“文件”菜单中的“保存”。在弹出的“另存为”对话框中选择想要保存的路径，如“我的文档”文件夹，单击“保存”按钮即可，如图 1-2-5 所示。

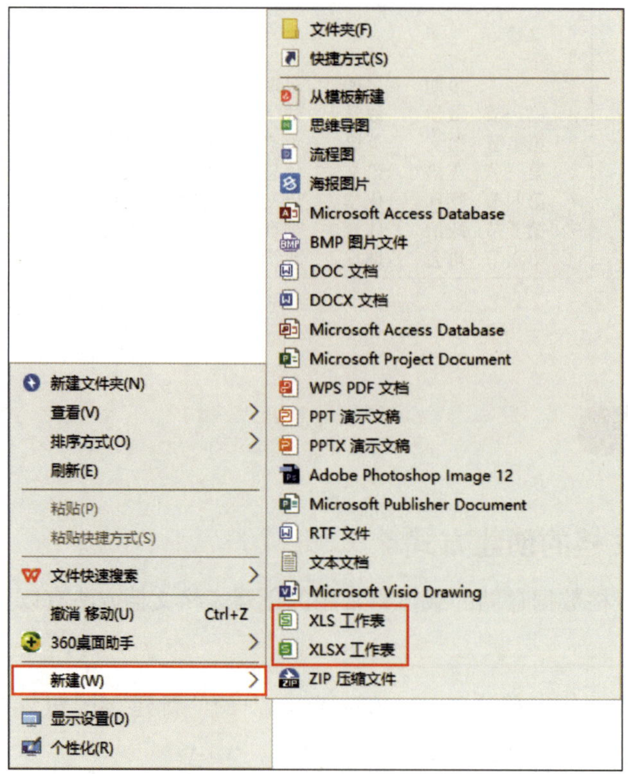

图 1-2-3 新建表格文档

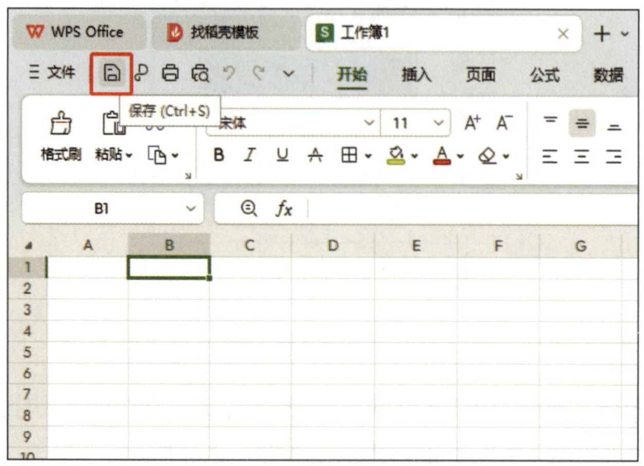

图 1-2-4 “保存”按钮

2. 保存已经保存过的表格文档

对于已经保存过的表格，编辑过后只需要单击快速访问工具栏中的“保存”按钮即可将现有数据保存在表格文档中且不会再次弹出“另存为”对话框。需要注意，新的数据改动将覆盖原有数据信息。

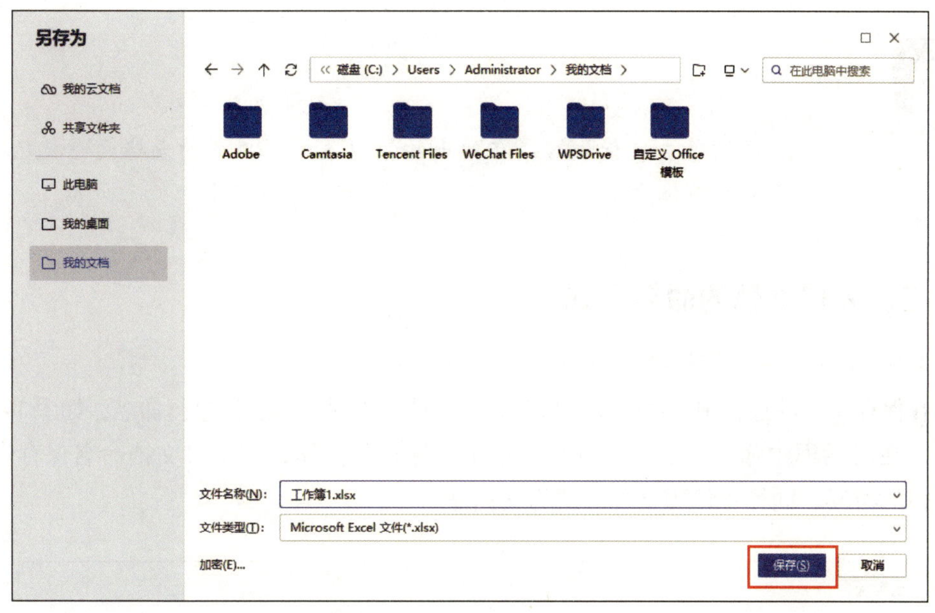

图 1-2-5　选择保存路径

3. 存储表格文档到新位置——“另存为”

如需将已经保存过的表格文档存储到新位置，则可以通过单击“文件”菜单中的“另存为”，如图 1-2-6 所示，选择新的路径进行保存。另存的表格文档不会覆盖原有表格文档，而是在新的位置保存一个新的表格文档。

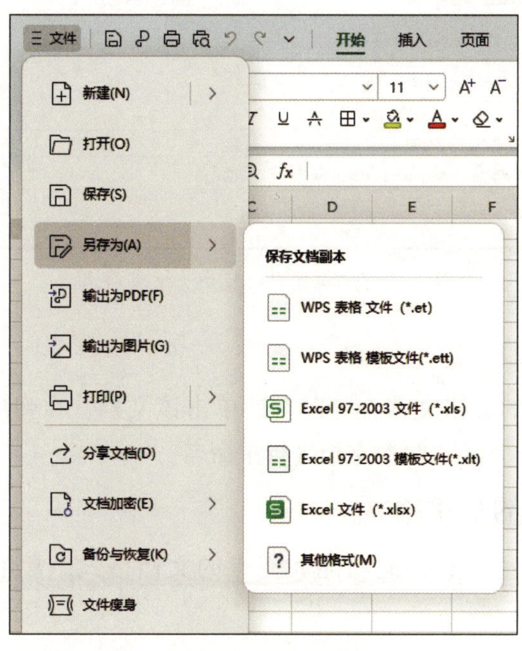

图 1-2-6　单击“文件”菜单中的“另存为”

提示

通过单击鼠标右键，在弹出的快捷菜单中建立的表格文档就已经存储在该位置了。

三、表格文档的命名方式

1. 在保存过程中为文档命名

在保存文档的过程中，可以在“另存为”对话框中对文档直接进行命名，如图 1-2-7 所示。在对话框中输入需要的名称后，单击“保存”按钮，即可将文档命名保存。另存文档的时候，同样也使用这种方式为文档命名。

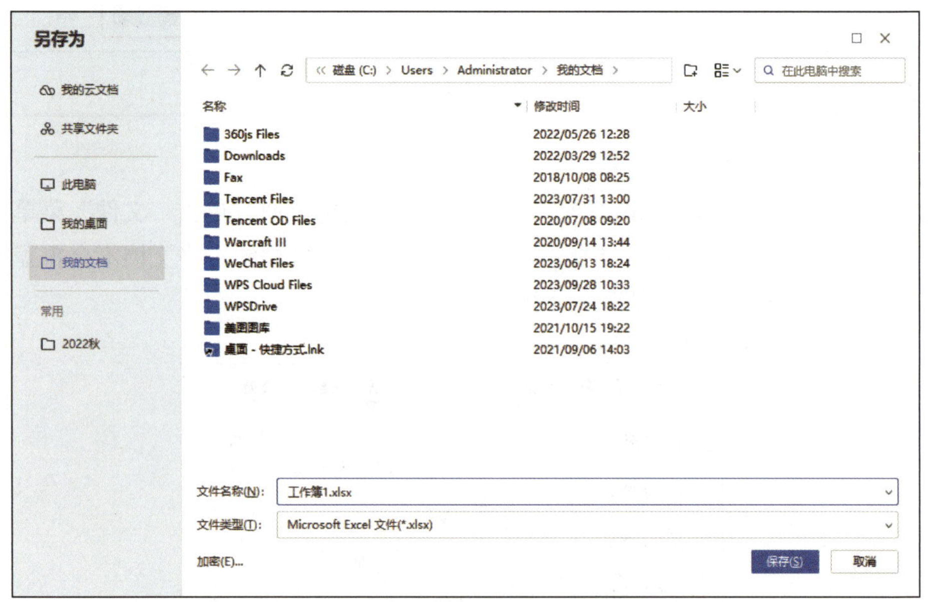

图 1-2-7　在保存过程中为文档命名

2. 对已保存的文档进行重命名

对于已经保存过的表格文档，可以右键单击该文档，在弹出的快捷菜单中选择“重命名”，如图 1-2-8 所示，可对文档进行重命名。

四、表格文档的常用格式

WPS 表格支持多种具有不同功能和特点的文档格式，常用的表格文档格式见表 1-2-1。

图 1-2-8　选择"重命名"

表 1-2-1　常用的表格文档格式

文档格式（后缀名）	特点
.et	属于 WPS Office 中的电子表格文档，也可以用 Microsoft Excel 打开
.xls	是一种常用的 Microsoft Excel 电子表格文档格式
.xlsx	是从 Microsoft Excel 2007 开始使用的新文档格式，采用新的基于 XML 的压缩文档格式，取代了其以往专有的默认文档格式，在传统的文档扩展名后面添加了字母 x，使其占用空间更小

五、WPS 表格工作界面的组成

建立表格文档后，打开如图 1-2-9 所示的 WPS 表格工作界面，包含标签栏、功能区、编辑栏、编辑区、状态栏等组成部分。

1. 标签栏

标签栏位于工作界面的顶端，包含数个打开的文档或功能的标签，通过单击相应的标签可以在多个文档或功能间快速切换。

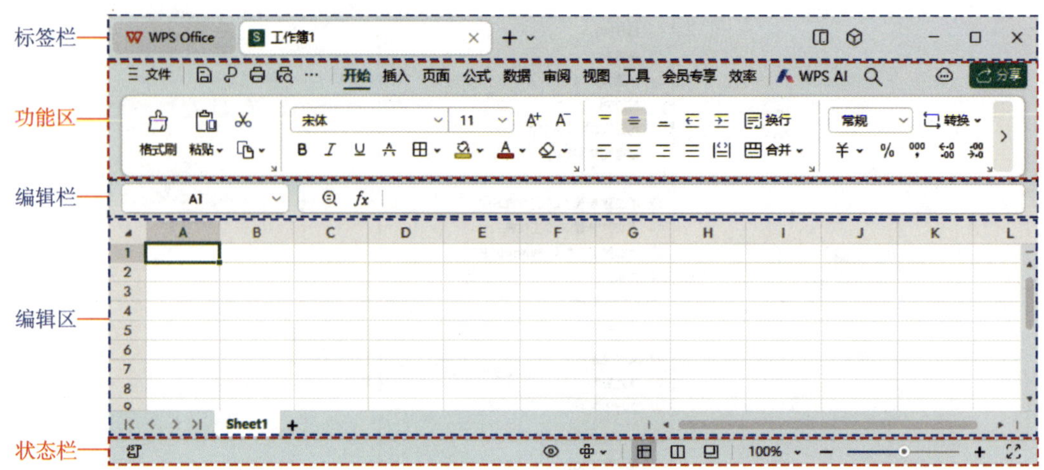

图 1-2-9　WPS 表格的工作界面

文档中有未保存的修改时，文档标签右侧会显示“·”，当鼠标指针指向文档标签时，标签右侧显示“×”即“关闭”按钮，用于关闭当前文档，若此时文档中有未保存的修改，则会提示用户是否保存。标签栏的右侧是“WPS 随行”和“应用市场”按钮，通过这两个按钮可以在登录了同一 WPS 账号的设备间互传文档并找到一些常用的办公应用。标签栏中还整合了“最大化”“最小化”和“关闭”等窗口控制按钮，可以使用它们更改工作界面的大小等。

2. 功能区

功能区如图 1-2-10 所示，位于标签栏的下方，包含各种功能的入口。

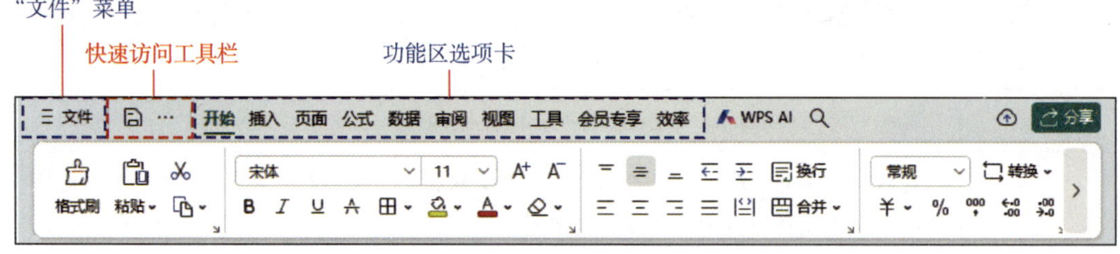

图 1-2-10　功能区

“文件”菜单中包含文档的操作选项，通过“文件”菜单可以新建、保存、打开文档，也可以打印文档、将文档内容输出为 PDF 或图片等。

快速访问工具栏以按钮的方式提供保存、打印、打印预览等常用功能，如果用户的操作出现了错误，则可以使用“撤销”按钮取消最后一次操作，使用“恢复”按钮取消最后一次撤销操作。相较于“文件”菜单，在快速访问工具栏中仅需单击一次按钮就可以执行相应功能。

功能区选项卡将 WPS 表格中众多的功能进行分类，通过单击切换相应的选项卡，每个选项卡中包含代表不同功能的按钮、菜单等，使用它们就可以进行文档的编辑操作。

3. 编辑栏

编辑栏位于功能区的下方，包含名称框和和输入框两部分，名称框在编辑栏的左侧，显示当前选定的单元格或区域的名称，输入框中显示当前选定单元格中的公式或数据，也可以通过它修改单元格中的内容。

4. 编辑区

编辑区是用来编辑的表格区域，表格的列名使用字母标注，显示在编辑区的顶部，称为列标，表格的行名使用数字编号，显示在编辑区的左侧，称为行号，通过拖动列标或行号之间的分隔线，可以改变相应列宽或行高。

编辑区中可编辑的格子称为单元格，每个单元格用它的列标行号来命名，如图 1–2–11 所示，第一列第一行的单元格被称为 A1 单元格。

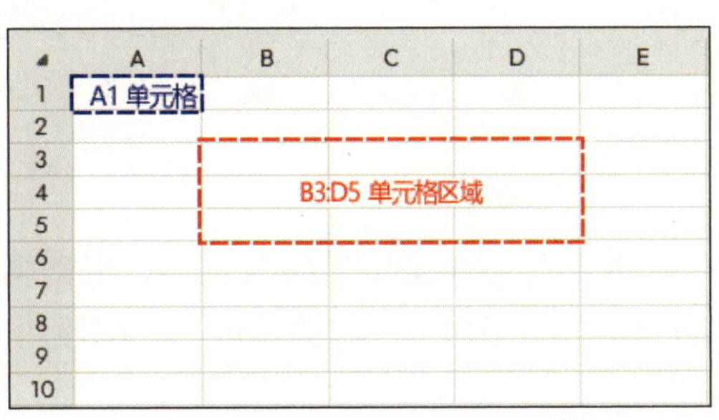

图 1-2-11　单元格和单元格区域

单击某一个单元格可以选中它。选定某个单元格后，编辑栏中的名称框中就会显示选定单元格的名称。

如果要表示表格中某一区域的连续单元格，则使用区域中“第一个单元格 : 最后一个单元格”的形式，如图 1–2–11 所示，B3:D5 单元格区域表示从第二列第三行到第四列第五行区域中 9 个单元格组成的区域。将鼠标指针从单元格区域的第一个单元格拖动到最后一个单元格可以选定这一区域中的所有单元格。

如果要表示表格中某些连续的行，则使用“开始行号 : 结束行号”的形式，如图 1–2–12 所示，5:8 连续行表示从第五行到第八行共计 4 行中的全部单元格；3:3 连续行表示第三行中的全部单元格。

如果要表示表格中某些连续的列，则使用“开始列标 : 结束列标”的形式，如图 1–2–13 所示，A:C 连续列表示从第一列到第三列共计 3 列中的全部单元格；E:E 连续列表示第五列中的全部单元格。

编辑区的底部是工作表标签，如图 1–2–14 所示。一个工作簿中可以包含多个工作表，在建立工作簿时会自动建立一个名称为“Sheet1”的工作表，双击工作表标签可以更改工作表的名称，单击工作表标签右侧的“+”按钮可以添加新的工作表，通过单击工作表标签切换编辑区中显示的工作表内容。

图 1-2-12 连续行

图 1-2-13 连续列

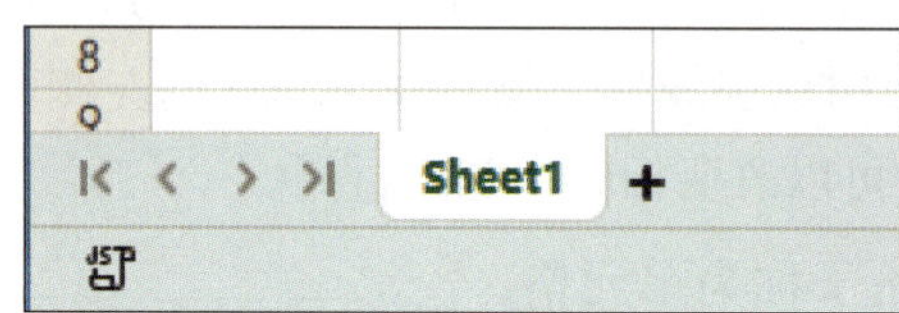

图 1-2-14 工作表标签

5. 状态栏

状态栏位于工作界面的底部，根据编辑区编辑状态的不同，状态栏左侧显示当前的编辑区状态信息，右侧显示一些按钮用于切换、放大、缩小相应视图等。

1. 新建表格文档

启动 WPS Office，在首页中单击“新建”按钮，单击“表格”按钮，在新打开的窗口中选择“空白表格”即可。

2. 输入数据

（1）单击选定 C1 单元格，输入“课程表”后按 Enter 键确认。

（2）选定 B2 单元格，输入“星期一”，依次在同一行单元格中输入后续日期。

（3）选定 A3 单元格，输入“第一节”，依次在同一列单元格中输入后续课节号。

（4）在相应单元格中输入其他示例数据。

3. 保存和打开表格文档

（1）保存新建的表格文档

单击快速访问工具栏中的“保存”按钮，如图 1-2-15 所示。

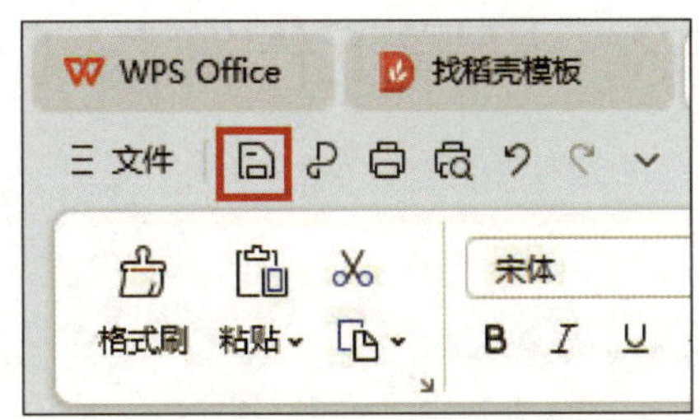

图 1-2-15　“保存”按钮

（2）选择保存位置

在“另存为”对话框中将表格文档保存的位置选择为“我的桌面”。

（3）命名表格文档

将表格文档命名为“课程表”，单击“保存”按钮，如图 1-2-16 所示。

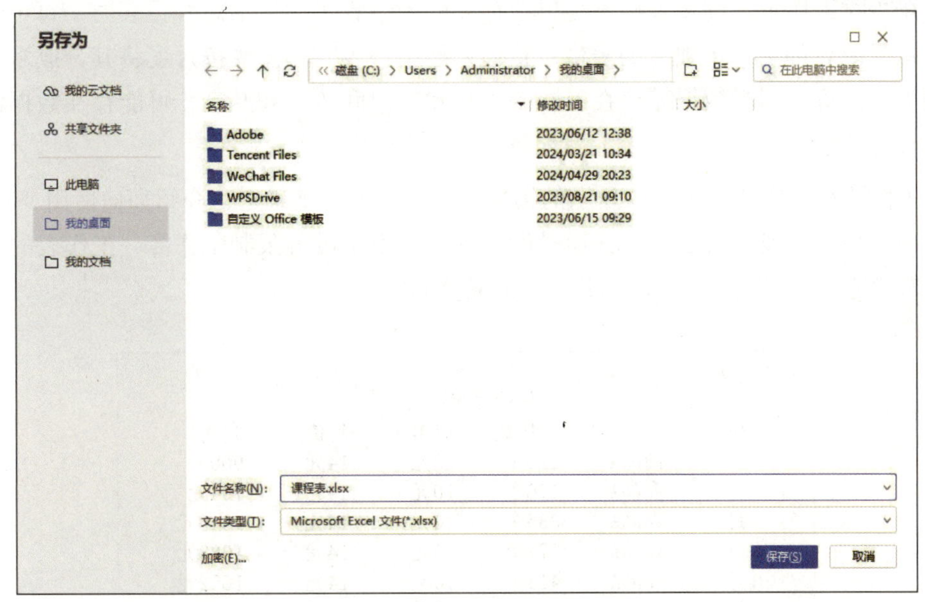

图 1-2-16　命名表格文档

（4）即时保存表格文档

在制作表格文档过程中，如果想快速保存，则可以利用 Ctrl+S 组合键对表格文档进行即时保存。

（5）打开表格文档

通过“文件”菜单或标签栏关闭当前文档。如果要再次打开此表格文档，则可通过首页中的“最近”列表再次打开“课程表”文档。

任务 3　设置工作簿与工作表

1. 能够了解工作簿和工作表。
2. 能够掌握 WPS 表格的“视图”选项等设置方法。
3. 能够掌握 WPS 表格的数据保护和安全设置方法。

在实际工作中，许多表格不是单独存在的，如收集学生信息登记表时，每个学生的信息登记表都是一个独立的表格；整理采购销售表时，需要按月度将其分成多个表格进行登记等，同时数据需要在不同的人员和部门间传递和共享，可能存在数据泄露和篡改的风险。

本任务在制作如图 1-3-1 所示的销售管理统计表的基础上，介绍如何使用 WPS 表格集中管理同类或相关表格，并通过设置密码等安全设置限制工作簿、工作表的查看和编辑功能，解决数据在传递和共享中的安全问题。

	A	B	C	D	E	F
1			销售管理统计表			
2	月份	商品名称	销售数量	成本	售价	利润
3	一月	商品A	225个	10元	14元	900元
4	二月	商品A	176个	10元	14元	704元
5	三月	商品A	335个	10元	14元	1340元
6	四月	商品A	272个	10元	14元	1088元
7	五月	商品A	413个	10元	14元	1652元
8	六月	商品A	308个	10元	14元	1232元
9						

图 1-3-1　销售管理统计表

一、工作簿与工作表

在 WPS 表格中文档被称为工作簿，工作簿相当于一个小册子，工作表相当于这个小册子中的一页，一个工作簿可以包含多个工作表。

使用 WPS Office 新建或打开一个表格文档即相当于建立或打开了一个工作簿，通过编辑区底部的工作表标签可以了解到当前文档（工作簿）中包含工作表的数量和名称等信息。在新建工作簿时，默认会带有一个名称为“Sheet1”的工作表。如果需要添加新的工作表，则可以单击工作表标签右侧的“+”按钮，添加名称为“Sheet< 编号 >”的空白工作表。单击工作表标签可以切换到相应的工作表，拖动工作表标签可以改变工作表的顺序。

如果需要管理某一工作表，则可以右键单击相应的工作表标签，在弹出的如图 1-3-2 所示的菜单中进行工作表的删除、重命名等相应操作。

需要为某个已经存在的工作表建立独立的副本时，可以在工作表标签的右键菜单中选择“创建副本”，添加一个内容和格式完全一样的新工作表。

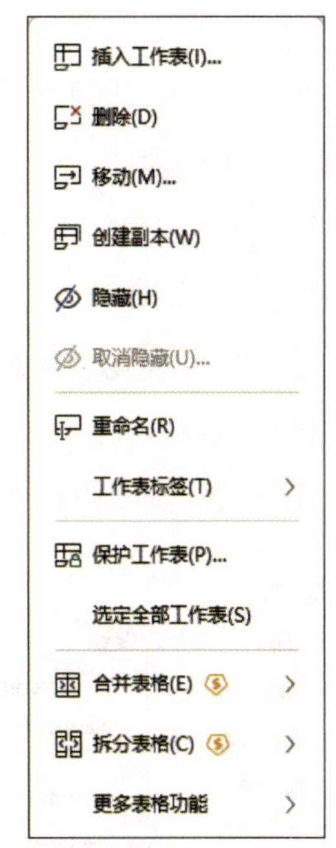

图 1-3-2　工作表标签的右键菜单

二、“视图”选项的设置

WPS 表格允许用户根据使用习惯自定义工作环境，单击“文件”菜单中的“选项”，打开如图 1-3-3 所示的“选项”对话框，可以通过对话框中的选项更改工作界面中各种元素的显示方式。

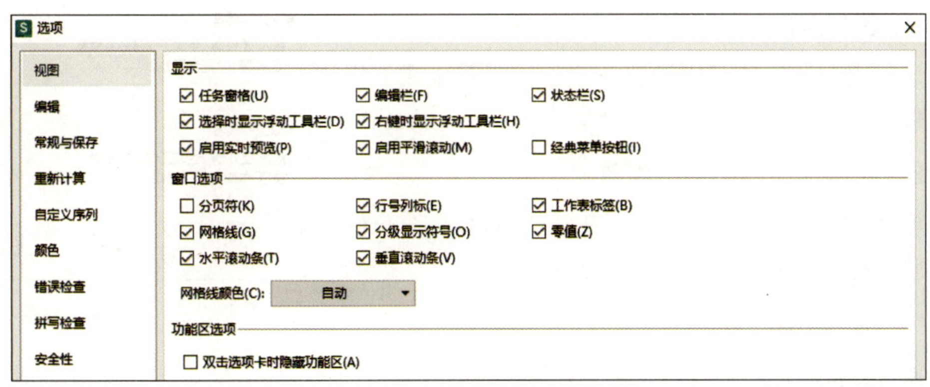

图 1-3-3　“选项”对话框

1. 显示

在“显示”中可以设置表格工作界面中任务窗格、编辑栏、状态栏等元素是否显示，在编辑区选择单元格内容或右键单击单元格时是否显示浮动工具栏等。“启用平滑滚动”选项允许编辑区的滚动条以像素级别滚动以显示内容，若取消勾选此选项复选框，则编辑区内容以整行或整列的方式滚动显示。

2. 窗口选项

在“窗口选项”中可以设置表格编辑区的显示方式，如行号列标、工作表标签、网格线等元素是否显示，并可以更改网格线的颜色。

三、“常规与保存”选项的设置

用户根据使用需求，可以通过“文件”菜单选择“选项”，在“选项”对话框中的“常规与保存”选项中进行设置，如图 1-3-4 所示。

图 1-3-4 “常规与保存”选项

1. 新工作簿内的工作表数

新建一个表格文档时，默认会生成名称为“工作簿 1”的表格文档，其中包含一个名称为“Sheet1”的工作表。通过此选项可以设置新建工作簿时生成工作表的数量。

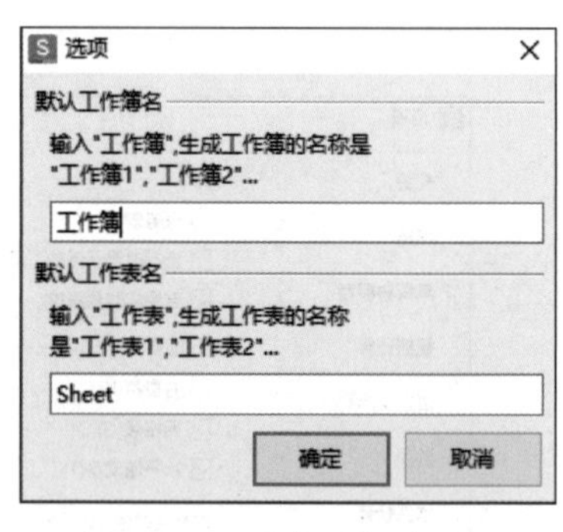

图 1-3-5 “选项”对话框

2. 默认工作簿和工作表名

单击“高级”按钮可以打开如图 1-3-5 所示的“选项”对话框，设置默认工作簿名和工作表名。

3. 标准字体

通过此选项可以更改单元格中默认的文本字体、大小。

4. 文档保存默认格式

WPS 表格默认以“Microsoft Excel 文件（*.xlsx）”格式进行保存，以方便多种办公环境中文档的信息共享，如果仅在 WPS Office 中使用此文档，也可以将其更改为“WPS 表格 文件（*.et）”以获取更强的操作性能和安全性。

四、工作簿与工作表的保护

1. 工作簿的保护

WPS 表格可以计算和保存数据，当其中的内容是比较敏感的信息，不希望被他人意外获取或修改时，WPS 表格提供“安全性”功能解决这个问题。单击“文件”菜单中的“选项”，在“选项”对话框中的“安全性”中可以设置打开权限密码和编辑权限密码。

若文档中有不希望被其他人看到的信息，则可以设置打开权限密码，设置成功后在文档被打开时需要输入相应的密码；若需要将文档共享给其他人又不希望被他人更改，则可以设置编辑权限密码，设置成功后在文档被修改时需要输入相应的密码，否则只能以只读方式打开此文档，无法编辑和保存文档中的内容。

2. 工作表的保护

有时可能需要更精细化地保护数据，如仅禁止工作簿中部分工作表或部分单元格的编辑，则通过“审阅”功能可以实现这些需求。

单击功能区“审阅”选项卡中的“保护工作表”按钮，打开如图 1-3-6 所示的“保护工作表”对话框，可以设置当前工作表的密码和未输入密码时可使用的功能。

在填写表格信息时，如果需要将表格发给其他用户在表格中填写信息，又不希望设置的表格格式和表头等内容被修改，则可以通过设置允许编辑区域限制可编辑的单元格。

单击功能区“审阅”选项卡中的“允许编辑区域”按钮，打开如图 1-3-7 所示的“允许用户编辑区域”对话框，可以在编辑区中建立数个允许编辑区域。

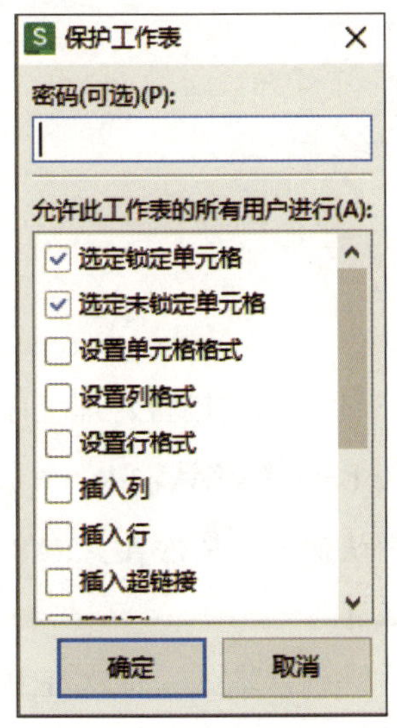

图 1-3-6　“保护工作表”对话框

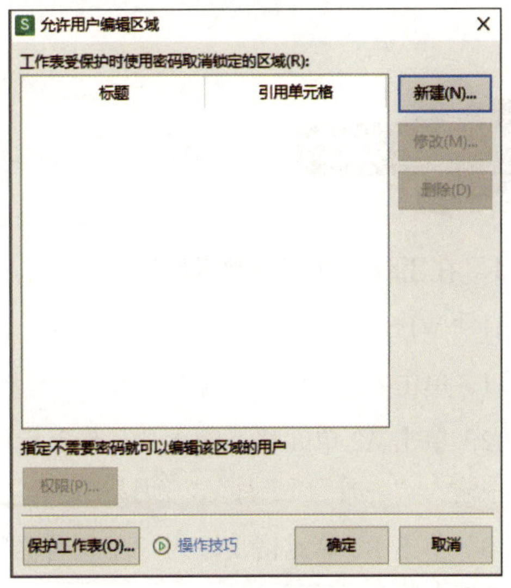

图 1-3-7　“允许用户编辑区域”对话框

单击“新建”按钮，打开“新区域”对话框，在其中设置允许编辑区域的标题，在“引用单元格”中可以输入允许编辑区域，如图 1–3–8 所示，“A1:C3”表示从 A 列 1 行到 C 列 3 行共计 9 个单元格的区域，也可以使用“引用单元格”输入框右侧的“ ”按钮在编辑区中选定一个区域。

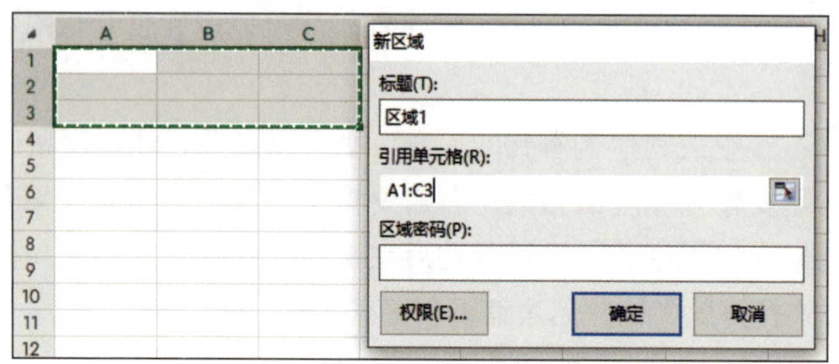

图 1-3-8　设置允许编辑区域

设置允许编辑区域后，单击“保护工作表”按钮并设置密码，除了设置的允许编辑区域，其他区域无法被编辑。此时，功能区“审阅”选项卡中的“保护工作表”按钮变成“撤销工作表保护”按钮，单击并输入保护密码后可以取消对工作表的编辑限制。

提示

工作簿的保护与撤销保护也可以通过功能区“审阅”选项卡进行设置。

1. 在工作表中输入数据

启动 WPS Office，新建一个空白表格，输入如图 1–3–1 所示的销售管理统计表。

（1）单击 C1 单元格，输入“销售管理统计表”后按 Enter 键确认输入。

（2）单击 A2 单元格，输入“月份”后按 Enter 键确认输入，依次在 A3:A8 单元格区域中输入“一月”“二月”“三月”“四月”“五月”“六月”。

（3）单击 B2 单元格，输入“商品名称”后按 Enter 键确认输入，依次在 B3:B8 单元格区域中输入“商品 A”。

（4）单击 C2 单元格，输入“销售数量”后按 Enter 键确认输入，依次在 C3:C8 单元格区域中输入“225 个”“176 个”“335 个”“272 个”“413 个”“308 个”。

（5）单击 D2 单元格，输入“成本”后按 Enter 键确认输入，依次在 D3:D8 单元格区域中输入“10 元”。

（6）单击 E2 单元格，输入“售价”后按 Enter 键确认输入，依次在 E3:E8 单元格区域中输入“14 元”。

（7）单击 F2 单元格，输入“利润”后按 Enter 键确认输入，依次在 F3:F8 单元格区域中输入“900 元”“704 元”“1 340 元”“1 088 元”“1 652 元”“1 232 元”。

2. 复制工作表

（1）右键单击编辑区底部工作表标签“Sheet1”，在弹出的快捷菜单中选择“重命名”，工作表标签处于可编辑状态，将其命名为“销售管理统计表”，完成后按 Enter 键确认。

（2）右键单击工作表标签“销售管理统计表”，在弹出的快捷菜单中选择“创建副本”，将当前的工作表复制一份，将复制出的“销售管理统计表（2）”重命名为“销售管理统计表（保护）”，如图 1-3-9 所示。

图 1-3-9　复制工作表

3. 设置允许编辑区域和保护工作表

（1）单击功能区“审阅”选项卡中的“允许编辑区域”按钮设置 C3:C8 和 F3:F8 单元格区域为两组允许编辑区域。

（2）使用“保护工作表”按钮设置工作表保护密码。

4. 确认设置和保存工作簿

（1）确认工作表中允许编辑区域设置正确，通过编辑不允许编辑区域测试是否弹出错误提示。

（2）使用“文件”菜单或快速访问工具栏中的“保存”按钮将文档以“销售管理统计表”为文件名保存在“我的文档”中。

项目二
制作学生信息登记表——输入数据与设置表格

在学校管理和教学工作中，学生信息登记表是一种基础且关键的表格。使用 WPS 表格制作学生信息登记表，能够实现对学生信息数据的有效组织和便捷管理。

本项目通过制作学生信息登记表，让用户掌握创建和编辑电子表格的基本操作。通过学习如何在 WPS 表格中创建和保存表格文档、输入和检查数据、编辑和美化表格、设置表格的页面布局及打印等，最终完成一份完整且专业的学生信息登记表，为用户进一步学习和应用 WPS 表格奠定基础。

任务 1　输入数据

1. 能够熟练掌握常用的数据输入方法和技巧。
2. 能够使用填充柄快速输入相同或有规律的数据。
3. 能够掌握多种快速输入数据的方式。

以表格的形式记录个人信息是非常便捷和规范的方式，在日常工作和生活中，经常会用到形式各异的信息登记表。

本任务通过创建学生信息登记表，如图 2-1-1 所示，熟练掌握各种类型数据的输入方法和技巧，并能够使用填充柄等快速输入数据，进行数据的编辑与修改。

序号	学号	姓名	性别	民族	身份证号码	入学时间	入学成绩	联系电话	备注
001	202309001	张三	男	回族	210811200605132133	2023/9/1	60	19023433222	
002	202309002	李四	女	汉族	620981200506060526	2023/9/1	70	18833330005	
003	202309003	王五	男	回族	230503200701040639	2023/9/5	80	13545473335	
004	202309004	赵六	女	汉族	330481200512170919	2023/9/10	60	13435636566	
005	202309005	孙琦	女	汉族	71114620061215511X	2023/9/15	90	13936733637	
006	202309006	钱军	男	回族	370215200708158696	2023/9/18	80	15333478658	
007	202309007	周武	女	汉族	230123200804212129	2023/10/8	60	16384565569	

图 2-1-1　学生信息登记表

一、输入数据的方法和技巧

在 WPS 表格中输入数据时有一些方法和技巧，如在 B2 单元格中输入相应内容后按 Enter 键，可继续在 B3 单元格中输入相应文本内容；按 Tab 键，可继续在 C2 单元格中输入相应文本内容；按 Shift+Enter 组合键，可继续在 B1 单元格中输入相应文本内容；按 Shift+Tab 组合键，可继续在 A2 单元格中输入相应文本内容。通过这些输入方法和技巧，能达到事半功倍的效果。

在表格中输入身份证号码或其他超过 12 位的长数字并按 Enter 键后，WPS 表格会自动在数字前添加一个半角单引号，并将其转换为文本类型以呈现其原始样式。如果在输入特殊格式数值或较长数字时不能按照输入内容显示，则可在输入数据前将输入法切换至英文状态，先输入单引号“’”，再输入数据；或选定要操作单元格区域，单击鼠标右键，在弹出的菜单中选择“设置单元格格式”，打开“单元格格式”对话框，在“数字”选项卡中的“分类”中选择“文本”，单击“确定”按钮完成此设置后，再进行数据输入。

如果输入的信息显示为多个“#”，则可以将鼠标指针移到此列的列标与下一列列标的交界处，当光标变成黑色双向箭头图标时，按住鼠标左键向右拖动即可增加列宽。

二、快速输入数据的方式

有时在单元格中输入数据既费时间又容易出错，下面是快速输入数据的方式。

1. 使用填充柄拖动填充

在单元格中输入数据时，如果要输入相同数据或输入序列性数据，则可以使用填充柄进行快速输入。操作时首先要选定已经输入数据的单元格，将鼠标指针移动到单元格右下角，当其变成黑色十字形图标“+”时，按住鼠标左键向下拖动至目标单元格，然后松开鼠标左键，完成相关数据的自动填充，达到方便快捷的目的。

（1）填充相同数据

填充相同数据是指在同一列或同一行单元格中输入多个连续相同数据的情况。此时，只需要在单元格中输入第一个数据后使用填充柄进行快速填充即可。

（2）填充序列性数据

1）等差序列

输入等差序列时，如 1，2，3…，在 A1 单元格中输入“1”，在 A2 单元格中输入“2”，选定 A1:A2 单元格区域，使用填充柄向下填充，即可输入等差序列。

2）等比序列

等比序列是指数据成倍数关系的序列，如 2，4，8，16…，在 A1 单元格中输入“2”，在 A2 单元格中输入“4”，在 A3 单元格中输入“8”，选定 A1:A3 单元格区域，使用填充柄向下填充，即可输入等比序列。

3）日期与时间序列

输入连续的日期与时间序列时，也可以直接用填充柄完成，如日期、时间、星期几、第几周等。

2. 使用填充柄双击填充

如果表格中数据行比较多，使用拖动填充的方式比较慢，则可以使用双击填充的方式。操作时首先选定已经输入数据的单元格，将鼠标指针移动到单元格右下角，当其变成黑色十字形图标“+”时，双击鼠标左键，数据就会自动填充到该列的相邻已有数据列的行范围，达到快速填充的目的。注意，该列没有数据的相邻列的行范围是不会填充的。

3. 使用 Ctrl+Enter 组合键批量输入

如果想快速输入相同内容，也可以使用 Ctrl+Enter 组合键批量输入。输入文字前，先按住 Ctrl 键，然后依次单击要填充相同内容的单元格，松开 Ctrl 键后输入内容，最后再按 Ctrl+Enter 组合键，就可以实现批量输入了。

4. 使用单元格格式快速输入

在制作表格时，还可以使用单元格格式快速输入数据。在表格中选定要操作的区域，按 Ctrl+1 组合键或在右键菜单中选择“设置单元格格式”，弹出“单元格格式”对话框，单击“数字”选项卡中的“分类”中的“自定义”，在“类型”中选择想要快速输入的内容类型，如要快速输入学生性别时，则输入“[=0]" 男 ";[=1]" 女 ";”。需要注意的是，所有标点需要在英文状态下输入，这样在表格中输入“0”或“1”就可以快速输入性别了。

1. 在工作表中输入数据

启动 WPS Office，新建一个空白表格，按如图 2-1-1 所示的学生信息登记表输入数据。

（1）输入文本内容

选定 A1 单元格，输入内容“序号”，按照相同的方法，在相应的单元格中输入其余文本内容，如图 2-1-2 所示。

	A	B	C	D	E	F	G	H	I	J
1	序号	学号	姓名	性别	民族	身份证号码	入学时间	入学成绩	联系电话	备注
2			张三			210811200605132133		60	19023433222	
3			李四			620981200506060526		70	18833330005	
4			王五			230503200701040639		80	13545473335	
5			赵六			330481200512170919		60	13435636566	
6			孙琦			71114620061215511X		90	13936733637	
7			钱军			370215200708158696		80	15333478658	
8			周武			230123200804212129		60	16384565569	

图 2-1-2　输入文本内容

（2）输入文本型数据

选定 A2 单元格，将输入法切换至英文状态，先输入单引号“'”，再输入“001”，按 Enter 键后 A2 单元格左上角出现绿色三角形标记，如图 2-1-3 所示。

	A	B	C	D	E	F	G	H	I	J
1	序号	学号	姓名	性别	民族	身份证号码	入学时间	入学成绩	联系电话	备注
2	001		张三			210811200605132133		60	19023433222	
3			李四			620981200506060526		70	18833330005	
4			王五			230503200701040639		80	13545473335	
5			赵六			330481200512170919		60	13435636566	
6			孙琦			71114620061215511X		90	13936733637	
7			钱军			370215200708158696		80	15333478658	
8			周武			230123200804212129		60	16384565569	

图 2-1-3　输入文本型数据

（3）使用填充柄填充数据

选定 A2 单元格，将鼠标指针移动到 A2 单元格右下角，当其变成黑色十字形图标

“+”时，按住鼠标左键向下拖动至 A8 单元格，完成其余学生序号的填充，如图 2–1–4 所示。

	A	B	C	D	E	F	G	H	I	J
1	序号	学号	姓名	性别	民族	身份证号码	入学时间	入学成绩	联系电话	备注
2	001		张三			210811200605132133		60	19023433222	
3	002		李四			620981200506060526		70	18833330005	
4	003		王五			230503200701040639		80	13545473335	
5	004		赵六			330481200512170919		60	13435636566	
6	005		孙琦			71114620061215511X		90	13936733637	
7	006		钱军			370215200708158696		80	15333478658	
8	007		周武			230123200804212129		60	16384565569	

图 2–1–4　填充其余学生序号

选定 B2 单元格，输入“202309001”，按 Enter 键，填写张三的学号信息，将鼠标指针移动到此单元格右下角，当其变成黑色十字形图标“+”时，双击鼠标左键，即可完成其余学生学号的填充，如图 2–1–5 所示。

	A	B	C	D	E	F	G	H	I	J
1	序号	学号	姓名	性别	民族	身份证号码	入学时间	入学成绩	联系电话	备注
2	001	202309001	张三			210811200605132133		60	19023433222	
3	002	202309002	李四			620981200506060526		70	18833330005	
4	003	202309003	王五			230503200701040639		80	13545473335	
5	004	202309004	赵六			330481200512170919		60	13435636566	
6	005	202309005	孙琦			71114620061215511X		90	13936733637	
7	006	202309006	钱军			370215200708158696		80	15333478658	
8	007	202309007	周武			230123200804212129		60	16384565569	
9										
10										

图 2–1–5　填充学生学号

（4）利用 Ctrl+Enter 组合键批量输入数据

按住 Ctrl 键后依次单击 E2、E4、E7 单元格，松开 Ctrl 键，输入“回族”，再按 Ctrl+Enter 组合键，实现批量输入，如图 2–1–6 所示。继续批量完成其余学生民族信息的输入。

	A	B	C	D	E	F	G	H	I	J
1	序号	学号	姓名	性别	民族	身份证号码	入学时间	入学成绩	联系电话	备注
2	001	202309001	张三		回族	210811200605132133		60	19023433222	
3	002	202309002	李四			620981200506060526		70	18833330005	
4	003	202309003	王五		回族	230503200701040639		80	13545473335	
5	004	202309004	赵六			330481200512170919		60	13435636566	
6	005	202309005	孙琦			71114620061215511X		90	13936733637	
7	006	202309006	钱军		回族	370215200708158696		80	15333478658	
8	007	202309007	周武			230123200804212129		60	16384565569	

图 2–1–6　批量输入民族信息

（5）使用单元格格式快速输入信息

选定 D2:D8 单元格区域，按 Ctrl+1 组合键或在右键菜单中选择“设置单元格格式”，弹出“单元格格式”对话框，单击“数字”选项卡中的“分类”中的“自定义”，在“类型”中输入“[=0]"男";[=1]"女";”，单击“确定”按钮，如图 2-1-7 所示。

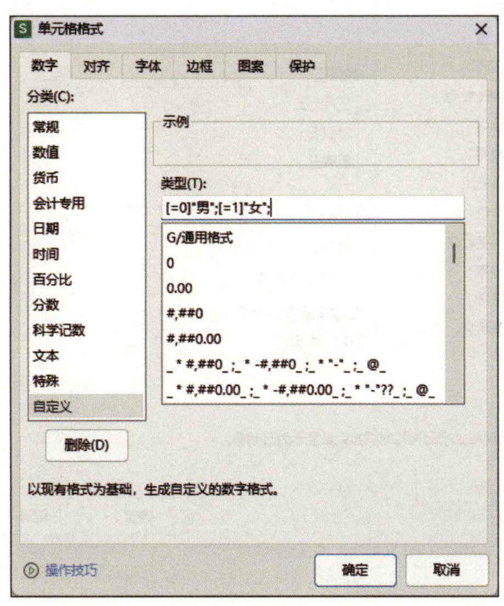

图 2-1-7　设置自定义类型

这样，在单元格中输入数字“0”就能输出“男”，在单元格中输入数字“1”就能输出“女”，从而实现快速输入性别的功能。

（6）输入日期型数据

在输入日期和时间时，可以直接输入一般格式的日期和时间，也可以通过设置单元格格式设置多种不同类型的日期和时间格式。

选定 G2:G8 单元格区域，单击功能区“开始”选项卡中的“单元格格式：数字”按钮，如图 2-1-8 所示，弹出“单元格格式”对话框，单击“数字”选项卡中的“分类”中的“日期”，在“类型”中选择“2001/3/7”，单击“确定”按钮，如图 2-1-9 所示。

序号	学号	姓名	性别	民族	身份证号码	入学时间	入学成绩	联系电话	备注
001	202309001	张三	男	回族	210811200605132133		60	19023433222	
002	202309002	李四	女	汉族	620981200506060526		70	18833330005	
003	202309003	王五	男	回族	230503200701040639		80	13545473335	
004	202309004	赵六	女	汉族	330481200512170919		60	13435636566	
005	202309005	孙琦	女	汉族	71114620061215511X		90	13936733637	
006	202309006	钱军	男	回族	370215200708158696		80	15333478658	
007	202309007	周武	女	汉族	230123200804212129		60	16384565569	

“单元格格式：数字”按钮

图 2-1-8　“单元格格式：数字”按钮

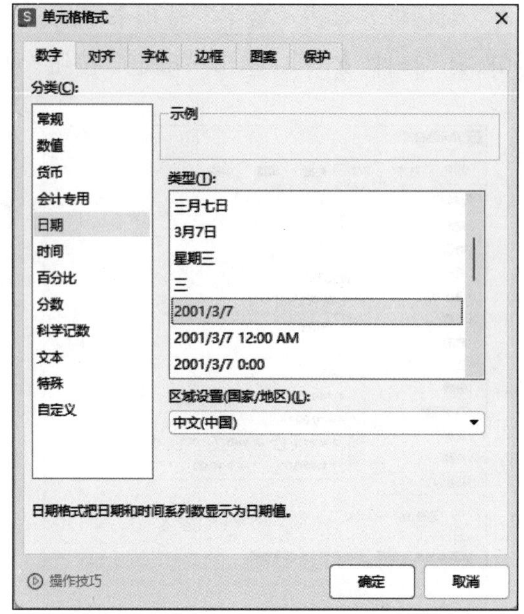

图 2-1-9　设置日期类型

完成日期格式的设置后，在 G2:G8 单元格区域中输入内容，如图 2-1-10 所示。

	A	B	C	D	E	F	G	H	I	J
1	序号	学号	姓名	性别	民族	身份证号码	入学时间	入学成绩	联系电话	备注
2	001	202309001	张三	男	回族	210811200605132133	2023/9/1	60	19023433222	
3	002	202309002	李四	女	汉族	620981200506060526	2023/9/1	70	18833330005	
4	003	202309003	王五	男	回族	230503200701040639	2023/9/5	80	13545473335	
5	004	202309004	赵六	女	汉族	330481200512170919	2023/9/10	60	13435636566	
6	005	202309005	孙琦	女	汉族	71114620061215511X	2023/9/15	90	13936733637	
7	006	202309006	钱军	男	回族	370215200708158696	2023/9/18	80	15333478658	
8	007	202309007	周武	女	汉族	230123200804212129	2023/10/8	60	16384565569	

图 2-1-10　输入日期型数据

2. 保存表格文档

使用“文件”菜单或快速访问工具栏中的“保存”按钮将文档以“学生信息登记表”为名保存在“我的文档”中。

任务 2　编辑与美化表格

1. 能够了解 WPS 表格格式的设置方法。
2. 能够按要求正确编辑单元格内容。
3. 能够利用设置单元格格式功能美化表格。

WPS 表格是由许多单元格组成的文档。对于单元格，除了能进行输入数据的操作，还可以对其设置格式，实现一些特殊的效果。单元格格式的设置一般包括数字、对齐、字体、边框、图案和保护等内容。本任务通过对本项目任务 1 中“学生信息登记表”的一系列设置完成表格的编辑与美化，效果如图 2–2–1 所示，使表格看起来更加美观、规范。

	A	B	C	D	E	F	G	H	I	J
1	学生信息登记表									
2	序号	学号	姓名	性别	民族	身份证号码	入学时间	入学成绩	联系电话	备注
3	001	202309001	张三	男	回族	210811200605132133	2023/9/1	60	19023433222	
4	002	202309002	李四	女	汉族	620981200506060526	2023/9/1	70	18833330005	
5	003	202309003	王五	男	回族	230503200701040639	2023/9/5	80	13545473335	
6	004	202309004	赵六	女	汉族	330481200512170919	2023/9/10	60	13435636566	
7	005	202309005	孙琦	女	汉族	71114620061215511X	2023/9/15	90	13936733637	
8	006	202309006	钱军	男	回族	370215200708158696	2023/9/18	80	15333478658	
9	007	202309007	周武	女	汉族	230123200804212129	2023/10/8	60	16384565569	

图 2-2-1　美化后的效果

一、表格行和列的调整

为了让表格看起来更加整齐有序，一般会在表格编辑完成后对表格的行高和列宽进行适当调整，并根据实际需要增加或删减表格的行或列。

1. 行和列的插入

为声明表格内容的作用，明确建立表格目的，可以为表格添加一个标题，但本项目任务 1 中完成的表格中已经没有位置为表格添加标题，所以需要进行插入行的操作。

选定单元格后，单击功能区“开始”选项卡中的“行和列”下拉按钮，在下拉菜单中选择“插入单元格”→“在上方插入行”，如图 2-2-2 所示，即可在选定单元格上方插入一行，如图 2-2-3 所示。具体插入的行数可以根据实际需要在下拉菜单中输入。

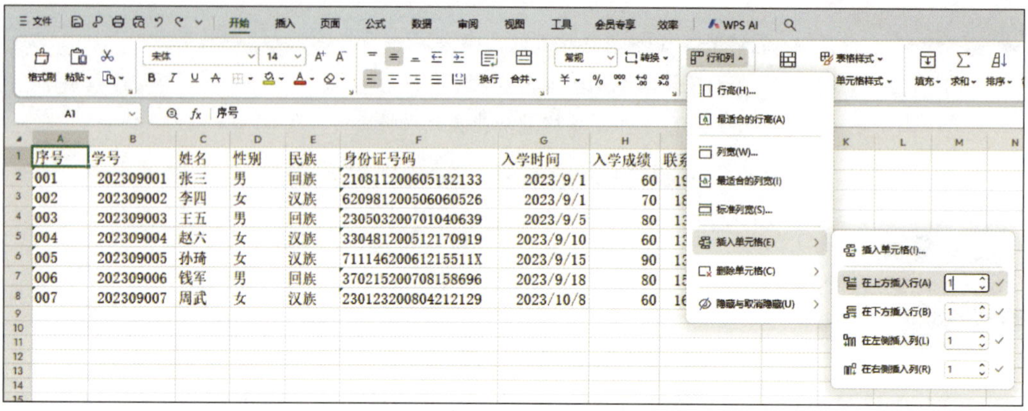

图 2-2-2 “行和列”下拉菜单

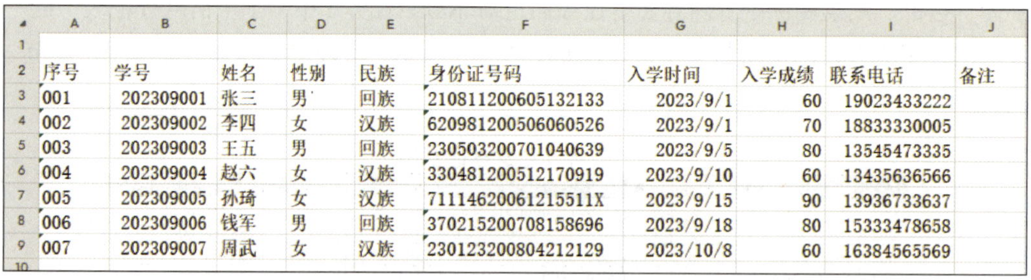

序号	学号	姓名	性别	民族	身份证号码	入学时间	入学成绩	联系电话	备注
001	202309001	张三	男	回族	210811200605132133	2023/9/1	60	19023433222	
002	202309002	李四	女	汉族	620981200506060526	2023/9/1	70	18833330005	
003	202309003	王五	男	回族	230503200701040639	2023/9/5	80	13545473335	
004	202309004	赵六	女	汉族	330481200512170919	2023/9/10	60	13435636566	
005	202309005	孙琦	女	汉族	71114620061215511X	2023/9/15	90	13936733637	
006	202309006	钱军	男	回族	370215200708158696	2023/9/18	80	15333478658	
007	202309007	周武	女	汉族	230123200804212129	2023/10/8	60	16384565569	

图 2-2-3 插入行后的效果

在插入行和列的过程中要注意观察下拉菜单中标注的插入位置，删除行和列的操作也可以在“行和列”下拉菜单中进行。同时，右键单击选定的单元格，在弹出的快捷菜单中也可以进行插入、删除行和列的操作。

2. 单元格的合并和拆分

在单元格 A1 中输入表格标题后，为使标题居中，需要将表格范围内的第一行单元格进行合并和居中操作，选定单元格后，单击功能区“开始”选项卡中的“合并”按钮即可一键将单元格进行合并及居中处理，如图 2-2-4 所示。

如需将单元格拆分，则只需要将已经合并的单元格选中，再次单击“合并”按钮即可。

单击“合并”下拉按钮可以打开“合并”下拉菜单，可以发现有多种不同的单元格合并和拆分方式可供选择，如图 2-2-5 所示，用户可以根据图标示意和文字说明选择合适的单元格合并和拆分方式。

学生信息登记表									
序号	学号	姓名	性别	民族	身份证号码	入学时间	入学成绩	联系电话	备注
001	202309001	张三	男	回族	210811200605132133	2023/9/1	60	19023433222	
002	202309002	李四	女	汉族	620981200506060526	2023/9/1	70	18833330005	
003	202309003	王五	男	回族	230503200701040639	2023/9/5	80	13545473335	
004	202309004	赵六	女	汉族	330481200512170919	2023/9/10	60	13435636566	
005	202309005	孙琦	女	汉族	71114620061215511X	2023/9/15	90	13936733637	
006	202309006	钱军	男	回族	370215200708158696	2023/9/18	80	15333478658	
007	202309007	周武	女	汉族	230123200804212129	2023/10/8	60	16384565569	

图 2-2-4　合并单元格后的效果

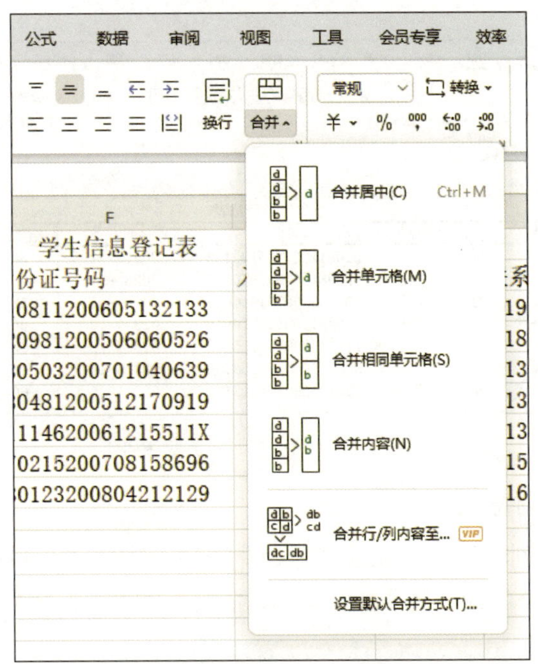

图 2-2-5　“合并”下拉菜单

3. 行高和列宽的调整

在默认的情况下，行高和列宽都是固定的，当单元格内容较多时，可能无法完全显示文本，这时就需要调整行高或列宽。可以拖动调整单元格大小，也可以手动输入单元格的行高、列宽，设定一个数值，或者让单元格自动匹配文本的长度和高度。

（1）拖动调整行高

将鼠标指针移至第一行和第二行的分隔线处，当其变为黑色双向箭头图标时，按住鼠标左键向下拖动至合适的行高后松开鼠标左键，如图 2-2-6 所示。

	A	B	C	D	E	F	G	H	I	J
1	学生信息登记表									
2	行高: 21.75 (0.77 厘米)		姓名	性别	民族	身份证号码	入学时间	入学成绩	联系电话	备注
3	001	202309001	张三	男	回族	210811200605132133	2023/9/1	60	19023433222	
4	002	202309002	李四	女	汉族	620981200506060526	2023/9/1	70	18833330005	
5	003	202309003	王五	男	回族	230503200701040639	2023/9/5	80	13545473335	
6	004	202309004	赵六	女	汉族	330481200512170919	2023/9/10	60	13435636566	
7	005	202309005	孙琦	女	汉族	71114620061215511X	2023/9/15	90	13936733637	
8	006	202309006	钱军	男	回族	370215200708158696	2023/9/18	80	15333478658	
9	007	202309007	周武	女	汉族	230123200804212129	2023/10/8	60	16384565569	

图 2-2-6 拖动调整行高

（2）手动输入行高

选定需要调整的行，单击功能区“开始”选项卡中的“行和列”下拉按钮，在下拉菜单中选择“行高”，如图 2-2-7 所示，弹出“行高”对话框，设置“行高”数值，单击“确定”按钮即可。

	A	B	C	D	E	F	G	H
1	学生信息登记表							
2	序号	学号	姓名	性别	民族	身份证号码	入学时间	入学成绩
3	001	202309001	张三	男	回族	210811200605132133	2023/9/1	60
4	002	202309002	李四	女	汉族	620981200506060526	2023/9/1	70
5	003	202309003	王五	男	回族	230503200701040639	2023/9/5	80
6	004	202309004	赵六	女	汉族	330481200512170919	2023/9/10	60
7	005	202309005	孙琦	女	汉族	71114620061215511X	2023/9/15	90
8	006	202309006	钱军	男	回族	370215200708158696	2023/9/18	80
9	007	202309007	周武	女	汉族	230123200804212129	2023/10/8	60

图 2-2-7 “行和列”下拉菜单

（3）设置最适合列宽

选定需要调整的列，单击功能区“开始”选项卡中的“行和列”下拉按钮，在下拉菜单中选择“最适合的列宽”，如图 2-2-8 所示。

	A	B	C	D	E	F	G	H
1	学生信息登记表							
2	序号	学号	姓名	性别	民族	身份证号码	入学时间	入学成绩
3	001	202309001	张三	男	回族	210811200605132133	2023/9/1	60
4	002	202309002	李四	女	汉族	620981200506060526	2023/9/1	70
5	003	202309003	王五	男	回族	230503200701040639	2023/9/5	80
6	004	202309004	赵六	女	汉族	330481200512170919	2023/9/10	60
7	005	202309005	孙琦	女	汉族	71114620061215511X	2023/9/15	90
8	006	202309006	钱军	男	回族	370215200708158696	2023/9/18	80
9	007	202309007	周武	女	汉族	230123200804212129	2023/10/8	60

图 2-2-8 设置最适合的列宽

4. 行和列的隐藏与取消隐藏

根据表格展示的不同要求，有时需要将表格中的部分敏感信息进行隐藏，以表格中“身份证号码”列为例，通过右键单击该列列标“F”打开快捷菜单，选择“隐藏”，如图 2-2-9 所示，即可将该列隐藏，隐藏单元格后的效果如图 2-2-10 所示。

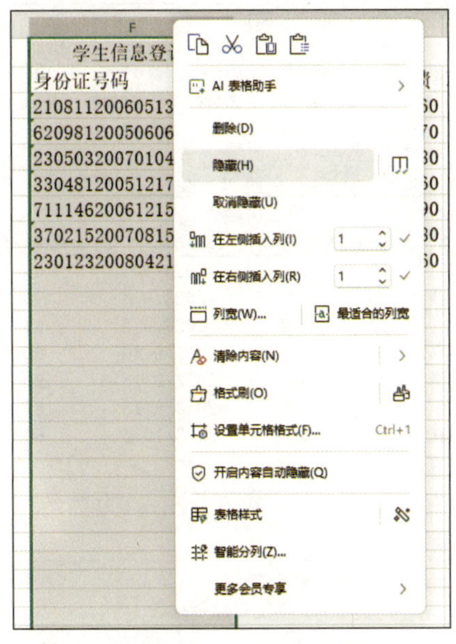

图 2-2-9　选择“隐藏”

	A	B	C	D	E	G	H	I	J
1	学生信息登记表								
2	序号	学号	姓名	性别	民族	入学时间	入学成绩	联系电话	备注
3	001	202309001	张三	男	回族	2023/9/1	60	19023433222	
4	002	202309002	李四	女	汉族	2023/9/1	70	18833330005	
5	003	202309003	王五	男	回族	2023/9/5	80	13545473335	
6	004	202309004	赵六	女	汉族	2023/9/10	60	13435636566	
7	005	202309005	孙琦	女	汉族	2023/9/15	90	13936733637	
8	006	202309006	钱军	男	回族	2023/9/18	80	15333478658	
9	007	202309007	周武	女	汉族	2023/10/8	60	16384565569	
10									

图 2-2-10　隐藏“身份证号码”列后的效果

可以通过单击隐藏列列标处的双向三角形按钮取消对该列的隐藏。在如图 2-2-9 所示的快捷菜单中单击“隐藏”右侧的“隐藏指定列”按钮 会打开“WPS 表格”对话框，在其中可以指定要显示的列，并将其余列进行隐藏。这个操作可以一次性隐藏多个列，多列隐藏后可以通过快捷菜单中的“取消隐藏”将所有隐藏列显示出来。隐藏行的操作与隐藏列类似，但是隐藏行无法隐藏指定行。

5. 行和列的冻结与取消冻结

在表格中数据较多的情况下，若需要在翻看数据的同时对应列标题，则可以冻结部分单元格实现用户的需求。以当前表格为例，如选定 A3 单元格，单击功能区“开始”选项卡中的“冻结窗格”下拉按钮，在下拉菜单中选择“冻结至第 2 行”，如图 2-2-11 所示，即可将表格标题行和列标题行冻结，在翻看数据的过程中，前两行不会移动，如图 2-2-12 所示。

学生信息登记表							
序号	学号	姓名	性别	民族	入学时间	入学成绩	联系电话
001	202309001	张三	男	回族	2023/9/1	60	19023433222
002	202309002	李四	女	汉族	2023/9/1	70	18833330005
003	202309003	王五	男	回族	2023/9/5	80	13545473335
004	202309004	赵六	女	汉族	2023/9/10	60	13435636566
005	202309005	孙琦	女	汉族	2023/9/15	90	13936733637
006	202309006	钱军	男	回族	2023/9/18	80	15333478658
007	202309007	周武	女	汉族	2023/10/8	60	16384565569

图 2-2-11 “冻结窗格”下拉菜单

学生信息登记表								
序号	学号	姓名	性别	民族	入学时间	入学成绩	联系电话	备注
003	202309003	王五	男	回族	2023/9/5	80	13545473335	
004	202309004	赵六	女	汉族	2023/9/10	60	13435636566	
005	202309005	孙琦	女	汉族	2023/9/15	90	13936733637	
006	202309006	钱军	男	回族	2023/9/18	80	15333478658	
007	202309007	周武	女	汉族	2023/10/8	60	16384565569	

图 2-2-12 冻结前两行

取消冻结单元格时只需要单击“冻结窗格”下拉按钮，在下拉菜单中选择“取消冻结窗格”即可。

二、“单元格格式”对话框

选定要进行设置的单元格或单元格区域，单击鼠标右键，在弹出的快捷菜单中选择“设置单元格格式”，或者按 Ctrl+1 组合键，即可打开“单元格格式”对话框，此对话框中包含以下选项卡。

1.“数字”选项卡

“数字”选项卡用于设置所操作单元格中数字的格式，其列表中有常规、数值、货币、会计专用、日期、时间、百分比等 12 个分类，如图 2-2-13 所示。常规格式不包含任何特定的数字格式；数值格式用于一般数字的表示；货币和会计专用格式用于提供货币值计算的专用格式；日期和时间格式用于设置日期或时间类型以及区域；百分比格式用于以百分数的形式显示单元格的值；分数格式用于设置分数类型；科学记数格式用于设置本单元格的小数位数；文本格式用于将单元格中的数字作为文本处理；特殊格式可用于跟踪数据列表及数据库的值；自定义格式是指以现有格式为基础，生成自定义的数字格式。

2. “对齐”选项卡

“对齐”选项卡用于设置所操作单元格中文本的对齐方式等，其中有文本对齐方式、文本控制以及文字方向等设置选项，如图 2-2-14 所示，可根据个人需求选择相应选项对表格进行设置。

在单元格中输入文本数据时默认为左对齐，输入数值数据时默认为右对齐，有时会出现文本不对齐的情况，若是想要将文本数据居中、居左、居右对齐，或者自定义设置单元格中文本数据的对齐方式，可分别在“水平对齐”和“垂直对齐”中选择不同的对齐方式，然后单击“确定”按钮即可。

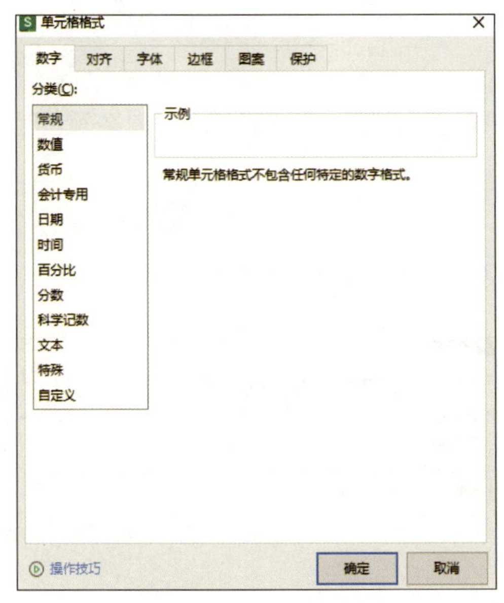

图 2-2-13 “数字”选项卡

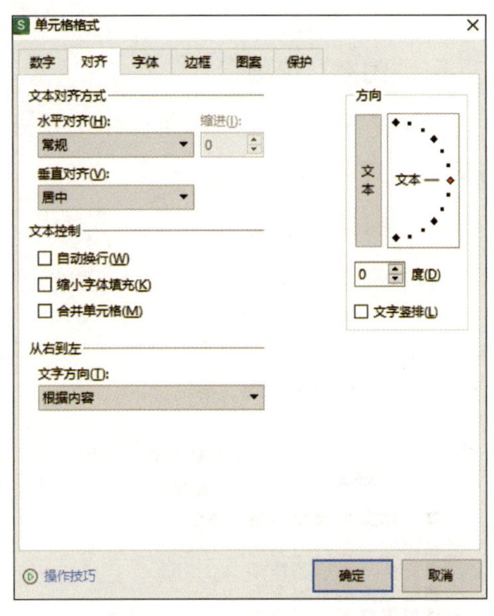

图 2-2-14 “对齐”选项卡

3. “字体”选项卡

“字体”选项卡用于设置所操作单元格中文本的字体、字形、字号等效果，还可以添加如删除线、上标和下标等特殊效果，如图 2-2-15 所示。

4. “边框”选项卡

“边框”选项卡用于设置所操作单元格的线条样式、颜色以及边框样式等，如图 2-2-16 所示。

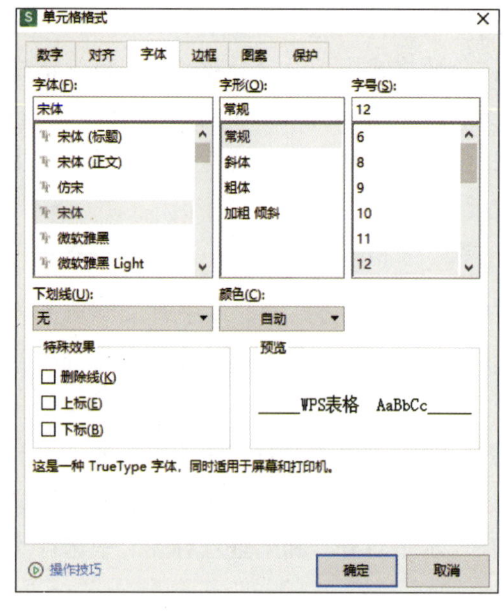

图 2-2-15 “字体”选项卡

图 2-2-16 “边框”选项卡

5. “图案”选项卡

“图案”选项卡用于对所操作单元格的底纹进行设置，如图案样式、图案颜色等，如图 2-2-17 所示。

6. “保护”选项卡

“保护”选项卡用于设置工作表的锁定和隐藏，如图 2-2-18 所示。

图 2-2-17 “图案”选项卡

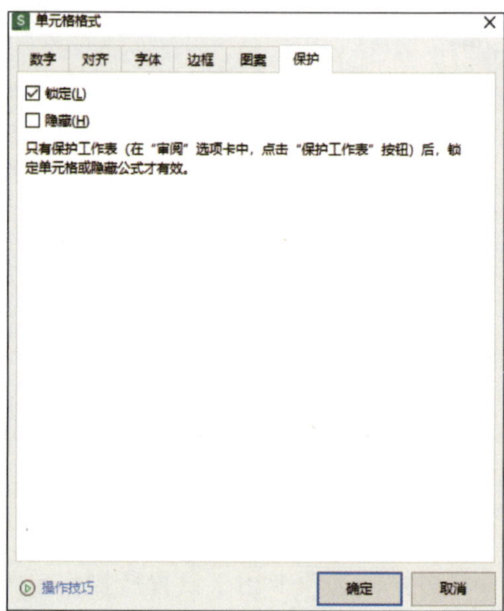

图 2-2-18 “保护”选项卡

1. 打开表格文档并输入表格标题

（1）打开本项目任务 1 中制作的“学生信息登记表”。

（2）选定 A1 单元格，通过在功能区“开始”选项卡中单击“行和列”下拉按钮在表格上方插入行，并在新的 A1 单元格中输入表格标题，如图 2-2-19 所示。

	A	B	C	D	E	F	G	H	I	J
1	学生信息登记表									
2	序号	学号	姓名	性别	民族	身份证号码	入学时间	入学成绩	联系电话	备注
3	001	202309001	张三	男	回族	210811200605132133	2023/9/1	60	19023433222	
4	002	202309002	李四	女	汉族	620981200506060526	2023/9/1	70	18833330005	
5	003	202309003	王五	男	回族	230503200701040639	2023/9/5	80	13545473335	
6	004	202309004	赵六	女	汉族	330481200512170919	2023/9/10	60	13435636566	
7	005	202309005	孙琦	女	汉族	71114620061215511X	2023/9/15	90	13936733637	
8	006	202309006	钱军	男	回族	370215200708158696	2023/9/18	80	15333478658	
9	007	202309007	周武	女	汉族	230123200804212129	2023/10/8	60	16384565569	
10										

图 2-2-19　输入表格标题

2. 设置表格格式

（1）设置表格标题和行标题

选定 A1 单元格，并设置标题为宋体、加粗、16 号。选定 A1:J1 单元格区域，单击鼠标右键，在快捷菜单中选择“设置单元格格式”，在“单元格格式”对话框中单击“对齐”选项卡，在“文本控制”中勾选“合并单元格”复选框，在“文本对齐方式”中的“水平对齐”和“垂直对齐”中都选择“居中”，单击“确定”按钮。

选定 A2:J2 单元格区域，单击鼠标右键，在快捷菜单中选择“设置单元格格式”，在“单元格格式”对话框中单击“字体”选项卡，在“字形”中选择“粗体”，设置后的效果如图 2-2-20 所示。

	A	B	C	D	E	F	G	H	I	J
1	**学生信息登记表**									
2	**序号**	**学号**	**姓名**	**性别**	**民族**	**身份证号码**	**入学时间**	**入学成绩**	**联系电话**	**备注**
3	001	202309001	张三	男	回族	210811200605132133	2023/9/1	60	19023433222	
4	002	202309002	李四	女	汉族	620981200506060526	2023/9/1	70	18833330005	
5	003	202309003	王五	男	回族	230503200701040639	2023/9/5	80	13545473335	
6	004	202309004	赵六	女	汉族	330481200512170919	2023/9/10	60	13435636566	
7	005	202309005	孙琦	女	汉族	71114620061215511X	2023/9/15	90	13936733637	
8	006	202309006	钱军	男	回族	370215200708158696	2023/9/18	80	15333478658	
9	007	202309007	周武	女	汉族	230123200804212129	2023/10/8	60	16384565569	
10										

图 2-2-20　设置标题的效果

（2）设置文本居中

将表格所有内容选中，单击鼠标右键，在快捷菜单中选择“设置单元格格式”，在“单元格格式”对话框中单击“对齐”选项卡，在“文本对齐方式”中的“水平对齐”和“垂直对齐”中都选择“居中”，单击“确定”按钮，效果如图2–2–21所示。

	A	B	C	D	E	F	G	H	I	J
1	学生信息登记表									
2	序号	学号	姓名	性别	民族	身份证号码	入学时间	入学成绩	联系电话	备注
3	001	202309001	张三	男	回族	210811200605132133	2023/9/1	60	19023433222	
4	002	202309002	李四	女	汉族	620981200506060526	2023/9/1	70	18833330005	
5	003	202309003	王五	男	回族	230503200701040639	2023/9/5	80	13545473335	
6	004	202309004	赵六	女	汉族	330481200512170919	2023/9/10	60	13435636566	
7	005	202309005	孙琦	女	汉族	71114620061215511X	2023/9/15	90	13936733637	
8	006	202309006	钱军	男	回族	370215200708158696	2023/9/18	80	15333478658	
9	007	202309007	周武	女	汉族	230123200804212129	2023/10/8	60	16384565569	
10										

图2-2-21　设置文本居中的效果

（3）调整行高和列宽

选定表格标题行，单击功能区“开始”选项卡中的“行和列”下拉按钮，在下拉菜单中选择“行高”，在弹出的“行高”对话框中设置“行高”为“25”磅，单击“确定”按钮。选定A～J列，单击功能区“开始”选项卡中的“行和列”下拉按钮，在下拉菜单中选择“最适合的列宽”，效果如图2–2–22所示。

	A	B	C	D	E	F	G	H	I	J
1	学生信息登记表									
2	序号	学号	姓名	性别	民族	身份证号码	入学时间	入学成绩	联系电话	备注
3	001	202309001	张三	男	回族	210811200605132133	2023/9/1	60	19023433222	
4	002	202309002	李四	女	汉族	620981200506060526	2023/9/1	70	18833330005	
5	003	202309003	王五	男	回族	230503200701040639	2023/9/5	80	13545473335	
6	004	202309004	赵六	女	汉族	330481200512170919	2023/9/10	60	13435636566	
7	005	202309005	孙琦	女	汉族	71114620061215511X	2023/9/15	90	13936733637	
8	006	202309006	钱军	男	回族	370215200708158696	2023/9/18	80	15333478658	
9	007	202309007	周武	女	汉族	230123200804212129	2023/10/8	60	16384565569	

图2-2-22　调整行高和列宽的效果

（4）添加边框

选定A2:J9单元格区域，单击功能区“开始”选项卡中的“所有框线”下拉按钮，在下拉菜单中选择“其他边框”，弹出“单元格格式”对话框，设置“线条”中的“样式”为“实线”、“颜色”为“黑色”，单击“预置”中的“外边框”和“内部”按钮，单击“确定”按钮，如图2–2–23所示。

（5）添加底纹

选定A2:J2单元格区域，单击功能区“开始”选项卡中的“填充颜色”下拉按钮，在下拉菜单中选择“主题颜色”为“黑色，文本1，浅色50%”，如图2–2–24所示，设置后的效果如图2–2–25所示。

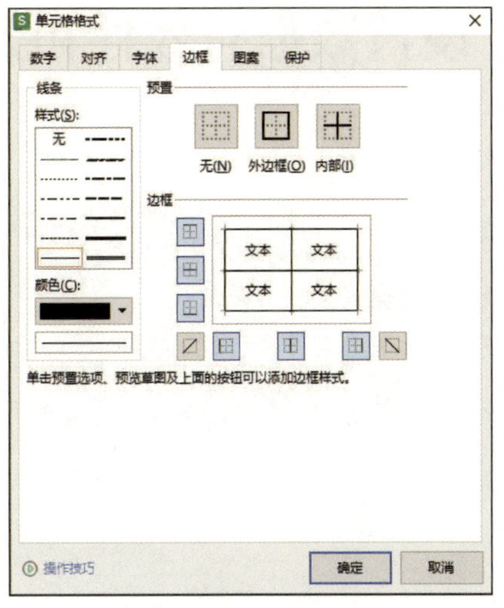

图 2-2-23　添加边框

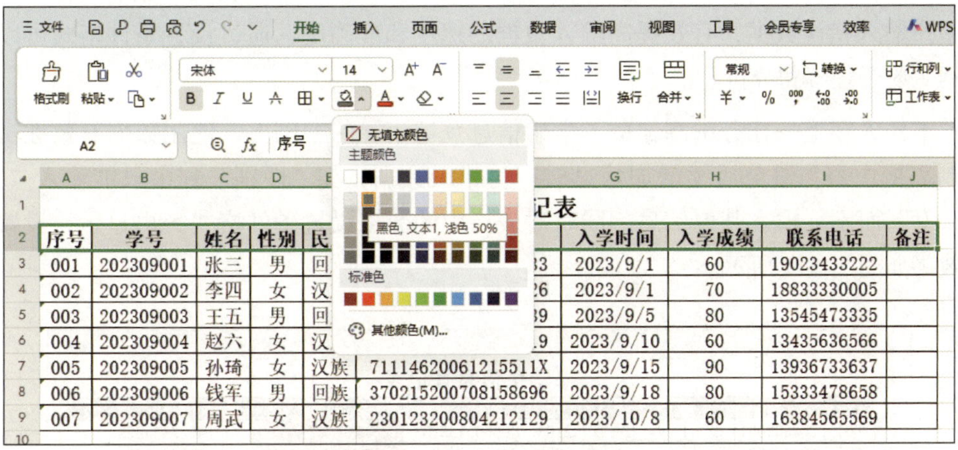

图 2-2-24　添加底纹

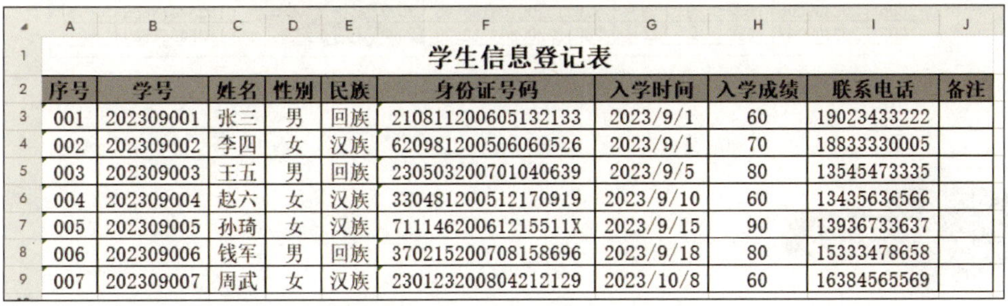

学生信息登记表									
序号	学号	姓名	性别	民族	身份证号码	入学时间	入学成绩	联系电话	备注
001	202309001	张三	男	回族	210811200605132133	2023/9/1	60	19023433222	
002	202309002	李四	女	汉族	620981200506060526	2023/9/1	70	18833330005	
003	202309003	王五	男	回族	230503200701040639	2023/9/5	80	13545473335	
004	202309004	赵六	女	汉族	330481200512170919	2023/9/10	60	13435636566	
005	202309005	孙琦	女	汉族	71114620061215511X	2023/9/15	90	13936733637	
006	202309006	钱军	男	回族	370215200708158696	2023/9/18	80	15333478658	
007	202309007	周武	女	汉族	230123200804212129	2023/10/8	60	16384565569	

图 2-2-25　添加底纹的效果

3. 保存表格文档

将文档保存至“我的文档”。

任务 3　设置数据有效性和条件格式

1. 能够了解 WPS 表格中数据有效性的用途。
2. 能够设置单元格的数据有效性。
3. 能够进行单元格条件格式的设置。

数据有效性和条件格式是 WPS 表格的功能，通过设置单元格的数据有效性可以防止用户输入错误数据，有效提高输入数据的速度和准确度，通过设置条件格式可以使数据更易于理解和分析。

本任务在上一任务中制作的“学生信息登记表”的基础上，使用数据有效性功能限制表格内容，避免后续增加信息时产生错误数据，如“性别”列中只能输入“男”或“女”而不能输入其他信息，同时对表格中的数据设置条件格式突出显示，设置后的效果如图 2-3-1 所示。

	A	B	C	D	E	F	G	H	I	J
1	学生信息登记表									
2	序号	学号	姓名	性别	民族	身份证号码	入学时间	入学成绩	联系电话	备注
3	001	202309001	张三	男	回族	210811200605132133	2023/9/1	60	19023433222	
4	002	202309002	李四	男	汉族	620981200506060526	2023/9/1	70	18833330005	
5	003	202309003	王五	女	回族	230503200701040639	2023/9/5	80	13545473335	
6	004	202309004	赵六	女	汉族	330481200512170919	2023/9/10	60	13435636566	
7	005	202309005	孙琦	女	汉族	71114620061215511X	2023/9/15	90	13936733637	
8	006	202309006	钱军	男	回族	370215200708158696	2023/9/18	80	15333478658	
9	007	202309007	周武	女	汉族	230123200804212129	2023/10/8	60	16384565569	

图 2-3-1　设置数据有效性和条件格式后的效果

一、数据有效性的设置

1. “数据有效性”对话框的打开方式

选定要设置数据有效性的单元格或单元格区域，单击功能区“数据”选项卡中的

“有效性”下拉按钮，在下拉菜单（见图 2–3–2）中选择“有效性”即可打开“数据有效性”对话框。

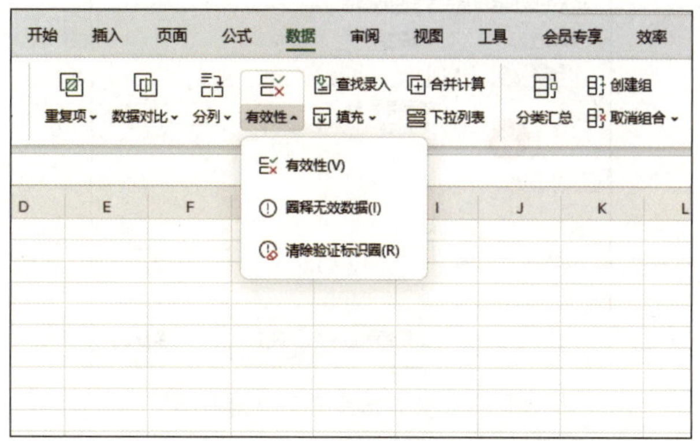

图 2–3–2 “有效性”下拉菜单

2. “设置”选项卡

“设置”选项卡用于设置有效性条件，其中包括任何值、整数、小数、序列、日期、时间、文本长度、自定义等条件，如图 2–3–3 所示。

3. “输入信息”选项卡

“输入信息”选项卡用于设置在选定单元格时是否显示提示信息以及提示信息的内容，如图 2–3–4 所示。

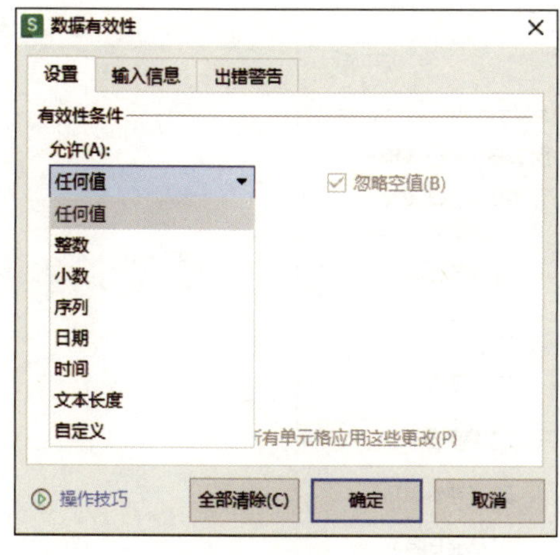

图 2–3–3 “设置”选项卡

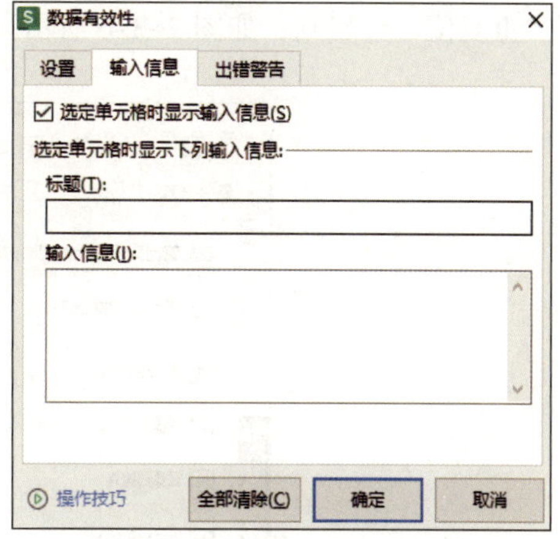

图 2–3–4 “输入信息”选项卡

4. “出错警告”选项卡

“出错警告”选项卡用于设置在输入无效数据时是否显示出错警告以及出错警告的样式、标题和内容，如图 2–3–5 所示。

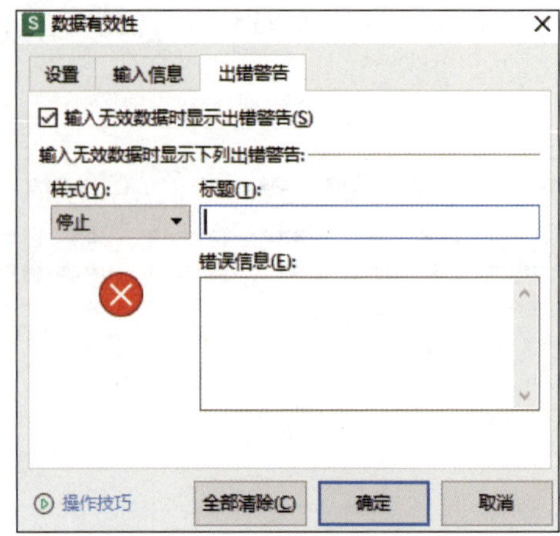

图 2-3-5 “出错警告”选项卡

二、条件格式的设置

WPS 表格提供了根据单元格中的数值是否超出指定范围或在限定范围之内，动态地为单元格套用不同的样式、数字格式、字体样式、图案和边框的功能。本功能使用户能够在数据中迅速地定位需要关注的区域。

1．突出显示单元格规则

突出显示单元格规则用于对单元格中的特殊内容进行突出显示。单击功能区“开始”选项卡中的“条件格式”下拉按钮，在下拉菜单中选择“突出显示单元格规则”，在其子菜单中可以按需求选择“大于”“小于”“介于”“等于”“文本包含”“发生日期”“重复值”等规则，如图 2-3-6 所示。

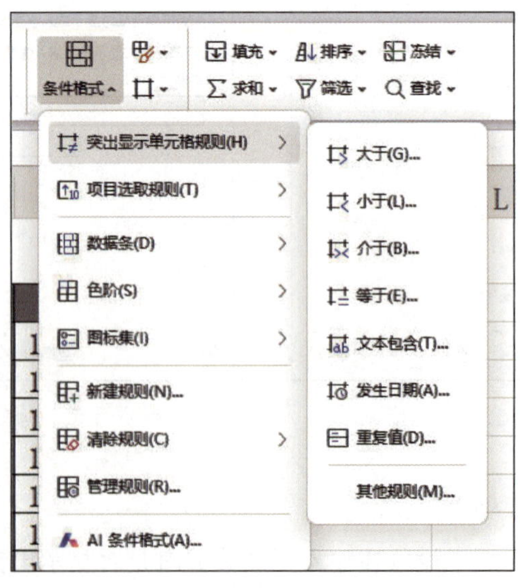

图 2-3-6 “突出显示单元格规则”子菜单

2. 数据条

数据条用于对单元格中的不同数据进行量化显示。选定要添加数据条的一组单元格，单击功能区“开始”选项卡中的“条件格式”下拉按钮，按需求选择“数据条”子菜单中的填充样式，如图 2-3-7 所示，设置完成后，单元格中的数值越大，数据条越长。

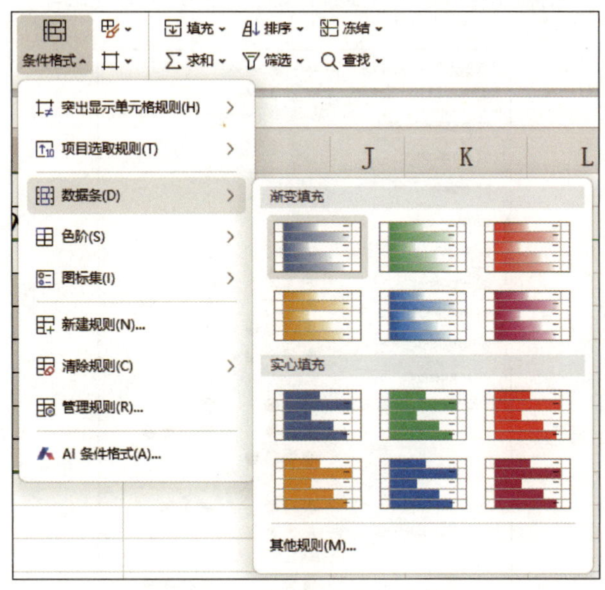

图 2-3-7 “数据条”子菜单

3. 色阶

色阶用于对单元格中的不同数据进行颜色标注。选定要添加色阶的一组单元格，单击功能区“开始”选项卡中的“条件格式”下拉按钮，按需求选择“色阶”子菜单中的颜色渐变样式，如图 2-3-8 所示，设置完成后，单元格中不同的颜色代表不同的数值。

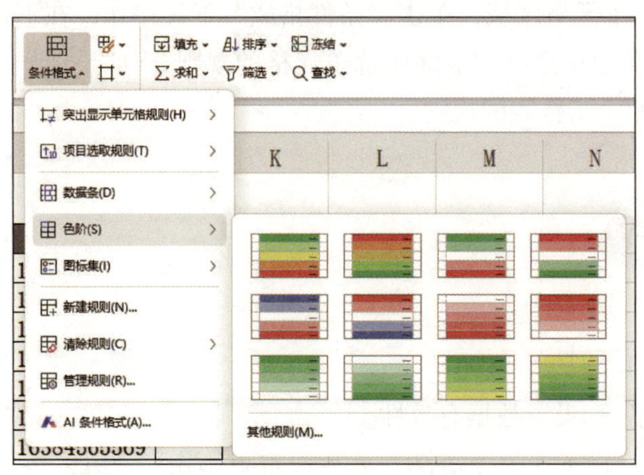

图 2-3-8 “色阶”子菜单

4. 图标集

图标集用于在数据前增加不同的图标，同类数据的图标一致。选定要添加图标的一组单元格，单击功能区“开始”选项卡中的“条件格式”下拉按钮，按需求选择“图标集”子菜单中的图标组合样式，如图 2-3-9 所示，设置完成后，图标会根据设置的规则（选择“其他规则”，在弹出的对话框中进行设置）显示在对应的单元格中的数据前面。

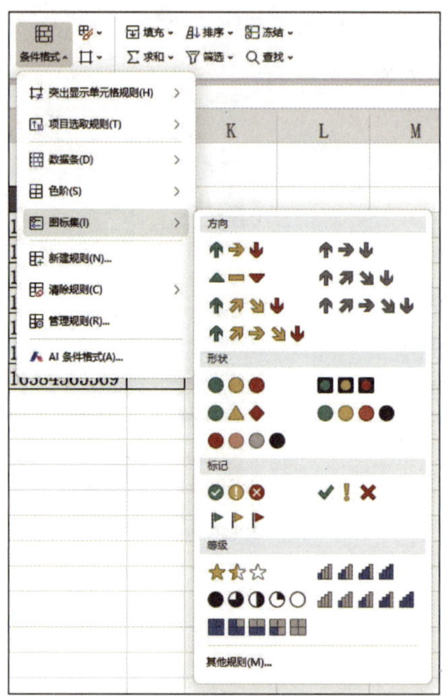

图 2-3-9 “图标集”子菜单

5. 条件格式的取消

如果对于已建立好的规则不满意，则可取消此规则，重新设定规则，方法为：选定已建立好规则的单元格区域，单击“条件格式”下拉按钮，在下拉菜单中选择“清除规则”，在其子菜单中选择“清除所选单元格的规则”，如果选择“清除整个工作表的规则”，则取消整个工作表的规则。

1. 设置数据有效性

（1）对“性别”列设置数据有效性

1）打开本项目任务 2 中完成的“学生信息登记表”，清除“性别”列原有数据，选定 D3:D9 单元格区域，如图 2-3-10 所示。

	A	B	C	D	E	F	G	H	I	J
1	学生信息登记表									
2	序号	学号	姓名	性别	民族	身份证号码	入学时间	入学成绩	联系电话	备注
3	001	202309001	张三		回族	210811200605132133	2023/9/1	60	19023433222	
4	002	202309002	李四		汉族	620981200506060526	2023/9/1	70	18833330005	
5	003	202309003	王五		回族	230503200701040639	2023/9/5	80	13545473335	
6	004	202309004	赵六		汉族	330481200512170919	2023/9/10	60	13435636566	
7	005	202309005	孙琦		汉族	71114620061215511X	2023/9/15	90	13936733637	
8	006	202309006	钱军		回族	370215200708158696	2023/9/18	80	15333478658	
9	007	202309007	周武		汉族	230123200804212129	2023/10/8	60	16384565569	

图 2-3-10　选定区域

2）单击功能区“数据”选项卡中的“有效性”下拉按钮，在下拉菜单中选择“有效性”，弹出“数据有效性”对话框。

3）在“设置”选项卡中的“允许”下拉列表中选择“序列”，在下方“来源”中输入文字“男,女”，单击“确定”按钮，如图 2-3-11 所示。需要注意的是文字“男,女”中间的逗号需要在将输入法切换成英文状态后输入。

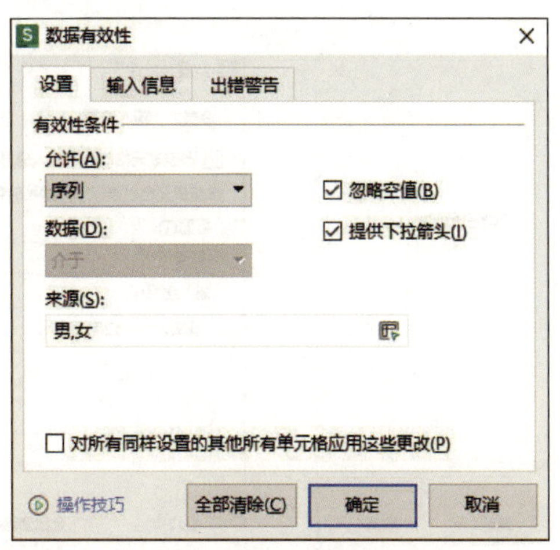

图 2-3-11　设置“性别”列有效性条件

4）在“输入信息”选项卡中可以针对设置了数据有效性的单元格添加提示信息，单击“确定”按钮，如图 2-3-12 所示。添加完毕，将鼠标指针移动到单元格上时，会出现提示信息，如图 2-3-13 所示。

（2）设置“联系电话”列的有效长度

1）选定 I3:I9 单元格区域，单击功能区“数据”选项卡中的“有效性”下拉按钮，在下拉菜单中选择“有效性”，弹出“数据有效性”对话框。

2）在“设置”选项卡中的“允许”下拉列表中选择“文本长度”，在“数据”下拉列表中选择“等于”，在下方“数值”中输入“11”，如图 2-3-14 所示。

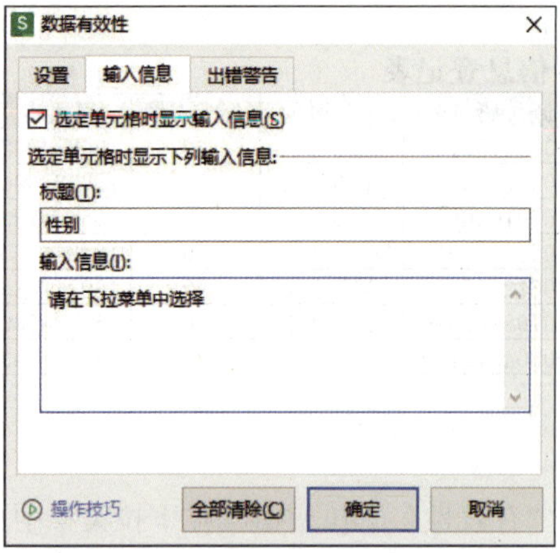

图 2-3-12　设置性别“输入信息”

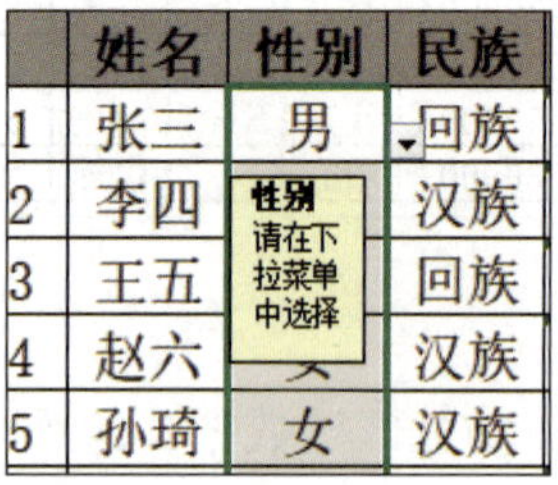

图 2-3-13　添加性别提示信息

3）在“输入信息”选项卡中为联系电话相关单元格添加提示信息，在“标题”中输入“联系电话”，在“输入信息”中输入“请输入十一位电话号码”，单击“确定”按钮，如图 2-3-15 所示，设置后的效果如图 2-3-16 所示。

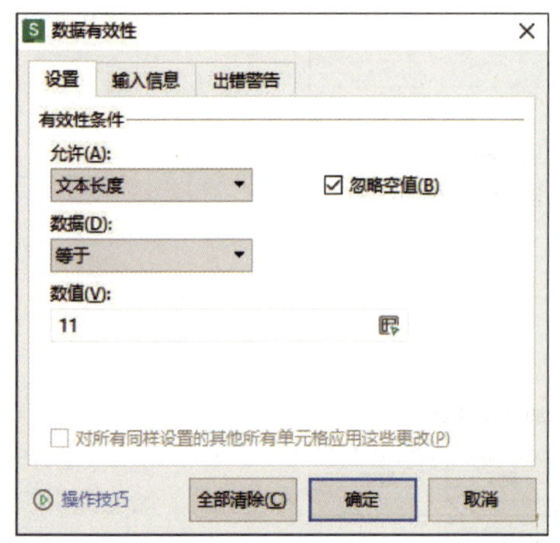

图 2-3-14　设置“联系电话”列有效性条件

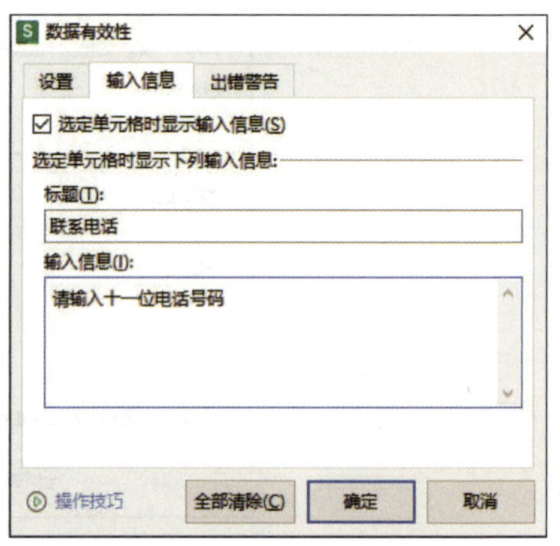

图 2-3-15　设置联系电话“输入信息”

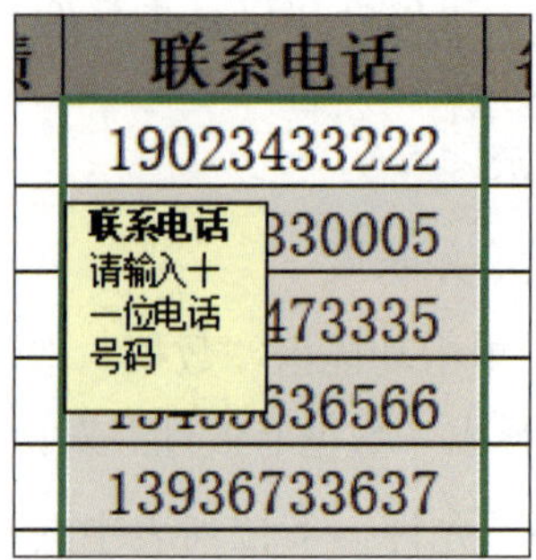

图 2-3-16　添加联系电话提示信息

4）为避免输入无效数据，可以在“出错警告”选项卡中设置出错警告的样式及错误信息等，如图 2–3–17 所示，在数据无效的情况下，将提示用户重新输入数据，如图 2–3–18 所示。

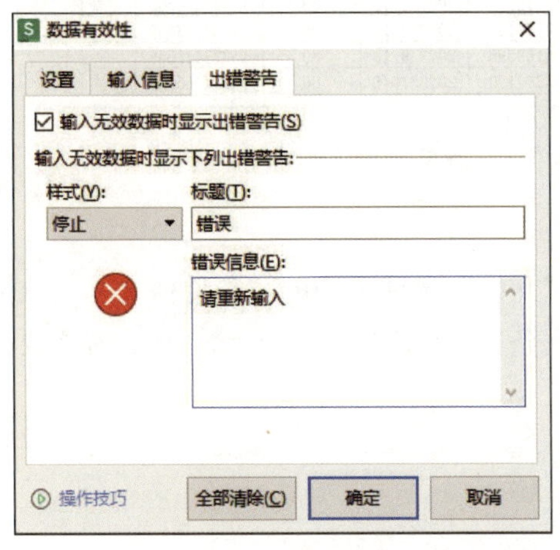

图 2–3–17　设置出错警告

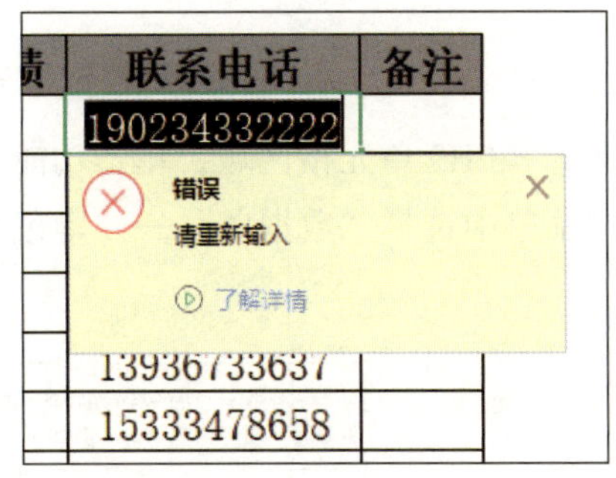

图 2–3–18　错误提示信息

2. 设置条件格式

（1）对“民族”列设置突出显示

选定 E3:E9 单元格区域，单击功能区“开始”选项卡中的“条件格式”下拉按钮，在下拉菜单中选择“突出显示单元格规则”→“等于”，如图 2–3–19 所示，在弹出的“等于”对话框中输入条件为“汉族”，在“设置为”下拉列表中选择“浅红填充色深红色文本”，单击“确定”按钮，如图 2–3–20 所示，设置完成后的效果如图 2–3–21 所示。

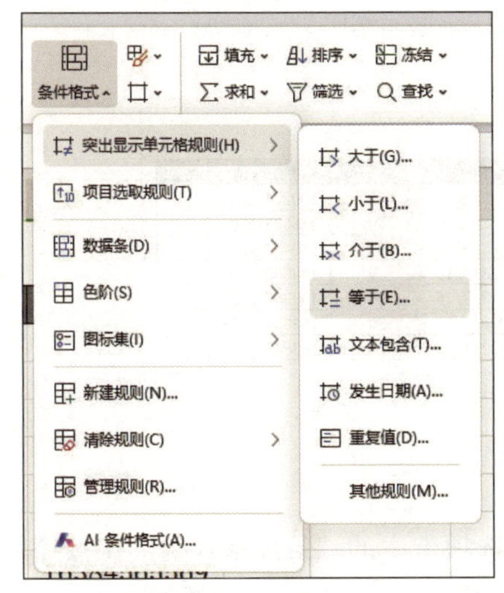

图 2–3–19　选择“突出显示单元格规则”→“等于”

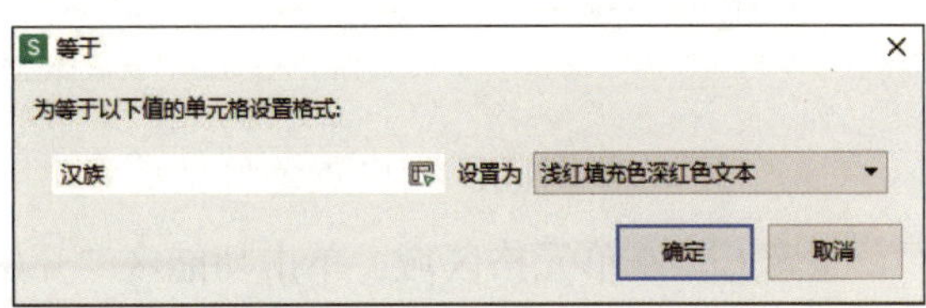

图 2–3–20　设置“民族”列突出显示

学生信息登记表									
序号	学号	姓名	性别	民族	身份证号码	入学时间	入学成绩	联系电话	备注
001	202309001	张三	男	回族	210811200605132133	2023/9/1	60	19023433222	
002	202309002	李四	女	汉族	620981200506060526	2023/9/1	70	18833330005	
003	202309003	王五	男	回族	230503200701040639	2023/9/5	80	13545473335	
004	202309004	赵六	女	汉族	330481200512170919	2023/9/10	60	13435636566	
005	202309005	孙琦	女	汉族	71114620061215511X	2023/9/15	90	13936733637	
006	202309006	钱军	男	回族	370215200708158696	2023/9/18	80	15333478658	
007	202309007	周武	女	汉族	230123200804212129	2023/10/8	60	16384565569	

图 2-3-21　设置“民族”列突出显示的效果

（2）对“入学成绩”列设置数据条显示

选定 H3:H9 单元格区域，单击功能区“开始”选项卡中的“条件格式”下拉按钮，在下拉菜单中选择“数据条”→“紫色数据条”，如图 2-3-22 所示，效果如图 2-3-23 所示。

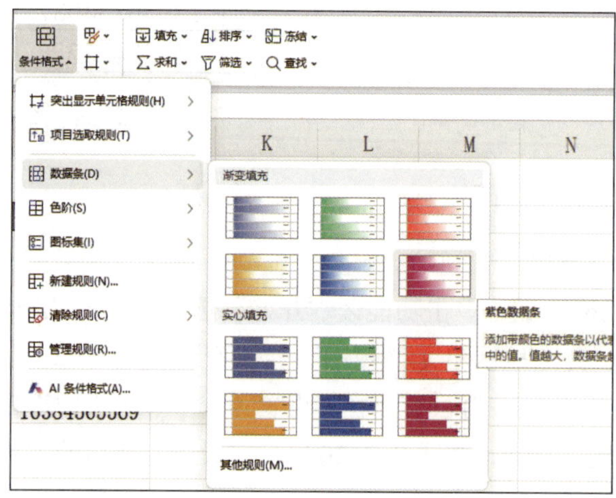

图 2-3-22　选择“数据条”→“紫色数据条”

学生信息登记表									
序号	学号	姓名	性别	民族	身份证号码	入学时间	入学成绩	联系电话	备注
001	202309001	张三	男	回族	210811200605132133	2023/9/1	60	19023433222	
002	202309002	李四	女	汉族	620981200506060526	2023/9/1	70	18833330005	
003	202309003	王五	男	回族	230503200701040639	2023/9/5	80	13545473335	
004	202309004	赵六	女	汉族	330481200512170919	2023/9/10	60	13435636566	
005	202309005	孙琦	女	汉族	71114620061215511X	2023/9/15	90	13936733637	
006	202309006	钱军	男	回族	370215200708158696	2023/9/18	80	15333478658	
007	202309007	周武	女	汉族	230123200804212129	2023/10/8	60	16384565569	

图 2-3-23　设置数据条后的效果

（3）对“入学时间”列设置色阶显示

选定 G3:G9 单元格区域，单击功能区“开始”选项卡中的“条件格式”下拉按钮，在下拉菜单中选择“色阶”→“绿 – 黄 – 红色阶”，如图 2-3-24 所示，效果如图 2-3-25 所示。

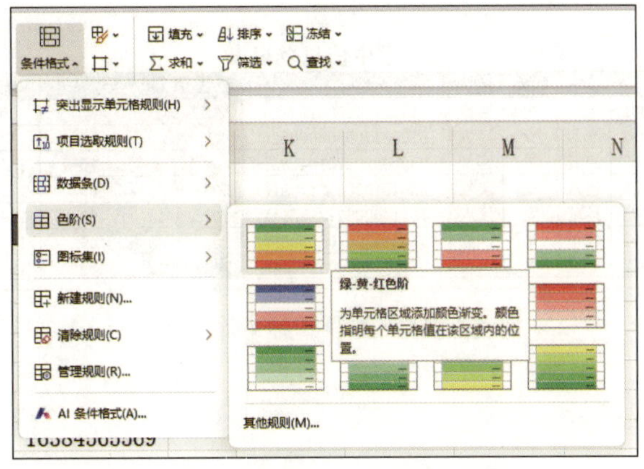

图 2-3-24　选择“色阶”→“绿－黄－红色阶”

学生信息登记表									
序号	学号	姓名	性别	民族	身份证号码	入学时间	入学成绩	联系电话	备注
001	202309001	张三	男	回族	210811200605132133	2023/9/1	60	19023433222	
002	202309002	李四	女	汉族	620981200506060526	2023/9/1	70	18833330005	
003	202309003	王五	男	回族	230503200701040639	2023/9/5	80	13545473335	
004	202309004	赵六	女	汉族	330481200512170919	2023/9/10	60	13435636566	
005	202309005	孙琦	女	汉族	71114620061215511X	2023/9/15	90	13936733637	
006	202309006	钱军	男	回族	370215200708158696	2023/9/18	80	15333478658	
007	202309007	周武	女	汉族	230123200804212129	2023/10/8	60	16384565569	

图 2-3-25　设置色阶后的效果

（4）对“入学成绩”列设置图标显示

选定 H3:H9 单元格区域，单击功能区“开始”选项卡中的“条件格式”下拉按钮，在下拉菜单中选择“图标集”→“四等级”，如图 2-3-26 所示，效果如图 2-3-27 所示。

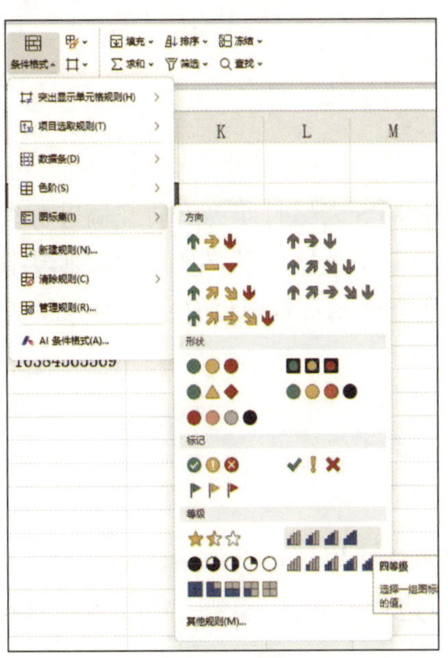

图 2-3-26　选择“图标集”→“四等级”

学生信息登记表

序号	学号	姓名	性别	民族	身份证号码	入学时间	入学成绩	联系电话	备注
001	202309001	张三	男	回族	210811200605132133	2023/9/1	60	19023433222	
002	202309002	李四	女	汉族	620981200506060526	2023/9/1	70	18833330005	
003	202309003	王五	男	回族	230503200701040639	2023/9/5	80	13545473335	
004	202309004	赵六	女	汉族	330481200512170919	2023/9/10	60	13435636566	
005	202309005	孙琦	女	汉族	71114620061215511X	2023/9/15	90	13936733637	
006	202309006	钱军	男	回族	370215200708158696	2023/9/18	80	15333478658	
007	202309007	周武	女	汉族	230123200804212129	2023/10/8	60	16384565569	

图 2-3-27　设置图标集后的效果

任务 4　调整页面设置与打印方式

1. 能够优化表格的页面设置。
2. 能够正确设置表格的打印区域。
3. 能够掌握打印的基本方法与常用技巧。

日常使用中，经常要将 WPS 表格打印为纸质文稿进行查看、分享及批阅，掌握一定的页面设置方法有利于将电子表格中的必要信息转换为清晰可读的纸质文稿信息，提高工作效率。本任务通过合理调整页面设置，使用打印功能输出清晰、完整的 WPS 表格。

页面设置包括页面、页边距、页眉 / 页脚、工作表等内容，打印设置包括打印机属性设置、页码范围等内容。

一、“页面设置”对话框

进行页面设置时可以直接使用功能区“页面”选项卡中的按钮，也可以单击功能区“页面”选项卡中的“页面设置”按钮，如图 2–4–1 所示。

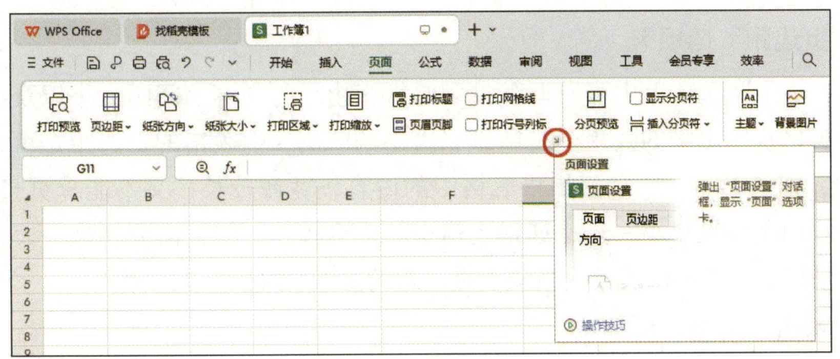

图 2-4-1 “页面设置”按钮

在“页面设置”对话框中有四个选项卡，分别为“页面”“页边距”“页眉 / 页脚”“工作表”，具体介绍如下。

1. “页面”选项卡

在“页面”选项卡中可以进行纸张方向、缩放的调整。根据表格内容的不同，可以设置横向或纵向打印以及调整内容大小，如图 2–4–2 所示。

制作完成的表格如果直接打印在纸张上，不一定符合纸张的尺寸，可能会出现宽的白边，或者需要分页才能完全打印。如果希望纸张能完全容纳表格的内容，或者通过限定宽度或高度容纳表格的内容，那么可以使用打印缩放功能进行设置，如图 2–4–3 所示。

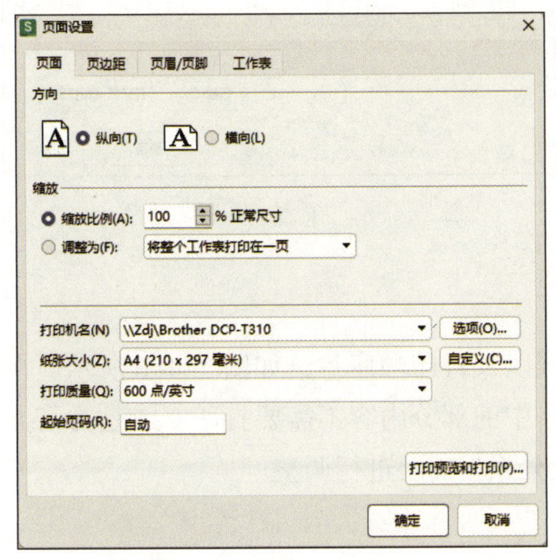

图 2-4-2 “页面”选项卡

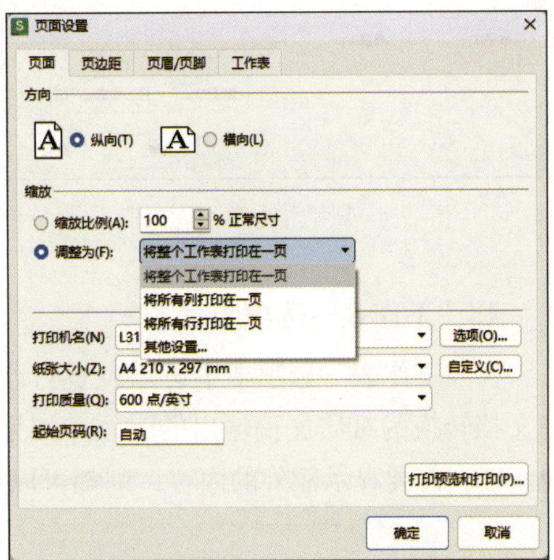

图 2-4-3 打印缩放调整

如果希望将当前表格内容打印到一张纸上，则选择“将整个工作表打印在一页”；如果希望将横向内容完全打印在一张纸上，纵向内容可以分页，则选择“将所有列打印在一页”；如果希望将纵向内容打印在一张纸上，横向内容可以分页，则选择“将所有行打印在一页”，此外，还可以按照设定的比例缩放表格进行打印。

2. “页边距”选项卡

在“页边距”选项卡中可以调整打印时纸张边缘与内容的间距大小以及内容的居中方式，表格打印出来的效果受打印纸张大小的限制，但表格的页边距是可以根据需要调整的，如图 2-4-4 所示。如果表格中的内容较宽或较长，又不能分页打印表格，则可以将页边距设置得小一点；如果表格中的内容较少，但又需要将这一表格均衡地安置在一张纸上，就可以通过适当调大页边距的方式解决。

3. “页眉 / 页脚”选项卡

在“页眉 / 页脚”选项卡中可以设置打印输出文档的页眉、页脚的样式及内容，并支持自定义更改，如图 2-4-5 所示。为了让数据量较大的表格具有更好的阅读性，通常使用此功能在表格中加入页码、日期、时间、文件名、工作表名等信息。

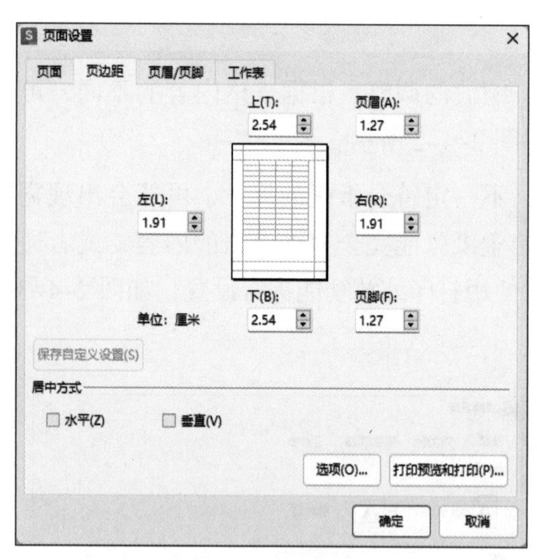

图 2-4-4 “页边距”选项卡

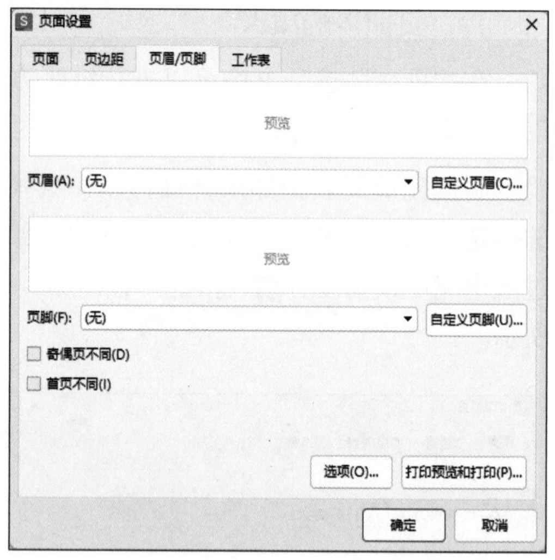

图 2-4-5 “页眉 / 页脚”选项卡

4. “工作表”选项卡

在“工作表”选项卡中可以设置打印区域以及打印顺序等，如图 2-4-6 所示。在将文档转换为纸质文稿输出的时候，如果表格中的部分内容不需要打印，或是为了方便阅读，需要显示额外的内容，则都可以在此处根据需要进行调整。

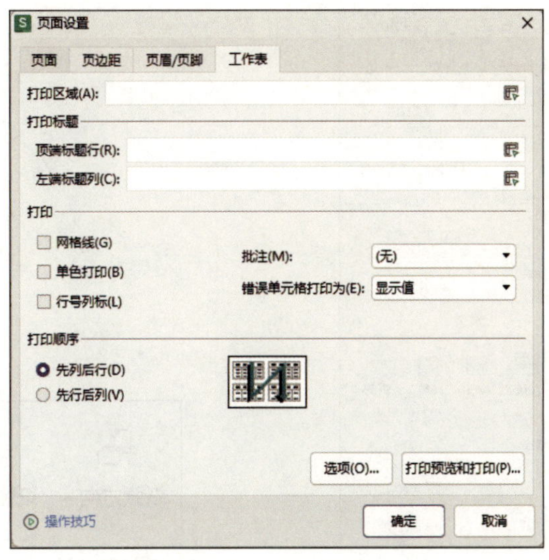

图 2-4-6 “工作表”选项卡

二、功能区“页面”选项卡

功能区“页面”选项卡中包含打印预览、页边距、纸张方向、纸张大小、打印区域、打印缩放等设置功能，如图 2-4-7 所示。

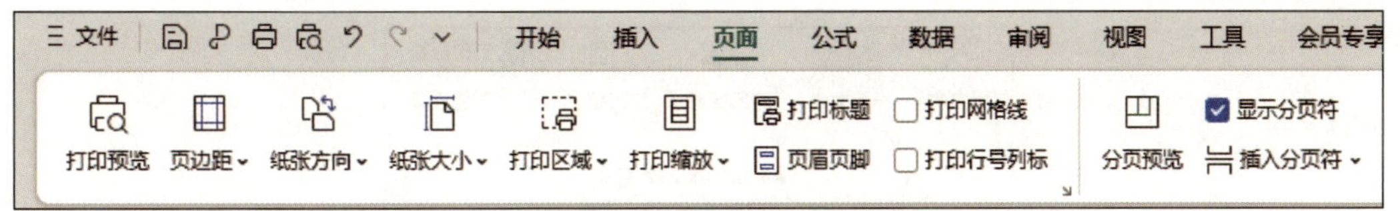

图 2-4-7 功能区“页面”选项卡

其中打印预览、纸张方向、纸张大小以及分页预览设置功能较为常用，具体介绍如下。

1.“打印预览”按钮

通过此按钮可以在“打印设置”窗格中进行打印机的选择，以及打印份数、顺序、纸张大小、打印方式等设置，还可以灵活调整打印范围、页码范围、每页版数等，如图 2-4-8 所示。

2.“纸张方向”按钮

通过此按钮可以打开“纸张方向”下拉菜单，进行纸张方向的调整，如图 2-4-9 所示。

3.“纸张大小”按钮

通过此按钮可以打开“纸张大小”下拉菜单，进行纸张大小的选择，如图 2-4-10 所示，根据打印的需要更改此处设置，并注意在打印机中放置对应尺寸的纸张。

图 2-4-8 “打印设置”窗格

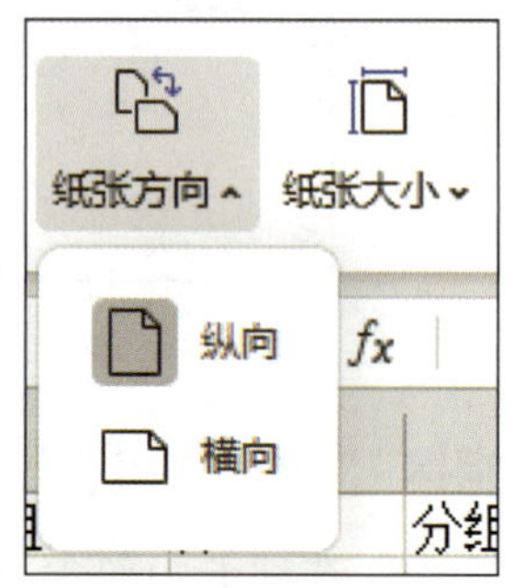

图 2-4-9 “纸张方向”下拉菜单

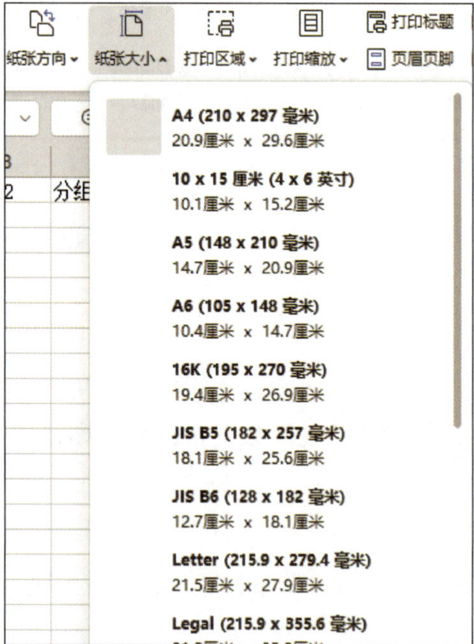

图 2-4-10 “纸张大小”下拉菜单

4.“分页预览”按钮

在打印数据较多的表格时，默认的内容分隔位置可能不符合实际需要，这时需要单击功能区“页面”选项卡中的“分页预览”按钮，在出现的蓝色框线处进行拖动，自由调整打印时页面的分隔位置，如图 2-4-11 所示，实现分页打印效果。

学生信息登记表									
序号	学号	姓名	性别	民族	身份证号码	入学时间	入学成绩	联系电话	备注
001	202309001	张三	男	回族	210811200605132133	2023/9/1	60	19023433222	
002	202309002	李四	女	汉族	620981200506060526	2023/9/1	70	18833330005	
003	202309003	王五	男	回族	230503200701040639	2023/9/5	80	13545473335	
004	202309004	赵六	女	汉族	330481200512170919	2023/9/10	60	13435636566	
005	202309005	孙琦	女	汉族	71114620061215511X	2023/9/15	90	13936733637	
006	202309006	钱军	男	回族	370215200708158696	2023/9/18	80	15333478658	
007	202309007	周武	女	汉族	230123200804212129	2023/10/8	60	16384565569	

图 2-4-11 设置分页预览的效果

三、“打印”对话框

单击“文件”菜单中的“打印”→“打印”，如图 2-4-12 所示，可以打开“打印”对话框，如图 2-4-13 所示。“打印”对话框中的功能与上文“打印设置”窗格中的功能相近，此处不做详细介绍。

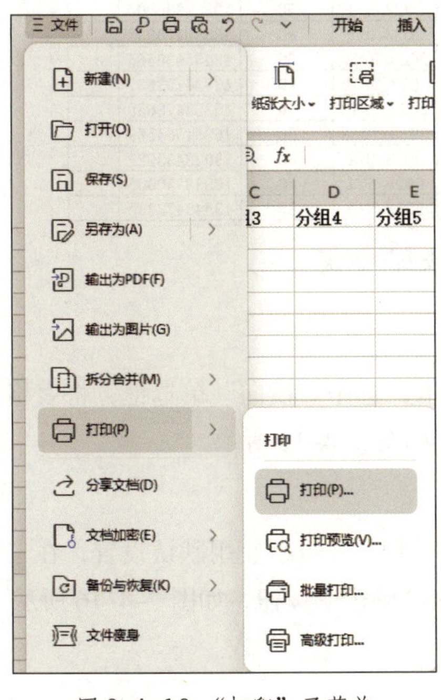

图 2-4-12 “打印”子菜单

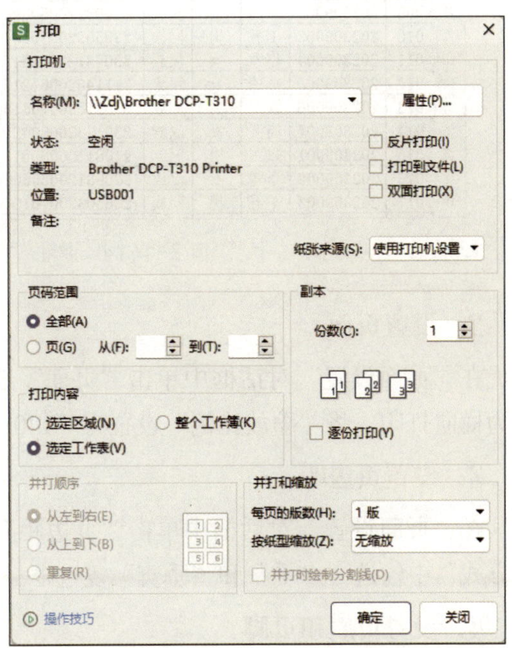

图 2-4-13 “打印”对话框

1. 制作表格文档

（1）打开本项目任务 2 中制作的“学生信息登记表”，清除底纹，将 A3:J9 单元格区域中的学生信息复制，分别在 A10 单元格、A17 单元格、A24 单元格中进行粘贴，以丰富表格内容，并修改相应序号。

（2）单击功能区“页面”选项卡中的“页面设置”按钮，如图 2-4-14 所示。

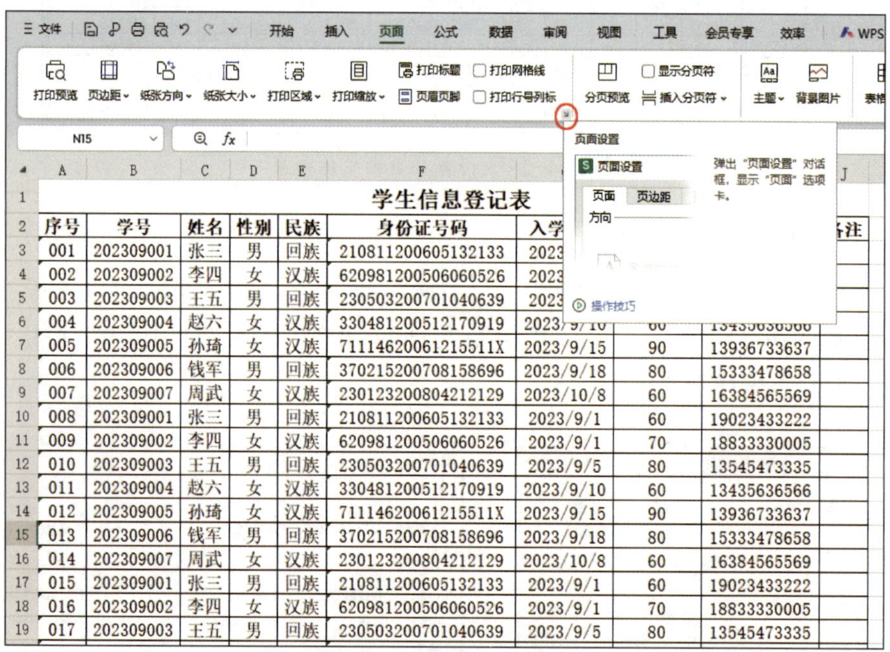

学生信息登记表

序号	学号	姓名	性别	民族	身份证号码	入学			备注
001	202309001	张三	男	回族	210811200605132133	2023			
002	202309002	李四	女	汉族	620981200506060526	2023			
003	202309003	王五	男	回族	230503200701040639	2023			
004	202309004	赵六	女	汉族	330481200512170919	2023/9/10	60	13435636566	
005	202309005	孙琦	女	汉族	71114620061215511X	2023/9/15	90	13936733637	
006	202309006	钱军	男	回族	370215200708158696	2023/9/18	80	15333478658	
007	202309007	周武	女	汉族	230123200804212129	2023/10/8	60	16384565569	
008	202309001	张三	男	回族	210811200605132133	2023/9/1	60	19023433222	
009	202309002	李四	女	汉族	620981200506060526	2023/9/1	70	18833330005	
010	202309003	王五	男	回族	230503200701040639	2023/9/5	80	13545473335	
011	202309004	赵六	女	汉族	330481200512170919	2023/9/10	60	13435636566	
012	202309005	孙琦	女	汉族	71114620061215511X	2023/9/15	90	13936733637	
013	202309006	钱军	男	回族	370215200708158696	2023/9/18	80	15333478658	
014	202309007	周武	女	汉族	230123200804212129	2023/10/8	60	16384565569	
015	202309001	张三	男	回族	210811200605132133	2023/9/1	60	19023433222	
016	202309002	李四	女	汉族	620981200506060526	2023/9/1	70	18833330005	
017	202309003	王五	男	回族	230503200701040639	2023/9/5	80	13545473335	

图 2-4-14　单击“页面设置”按钮

2. 设置页面

在“页面设置”对话框中单击“页面”选项卡，选中“横向”单选框，将表格设置为横向打印，将“缩放比例”设置为“140%”，如图 2-4-15 所示。

3. 设置页边距

在“页面设置”对话框中单击“页边距”选项卡，页边距使用默认设置，在“居中方式”中勾选“水平”和“垂直”复选框，单击“确定”按钮，如图 2-4-16 所示。

4. 设置页眉和页脚

在“页面设置”对话框中单击“页眉 / 页脚”选项卡，单击“自定义页眉”按钮，打开“页眉”对话框，在“左”中输入“附件一”，如图 2–4–17 所示。

返回“页面设置”对话框，在“页脚”下拉列表中选择“第 1 页”，如图 2–4–18 所示。

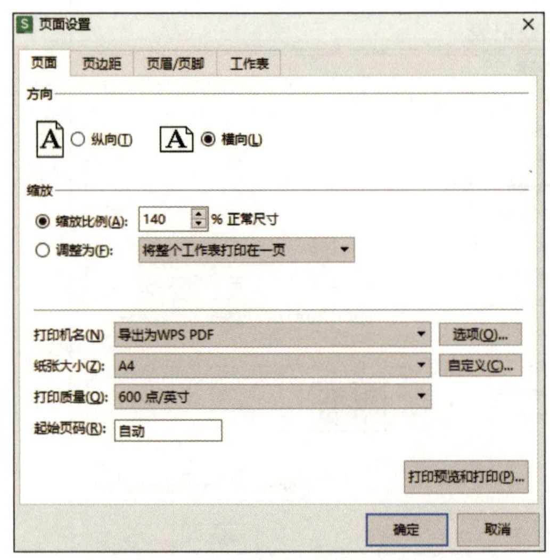

图 2–4–15　设置页面

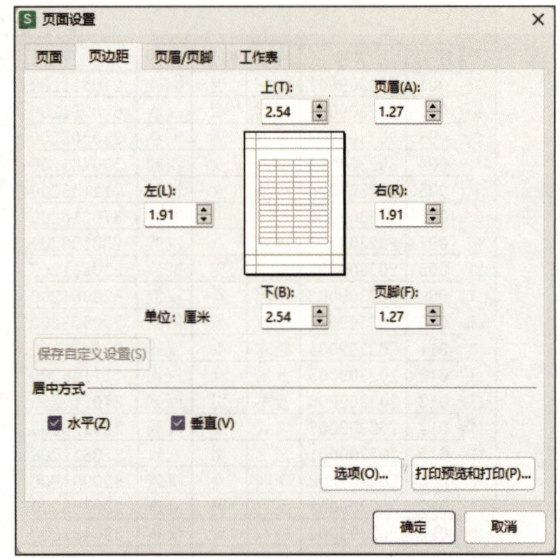

图 2–4–16　设置页边距

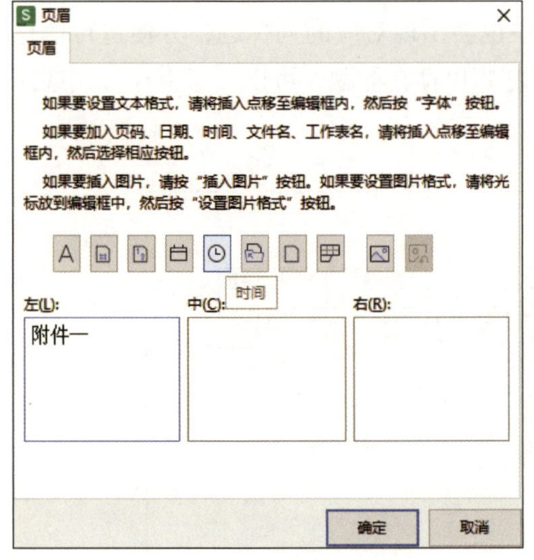

图 2–4–17　“页眉”对话框

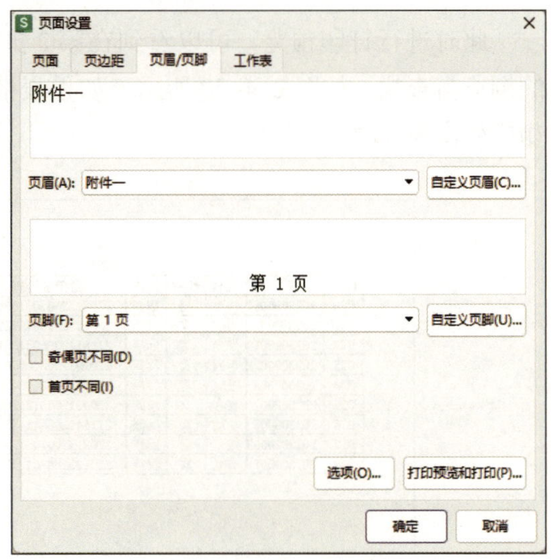

图 2–4–18　设置页脚

5. 设置打印内容

在打印一张包含大量数据的表格时，为了在每一页中都能看到对应的列标题，可以先单击“页面设置”对话框中的“工作表”选项卡，再单击“打印标题”中的“顶端标题行”右侧的按钮，选择相应行，如图 2–4–19 所示。

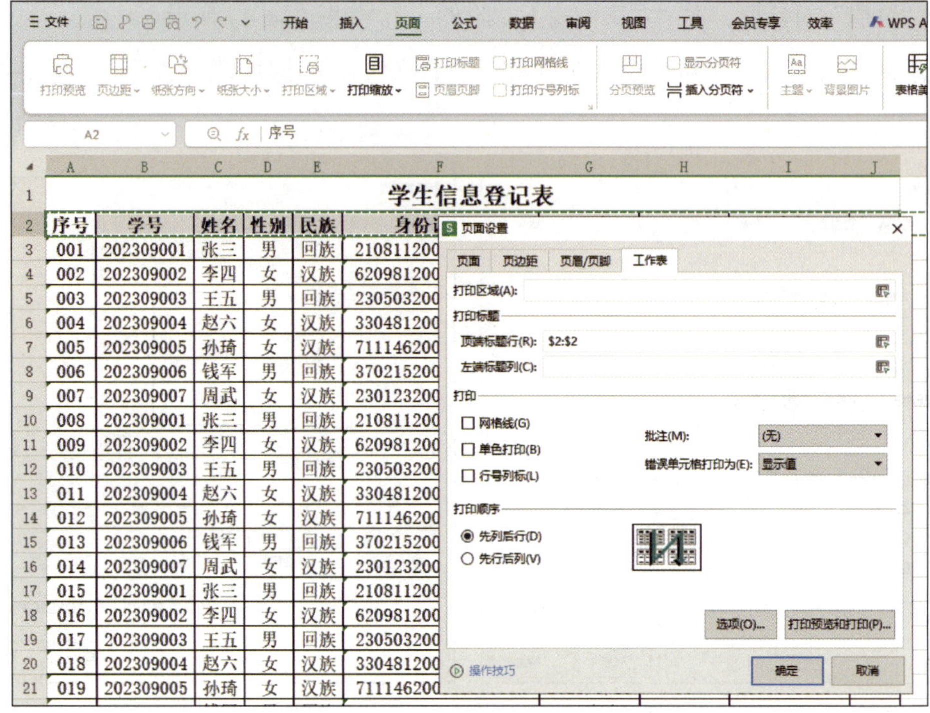

图 2-4-19　选择顶端标题行

此时进行打印预览，可以看到在第 2 页中也会出现对应的列标题，方便进行信息的浏览与查找，如图 2-4-20 所示。如果表格左侧也存在标题，可以参考上述方式选择相应列作为标题进行打印。

附件一

序号	学号	姓名	性别	民族	身份证号码	入学时间	入学成绩	联系电话	备注
020	202309006	钱军	男	回族	370215200708158696	2023/9/18	80	15333478658	
021	202309007	周武	女	汉族	230123200804212129	2023/10/8	60	16384565569	
022	202309001	张三	男	回族	210811200605132133	2023/9/1	60	19023433222	
023	202309002	李四	女	汉族	620981200506060526	2023/9/1	70	18833330005	
024	202309003	王五	男	回族	230503200701040639	2023/9/5	80	13545473335	
025	202309004	赵六	女	汉族	330481200512170919	2023/9/10	60	13435636566	
026	202309005	孙琦	女	汉族	71114620061215511X	2023/9/15	90	13936733637	
027	202309006	钱军	男	回族	370215200708158696	2023/9/18	80	15333478658	
028	202309007	周武	女	汉族	230123200804212129	2023/10/8	60	16384565569	

第 2 页

图 2-4-20　第 2 页显示标题行

6. 打印预览

打开“打印预览”界面，观察表格比例、位置、页眉和页脚等信息是否合适，如图 2-4-21 所示，如果不满意可按以上步骤重新调整。

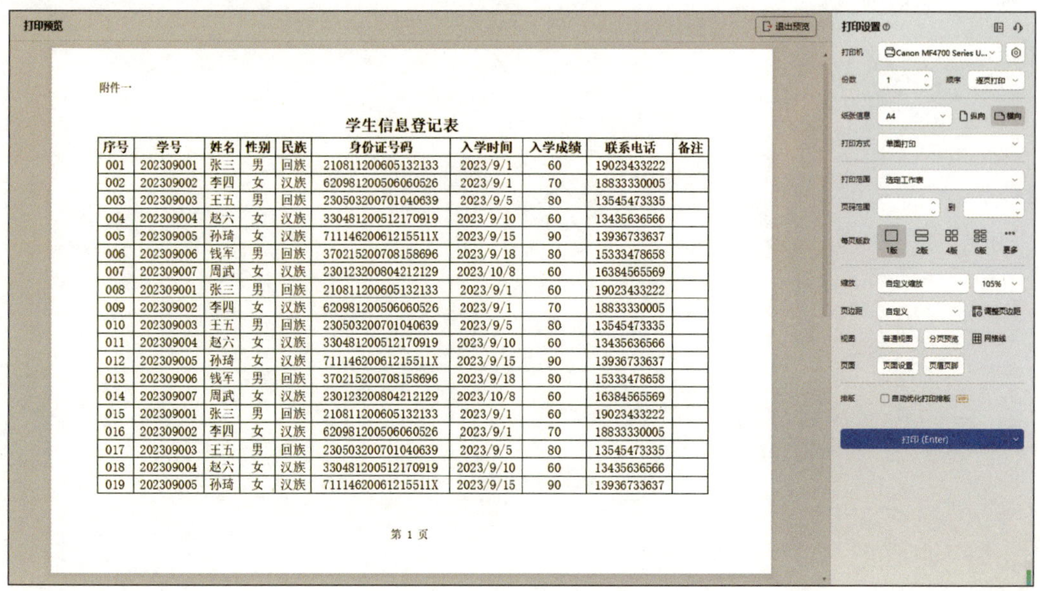

附件一

学生信息登记表

序号	学号	姓名	性别	民族	身份证号码	入学时间	入学成绩	联系电话	备注
001	202309001	张三	男	回族	210811200605132133	2023/9/1	60	19023433222	
002	202309002	李四	女	汉族	620981200506060526	2023/9/1	70	18833330005	
003	202309003	王五	男	回族	230503200701040639	2023/9/5	80	13545473335	
004	202309004	赵六	女	汉族	330481200512170919	2023/9/10	60	13435636566	
005	202309005	孙琦	女	汉族	71114620061215511X	2023/9/15	90	13936733637	
006	202309006	钱军	男	回族	370215200708158696	2023/9/18	80	15333478658	
007	202309007	周武	女	汉族	230123200804212129	2023/10/8	60	16384565569	
008	202309001	张三	男	回族	210811200605132133	2023/9/1	60	19023433222	
009	202309002	李四	女	汉族	620981200506060526	2023/9/1	70	18833330005	
010	202309003	王五	男	回族	230503200701040639	2023/9/5	80	13545473335	
011	202309004	赵六	女	汉族	330481200512170919	2023/9/10	60	13435636566	
012	202309005	孙琦	女	汉族	71114620061215511X	2023/9/15	90	13936733637	
013	202309006	钱军	男	回族	370215200708158696	2023/9/18	80	15333478658	
014	202309007	周武	女	汉族	230123200804212129	2023/10/8	60	16384565569	
015	202309001	张三	男	回族	210811200605132133	2023/9/1	60	19023433222	
016	202309002	李四	女	汉族	620981200506060526	2023/9/1	70	18833330005	
017	202309003	王五	男	回族	230503200701040639	2023/9/5	80	13545473335	
018	202309004	赵六	女	汉族	330481200512170919	2023/9/10	60	13435636566	
019	202309005	孙琦	女	汉族	71114620061215511X	2023/9/15	90	13936733637	

第 1 页

图 2-4-21　打印预览

7. 打印输出

（1）经过打印预览，确认打印内容无误后，打开“打印”对话框。

（2）在“打印机”中的“名称”下拉列表中可以选择想要使用的打印机，如图 2-4-22 所示。

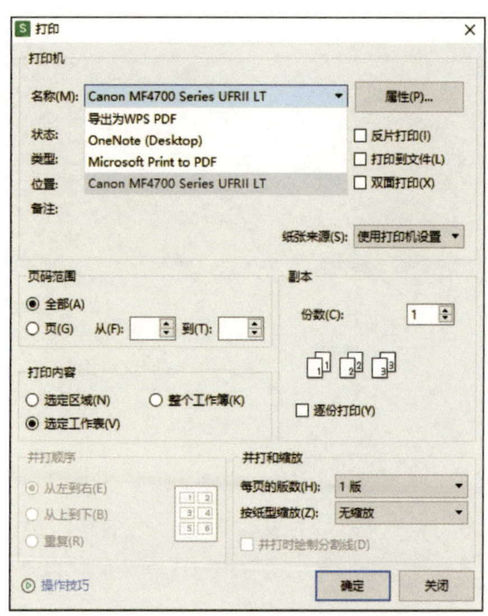

图 2-4-22　选择打印机

（3）设置页码范围时可以选中“全部”或“页”单选框，可在“副本”中设置打印份数，在“打印内容”中可以选中“选定区域”（手动选择的单元格区域）、“整个工作簿”（WPS 表格文档中的所有工作表）、“选定工作表”（当前工作表）单选框，单击“确定”按钮即可。

项目三
统计分析学生成绩表——使用公式与函数

WPS 表格可以用于处理和分析数据，而实现数据处理分析的主要工具是函数与公式。函数与公式作为 WPS 表格处理数据的重要手段，功能十分强大，在日常各项工作中应用广泛。

本项目通过制作学生成绩表，详细介绍 WPS 表格公式中的运算符及其优先级、公式的输入方法和复制方法、单元格的引用方法、常用的表格函数及函数的查找与使用方法。

任务 1　计算成绩分数

1. 能够掌握公式中运算符的运用。
2. 能够掌握公式的输入方法。
3. 能够掌握公式的复制方法。

在 WPS 表格中可以将每一个单元格看成变量，其地址就是变量名称，单元格中的内容作为数据，通过运算符连接实现相应的计算，可以快速对表格中的数据进行求和、筛选等操作。本任务要求用户使用 WPS 表格公式计算学生总成绩。

WPS 表格公式是 WPS 表格中用于处理表格数据的特定公式，这些公式类似于 Excel 中的公式，但有一些特定的差异。WPS 表格支持多种类型的公式，包括基本的算术运算、比较运算、文本运算等，其中需要用到多种运算符。

一、公式中的运算符及其优先级

1. 算术运算符

算术运算符可以完成基本的数学运算，如常用的加、减、乘、除等，它们能够连接数值型数据并产生计算结果。常见的算术运算符见表 3–1–1。

表 3–1–1　常见的算术运算符

名称	运算符	示例	计算结果
加	+	=1+2	3
减	–	=9–1	8
乘	*	=4*5	20
除	/	=9/3	3
百分号	%	=5%	0.05
乘幂	^	=2^4	16

2. 比较运算符

比较运算符用于比较两个或多个数据或函数结果。如果比较结果为真，则返回值为“TRUE”；如果比较结果为假，则返回值为“FALSE”。常见的比较运算符见表 3–1–2。

表 3-1-2　常见的比较运算符

名称	运算符	示例	返回值
等于	=	=3=3	TRUE
大于	>	=7>8	FALSE
小于	<	=7<8	TRUE
大于等于	>=	=25>=20	TRUE
小于等于	<=	=20<=20	TRUE
不等于	<>	=20<>20	FALSE

3. 文本运算符

文本运算符“&”是处理文本或者多个文本型单元格的运算符，其主要用途为连接字符串。例如，在 A1 单元格中输入“哈尔滨”，在 B2 单元格中输入“亚冬会”，在 C3 单元格中输入公式“=A1&B2”，如图 3-1-1 所示。按 Enter 键确定就可以将两个词连接起来得到“哈尔滨亚冬会”的结果，如图 3-1-2 所示。

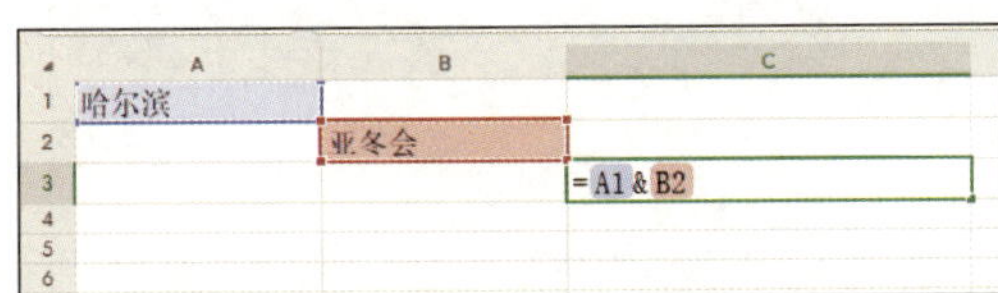

图 3-1-1　文本运算符应用示意图 1

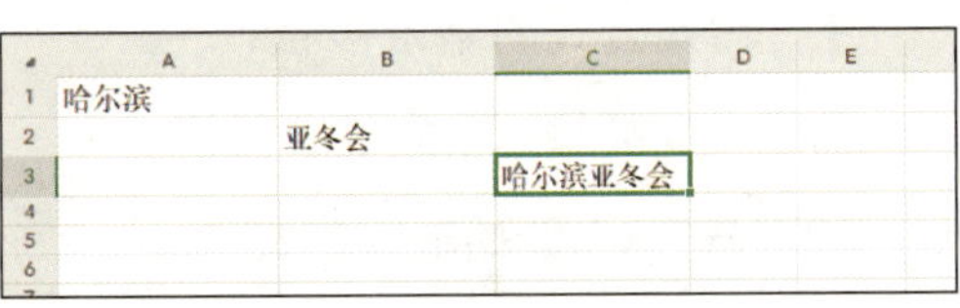

图 3-1-2　文本运算符应用示意图 2

4. 引用运算符

引用运算符用于引用单元格或单元格区域。常用的引用运算符有区域运算符“:”、联合运算符“,”，以及交叉运算符“空格”。

冒号（:）用于指定一个单元格区域，例如，A1:A10 表示从 A1 到 A10 的单元格区域；逗号（,）主要用于分隔多个范围，表示这些范围需要被同时选中或计算，如果要选择两个不连续的范围，则可以使用逗号将它们隔开；当选择两个区域并且希望计算这两个区域的交集时，可以使用空格进行分隔。

这些运算符在 WPS 表格的数据计算和处理中扮演着重要的角色，允许用户更灵活地指定和处理数据范围，从而实现复杂的数据计算和分析任务。通过合理使用这些运算符可以大大提高数据处理效率和准确性。

5. 运算符的优先级

在 WPS 表格中使用公式进行计算时，若公式中含有多个运算符，则根据运算规则决定运算顺序，公式中运算符优先级见表 3-1-3。

表 3-1-3　公式中运算符优先级

运算符	说明	优先级（由高到低）
:　,　空格	冒号、逗号、空格（引用运算符）	1
-	负号	2
%	百分号	3
^	乘幂号	4
*　/	乘号、除号	5
+　-	加号、减号	6
&	文本运算符	7
=　>　<　>=　<=　<>	比较运算符	8

对于不同优先级的运算符，按照运算符的优先级从高到低进行计算；对于同一优先级的运算符，按照从左到右的顺序进行计算。若要改变公式的运算顺序，则可以使用括号将公式中要优先计算的公式括起来，括号中的公式最先计算，还可嵌套使用括号，即括号中还可以包含括号，此时首先运算内层公式，然后再计算外层公式。

二、公式的输入与复制

1. 输入公式的基本步骤

（1）选定要输入公式的单元格。

（2）从“=”开始输入公式。

（3）选定需要计算的单元格。

（4）按 Enter 键或单击编辑栏中的“✓”按钮，完成公式的输入。

2. 快速输入公式的方法

在实际工作中，常常需要在多个单元格中输入相同的公式，如果逐个输入的话，效率会很低，WPS 表格针对这种情况提供了两种方法，以提高公式的输入效率。

（1）通过复制和粘贴方式快速输入公式

通过复制和粘贴方式向单元格中输入公式的操作与输入基本数据的操作类似，其步骤如下。

1）新建一个工作表，并输入相关信息，如图 3-1-3 所示。

	A	B	C	D	E	F	G
1	年龄信息统计表						
2	姓名	性别	年龄	父亲年龄	母亲年龄	孩子和父亲差几岁	孩子和母亲差几岁
3	小米	女	12	37	35		
4	李明	男	12	40	39		
5	小强	男	13	39	37		
6	花花	女	11	38	34		
7							
8							

图 3-1-3　年龄信息统计表

2）选定 F3 单元格，输入公式“=D3–C3”，按 Enter 键显示结果，如图 3–1–4 所示。

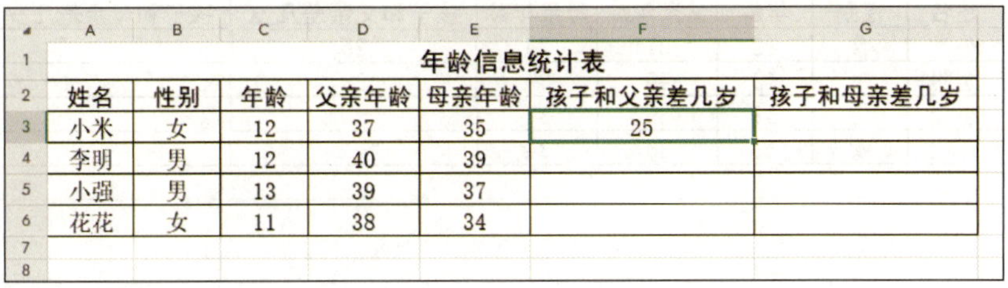

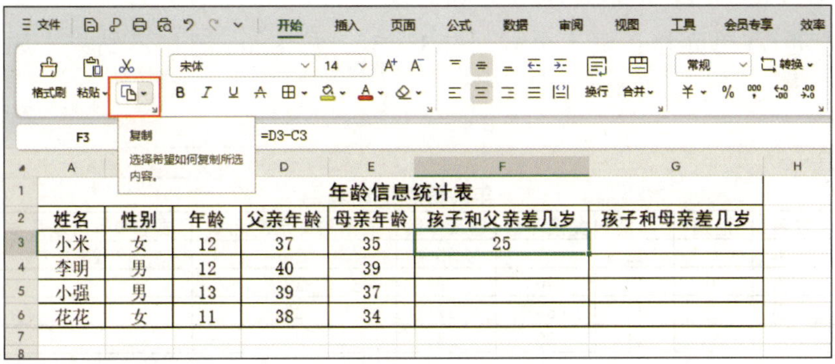

年龄信息统计表
姓名 性别 年龄 父亲年龄 母亲年龄 孩子和父亲差几岁 孩子和母亲差几岁
小米 女 12 37 35 25
李明 男 12 40 39
小强 男 13 39 37
花花 女 11 38 34

图 3–1–4　利用公式计算父亲和孩子年龄差

3）选定 F3 单元格，单击功能区“开始”选项卡中的“复制”按钮，如图 3–1–5 所示。

文件
开始
插入
页面
公式
数据
审阅
视图
工具
会员专享
效率
格式刷
粘贴
宋体
14
常规
转换
换行
合并
F3
复制
选择希望如何复制所选内容。
=D3-C3
年龄信息统计表
姓名 性别 年龄 父亲年龄 母亲年龄 孩子和父亲差几岁 孩子和母亲差几岁
小米 女 12 37 35 25
李明 男 12 40 39
小强 男 13 39 37
花花 女 11 38 34

图 3–1–5　复制公式

4）选定要输入类似公式的 F4 单元格，单击鼠标右键，在快捷菜单中选择“选择性粘贴”，在“选择性粘贴”对话框中选中“公式”单选框，如图 3–1–6 所示，单击“确定”按钮，效果如图 3–1–7 所示。

选择性粘贴
粘贴
全部(A)
所有使用源主题的单元(H)
公式(F)
边框除外(X)
数值(V)
列宽(W)
格式(T)
公式和数字格式(R)
批注(C)
值和数字格式(U)
有效性验证(N)
运算
无(O)
乘(M)
加(D)
除(I)
减(S)
跳过空单元(B)
转置(E)
粘贴链接(L)
确定
取消

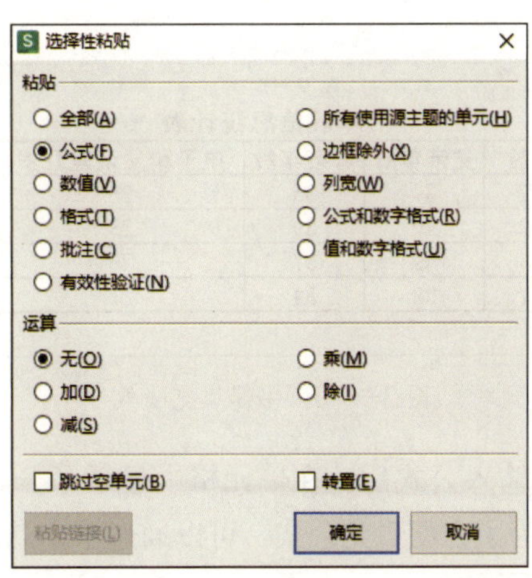

图 3–1–6　“选择性粘贴”对话框

	A	B	C	D	E	F	G
1	年龄信息统计表						
2	姓名	性别	年龄	父亲年龄	母亲年龄	孩子和父亲差几岁	孩子和母亲差几岁
3	小米	女	12	37	35	25	
4	李明	男	12	40	39	28	
5	小强	男	13	39	37		
6	花花	女	11	38	34		
7							

图 3-1-7　粘贴公式

除了通过功能区按钮进行复制，还可以通过 Ctrl+C 组合键和 Ctrl+V 组合键进行复制、粘贴操作，从而提高公式的复制效率。

（2）通过填充方式快速输入公式

通过填充方式快速输入公式的步骤如下。

1）选定 G3 单元格，输入公式“=E3–C3”，按 Enter 键显示结果，如图 3-1-8 所示。

	A	B	C	D	E	F	G
1	年龄信息统计表						
2	姓名	性别	年龄	父亲年龄	母亲年龄	孩子和父亲差几岁	孩子和母亲差几岁
3	小米	女	12	37	35	25	23
4	李明	男	12	40	39	28	
5	小强	男	13	39	37	26	
6	花花	女	11	38	34	27	
7							
8							

图 3-1-8　利用公式计算母亲和孩子年龄差

2）选定 G3 单元格，将鼠标指针放置在单元格右下角，待其变成“+”后，按住鼠标左键拖动到要填充公式的所有区域进行填充操作。此时所有需要输入公式的单元格都已输入公式，如图 3-1-9 所示。

	A	B	C	D	E	F	G
1	年龄信息统计表						
2	姓名	性别	年龄	父亲年龄	母亲年龄	孩子和父亲差几岁	孩子和母亲差几岁
3	小米	女	12	37	35	25	23
4	李明	男	12	40	39	28	27
5	小强	男	13	39	37	26	24
6	花花	女	11	38	34	27	23
7							
8							

图 3-1-9　快速填充公式

通过前面介绍的方法输入公式后，在单元格中显示了公式计算的结果，同时在编辑栏中显示了公式本身。为了方便看到公式，可以通过单击功能区“公式”选项卡中的“显示公式”按钮 fx 显示公式 进行切换，将其在单元格中显示出来，如图 3-1-10 所示。

年龄信息统计表						
姓名	性别	年龄	父亲年龄	母亲年龄	孩子和父亲差几岁	孩子和母亲差几岁
小米	女	12	37	35	=D3-C3	=E3-C3
李明	男	12	40	39	=D4-C4	=E4-C4
小强	男	13	39	37	=D5-C5	=E5-C5
花花	女	11	38	34	=D6-C6	=E6-C6

图 3-1-10　在单元格中显示公式

1. 创建新的表格

先创建一个包含序号、姓名、数学、语文、英语、体育、总分的学生成绩表并填入数据，再对此表格进行编辑，如图 3-1-11 所示。

学生成绩表						
序号	姓名	数学	语文	英语	体育	总分
1	张三	79	87	81	90	
2	李四	89	93	83	85	
3	赵六	98	93	94	93	
4	小明	60	67	61	100	
5	小李	56	93	90	67	
6	小王	100	93	59	97	

图 3-1-11　学生成绩表

2. 计算成绩分数

（1）选定 G3 单元格，在输入“=”后分别选中张三的数学、语文、英语、体育四科成绩，中间用“+”连接，按 Enter 键确定，如图 3-1-12 所示。

G3　=C3+D3+E3+F3

学生成绩表						
序号	姓名	数学	语文	英语	体育	总分
1	张三	79	87	81	90	337

图 3-1-12　利用公式计算总分

（2）选定 G3 单元格，使用复制、粘贴或填充公式的方法，快速求得其他人的总分并保存表格数据，如图 3-1-13 所示。

学生成绩表						
序号	姓名	数学	语文	英语	体育	总分
1	张三	79	87	81	90	337
2	李四	89	93	83	85	350
3	赵六	98	93	94	93	378
4	小明	60	67	61	100	288
5	小李	56	93	90	67	306
6	小王	100	93	59	97	349

图 3-1-13　快速填充其他人的总分

尝试修改张三的数学成绩为 85，观察张三的总分是否自动发生变化，如图 3-1-14 所示。通过图 3-1-13 与图 3-1-14 所示数据的对比可以发现更改数据单元格中的数据只会影响结果，而不会影响公式本身。

学生成绩表						
序号	姓名	数学	语文	英语	体育	总分
1	张三	85	87	81	90	343
2	李四	89	93	83	85	350
3	赵六	98	93	94	93	378
4	小明	60	67	61	100	288
5	小李	56	93	90	67	306
6	小王	100	93	59	97	349

图 3-1-14　修改成绩后的学生成绩表

3. 保存表格文档

恢复张三的原始成绩，将此文档以“学生成绩表”命名保存在“我的文档”中。

任务 2　统计分数及总分排名

1. 能够了解 WPS 函数的相关知识。
2. 能够掌握单元格的引用方式。
3. 能够正确使用排序功能。

WPS 表格具有强大的数据分析功能，而实现数据分析的主要工具就是函数。函数作为 WPS 表格处理数据的重要手段，功能十分强大，通过本任务了解函数的相关知识，学习并掌握常用函数的使用方法，并运用函数完成总分计算并排名，以及统计各科成绩的平均分、最高分和最低分。

一、WPS 函数的概述

WPS 函数是一种预定好的公式，使用特定的参数数值按照特定顺序或结构进行计算。用户可以直接对某些区域内的数值进行一系列的运算，如分析和处理日期、计算平均值、排序和运算文本数据等。函数可以将公式大大简化，提高工作效率。

函数结构以函数名称开始，后面是左括号、以逗号分隔的参数和右括号。如果函数以公式的形式出现，那么函数的前面需要添加等号“=”，如图 3-2-1 所示。

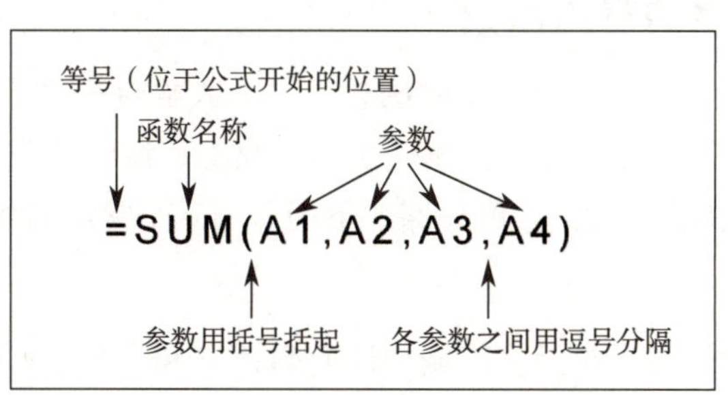

图 3-2-1　以公式的形式出现的函数

函数名称是函数唯一的标识，以大写字母表示，即使输入小写字母，系统也可以识别并将之转换为大写字母。函数中的参数可以分为必要参数和可选参数，必要参数必须出现在函数的括号中，否则将产生错误信息，而可选参数可根据需要而定。参数可以是数值、文本、日期等，也可以是常量、公式或者其他函数，还可以是数组、单元格引用等。

二、函数的输入方式

在使用函数的时候，可以通过两种方式进行输入。第一种方式是直接输入函数，即输入函数名称以及参数；第二种方式是通过单击功能区“公式”选项卡中的“插入公式”按钮打开“插入函数”对话框，如图 3-2-2 所示，选择所需要的函数，单击“确定”按钮，输入参数后再次单击“确定”按钮，函数就被成功添加使用。

图 3-2-2 “插入函数”对话框

三、WPS 表格的常用函数

WPS 表格为用户提供了多种类型的函数，包括数学与三角函数、文本、逻辑、日期与时间、查找与引用、数据库、信息、工程、财务、统计等类别，帮助用户解决生活和工作中的问题，提供更为高效的思路。下面介绍几个常用函数。

1. SUM 函数

SUM 函数返回的是某一单元格区域中所有数值之和。参数可以是单个值、单元格引用、单元格区域或者三者的组合，SUM 函数介绍见表 3-2-1。

表 3-2-1　SUM 函数介绍

名称	SUM
功能	返回某一单元格区域中所有数值之和
语法	SUM(number1,number2,…)
参数	number1,number2,… 为 1～255 个需要求和的参数

例：运用 SUM 函数计算所有学生成绩总分。

（1）打开本项目任务 1 中创建的“学生成绩表”。

（2）在张三同学总分单元格中输入公式“=SUM(C3:F3)”，按 Enter 键，如图 3-2-3 所示。

G3　=SUM(C3:F3)

	A	B	C	D	E	F	G
1	学生成绩表						
2	序号	姓名	数学	语文	英语	体育	总分
3	1	张三	79	87	81	90	337

图 3-2-3　运用 SUM 函数计算张三总分

（3）复制、填充公式计算全部学生的总分，如图 3-2-4 所示。

	A	B	C	D	E	F	G
1	学生成绩表						
2	序号	姓名	数学	语文	英语	体育	总分
3	1	张三	79	87	81	90	337
4	2	李四	89	93	83	85	350
5	3	赵六	98	93	94	93	378
6	4	小明	60	67	61	100	288
7	5	小李	56	93	90	67	306
8	6	小王	100	93	59	97	349

图 3-2-4　计算全部学生总分

2. AVERAGE 函数

AVERAGE 函数返回的是参数的算术平均值，AVERAGE 函数介绍见表 3-2-2。

表 3-2-2　AVERAGE 函数介绍

名称	AVERAGE
功能	返回参数的算术平均值
语法	AVERAGE(number1,number2,…)
参数	number1,number2,… 为需要计算算术平均值的 1 ~ 255 个参数

例：运用 AVERAGE 函数计算英语成绩平均分数。

（1）打开本项目任务 1 中创建的“学生成绩表”。

（2）在英语成绩最下方的单元格中输入公式“=AVERAGE(E3:E8)”，按 Enter 键，如图 3-2-5 所示。

3. COUNT 函数

COUNT 函数用于计算包含数字的单元格以及参数列表中数字的个数，COUNT 函数介绍见表 3-2-3。

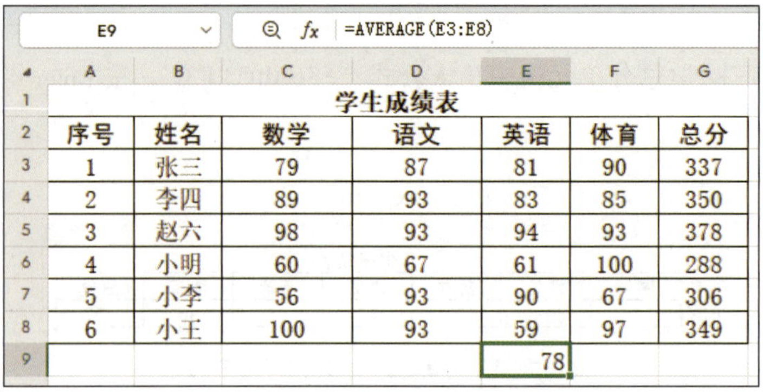

E9 =AVERAGE(E3:E8)

	A	B	C	D	E	F	G
1	学生成绩表						
2	序号	姓名	数学	语文	英语	体育	总分
3	1	张三	79	87	81	90	337
4	2	李四	89	93	83	85	350
5	3	赵六	98	93	94	93	378
6	4	小明	60	67	61	100	288
7	5	小李	56	93	90	67	306
8	6	小王	100	93	59	97	349
9					78		

图 3-2-5　运用 AVERAGE 函数计算英语成绩平均分数

表 3-2-3　COUNT 函数介绍

名称	COUNT
功能	返回包含数字的单元格以及参数列表中数字的个数
语法	COUNT(value1,value2,…)
参数	value1,value2,… 为包含或引用各种类型数据的参数（1～255 个），但只有数字型数据才被计算

例：运用 COUNT 函数计算参加考试的学生人数。

（1）新建学生成绩表，如图 3-2-6 所示。

（2）在 D3 单元格中输入公式“=COUNT(B2:B8)”，按 Enter 键，如图 3-2-7 所示。

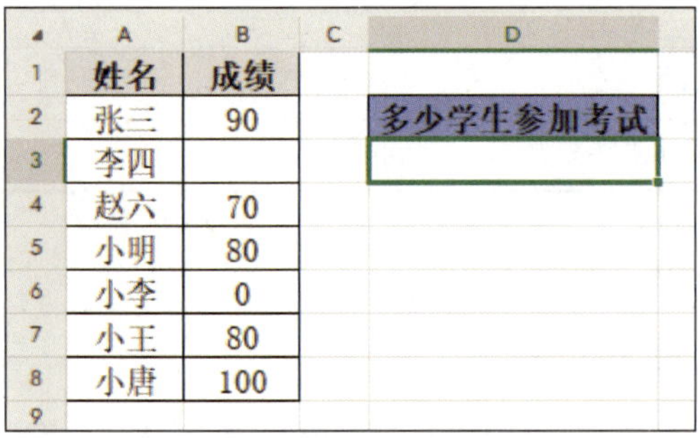

	A	B	C	D
1	姓名	成绩		
2	张三	90		多少学生参加考试
3	李四			
4	赵六	70		
5	小明	80		
6	小李	0		
7	小王	80		
8	小唐	100		
9				

图 3-2-6　学生成绩表

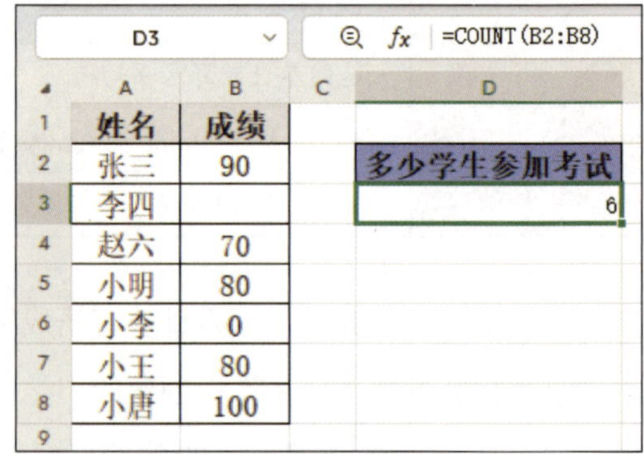

D3 =COUNT(B2:B8)

	A	B	C	D
1	姓名	成绩		
2	张三	90		多少学生参加考试
3	李四			6
4	赵六	70		
5	小明	80		
6	小李	0		
7	小王	80		
8	小唐	100		
9				

图 3-2-7　运用 COUNT 函数计算参加考试的学生人数

4. MAX 函数

MAX 函数返回的是一组值中的最大值，MAX 函数介绍见表 3-2-4。

表 3-2-4　MAX 函数介绍

名称	MAX
功能	返回一组值中的最大值
语法	MAX(number1,number2,...)
参数	number1,number2,... 为要从中找出最大值的 1～255 个参数

例：运用 MAX 函数计算数学成绩最高分数。

（1）打开本项目任务 1 中创建的“学生成绩表”。

（2）在数学成绩最下方的单元格中输入公式“=MAX(C3:C8)”，按 Enter 键，如图 3-2-8 所示。

C9　=MAX(C3:C8)

	A	B	C	D	E	F	G
1	学生成绩表						
2	序号	姓名	数学	语文	英语	体育	总分
3	1	张三	79	87	81	90	337
4	2	李四	89	93	83	85	350
5	3	赵六	98	93	94	93	378
6	4	小明	60	67	61	100	288
7	5	小李	56	93	90	67	306
8	6	小王	100	93	59	97	349
9			100				

图 3-2-8　计算数学成绩最高分数

5. MIN 函数

MIN 函数返回的是一组值中的最小值，MIN 函数介绍见表 3-2-5。

表 3-2-5　MIN 函数介绍

名称	MIN
功能	返回一组值中的最小值
语法	MIN(number1,number2,...)
参数	number1,number2,... 为要从中找出最小值的 1～255 个参数

例：运用 MIN 函数计算语文成绩最低分数。

（1）打开本项目任务 1 中创建的“学生成绩表”。

（2）在语文成绩最下方的单元格中输入公式“=MIN(D3:D8)”，按 Enter 键，如图 3-2-9 所示。

D9 =MIN(D3:D8)

	A	B	C	D	E	F	G
1	学生成绩表						
2	序号	姓名	数学	语文	英语	体育	总分
3	1	张三	79	87	81	90	337
4	2	李四	89	93	83	85	350
5	3	赵六	98	93	94	93	378
6	4	小明	60	67	61	100	288
7	5	小李	56	93	90	67	306
8	6	小王	100	93	59	97	349
9				67			

图 3-2-9 计算语文成绩最低分数

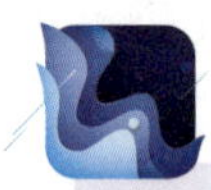

提示

1. 书写函数公式时单元格格式不能是文本。
2. 函数公式三要素：等号、函数名称和参数。
3. 函数公式中的标点是英文标点。

四、单元格的引用

在上一个任务中讲解公式的输入方式时，介绍过单击方式。操作中会发现用鼠标选择的单元格地址会出现在编辑栏中，这类操作就叫作单元格引用。在函数和公式中可以通过单元格引用代替单元格中的具体数据，示例如图 3-2-10 所示。

G2 =C2+D2+E2+F2

	A	B	C	D	E	F	G
1	序号	姓名	数学	语文	英语	体育	总分
2	1	李四	89	93	83	85	350
3	1	李四	89	93	83	85	350

a）

G3 =89+93+83+85

	A	B	C	D	E	F	G
1	序号	姓名	数学	语文	英语	体育	总分
2	1	李四	89	93	83	85	350
3	1	李四	89	93	83	85	350

b）

图 3-2-10 单元格引用示例
a）单元格引用 b）具体数据

在 WPS 表格中有三种单元格引用方式，分别是相对引用、绝对引用、混合引用。在理解了相对引用和绝对引用后，才能在复制函数与公式的操作中熟练修改各参数的引用位置。

1. 相对引用

相对引用是指引用的是公式所在单元格与引用单元格的相对位置。如果公式所在单元格的位置发生改变，则引用的单元格位置也随之改变。

例如，将 G2 单元格中的公式复制或填充到 G3 单元格中，此时由于公式位置发生改变，公式的引用单元格也会随之改变，示例如图 3–2–11 中所示。

G2　=C2+D2+E2+F2

	A	B	C	D	E	F	G
1	序号	姓名	数学	语文	英语	体育	总分
2	1	张三	79	87	81	90	337
3	2	李四	89	93	83	85	

a）

G3　=C3+D3+E3+F3

	A	B	C	D	E	F	G
1	序号	姓名	数学	语文	英语	体育	总分
2	1	张三	79	87	81	90	337
3	2	李四	89	93	83	85	350

b）

图 3–2–11　相对引用示例

a）G2 单元格中的公式　b）G3 单元格中的公式

2. 绝对引用

绝对引用是指引用指定位置的单元格。如果公式所在单元格的位置改变，则绝对引用保持不变。如果多行或多列地复制公式，绝对引用将不做调整。

使用绝对引用时，需要分别在行号和列标前加上符号“$”，例如，“$A$1”表示绝对引用 A1 单元格。复制或填充公式时，引用的单元格地址保持不变，示例如图 3–2–12 所示。

G2　=$C$2+$D$2+$E$2+$F$2

	A	B	C	D	E	F	G
1	序号	姓名	数学	语文	英语	体育	总分
2	1	张三	79	87	81	90	337
3	2	李四	89	93	83	85	

a）

G3　=$C$2+$D$2+$E$2+$F$2

	A	B	C	D	E	F	G
1	序号	姓名	数学	语文	英语	体育	总分
2	1	张三	79	87	81	90	337
3	2	李四	89	93	83	85	337

b）

图 3–2–12　绝对引用示例

a）G2 单元格中的公式　b）G3 单元格中的公式

3. 混合引用

混合引用具有绝对引用列和相对引用行或者绝对引用行和相对引用列。绝对引用列采用 $A1、$B1 等形式，绝对引用行采用 A$1、B$1 等形式。如果公式所在单元格的位置改变，则相对引用改变，而绝对引用不变。如果多行或多列地复制公式，相对引用自动调整，而绝对引用不做调整，示例如图 3–2–13 所示。

C1　=$A1*B$1

	A	B	C	D
1	7	3	21	
2	5	24		

a）

C2　=$A2*B$1

	A	B	C	D
1	7	3	21	
2	5	24	15	

b）

图 3–2–13　混合引用示例

a）C1 单元格中的公式　b）C2 单元格中的公式

不但可以在工作表内引用单元格，还可以在不同工作表中引用单元格，甚至可以在其他工作簿中引用单元格，具体引用方式如下。

在同一工作簿的不同工作表中引用需要使用的格式为“工作表名称！单元格地址”。例如，引用工作表 Sheet1 中的 A1 单元格的具体表述为“Sheet1!A1”，如图 3-2-14 所示。

C3 =Sheet1!A1

	A	B	C	D
1	7	3	21	
2	5	24	15	
3			学生成绩表	
4				

图 3-2-14　在不同工作表中引用单元格

在不同工作簿中直接引用单元格时，需要使用的格式为“[工作簿名称]工作表名称!单元格地址”，如图 3-2-15 所示。

COUNT =[工作簿1]Sheet2!$C$3

	A	B	C	D	E	F
1	=[工作簿1]Sheet2!$C$3					
2						
3						
4						

图 3-2-15　在不同工作簿中引用单元格

跨工作簿引用时默认的引用方式为绝对引用，这里可以根据需要进行更改。在 WPS 表格中输入公式时，只要正确使用 F4 键，就能简单地切换单元格的引用方式。

例如，在某个单元格中输入公式“=A1+A2+A3”，选中公式各参数，按 F4 键，该公式内容变为“=$A$1+$A$2+$A$3”，将公式切换为绝对引用；第二次按 F4 键，公式内容变为“=A$1+A$2+A$3”，切换为混合引用；第三次按 F4 键，公式内容变为“=$A1+$A2+$A3”，切换为混合引用；再次按 F4 键，公式内容变为“=A1+A2+A3”，切换回相对引用。需要注意的是，F4 键的切换功能只对所选中的公式段起作用。

1. 计算总分排名

打开本项目任务 1 中制作的“学生成绩表”，在“总分”列右侧添加一列，命名为“总分排名”，下面通过两种方法完成总分排名。

（1）按照总分降序排序并填写排名

在日常编辑表格时经常要将数据进行排序，WPS 表格已经为用户准备了强大的排序功能。下面通过按照总分排序学习如何使用 WPS 表格中的排序功能。

1）选定“总分”列中的数据，如图 3-2-16 所示。

G3　=SUM(C3:F3)

学生成绩表

序号	姓名	数学	语文	英语	体育	总分	总分排名
1	张三	79	87	81	90	337	
2	李四	89	93	83	85	350	
3	赵六	98	93	94	93	378	
4	小明	60	67	61	100	288	
5	小李	56	93	90	67	306	
6	小王	100	93	59	97	349	

图 3-2-16　选定“总分”列中的数据

2）单击功能区“开始”选项卡中的“排序”下拉按钮，在下拉菜单中选择“降序”，弹出“排序警告”对话框，如图 3-2-17 所示。在“给出排序依据”中选中“扩展选定区域”单选框，单击“排序”按钮，这时数据表就已经完成按照总分的降序排序了，如图 3-2-18 所示。

排序警告

WPS表格 发现在选定区域旁边还有数据，这些数据将不参与排序。

给出排序依据

◉ 扩展选定区域(E)

○ 以当前选定区域排序(C)

排序(S)　取消

图 3-2-17　“排序警告”对话框

学生成绩表

序号	姓名	数学	语文	英语	体育	总分	总分排名
3	赵六	98	93	94	93	378	
2	李四	89	93	83	85	350	
6	小王	100	93	59	97	349	
1	张三	79	87	81	90	337	
5	小李	56	93	90	67	306	
4	小明	60	67	61	100	288	

图 3-2-18　按照总分的降序排序

3）在 H3 单元格中输入“1”，通过填充功能依次填写总分排名，如图 3-2-19 所示。

	A	B	C	D	E	F	G	H
1	学生成绩表							
2	序号	姓名	数学	语文	英语	体育	总分	总分排名
3	3	赵六	98	93	94	93	378	1
4	2	李四	89	93	83	85	350	2
5	6	小王	100	93	59	97	349	3
6	1	张三	79	87	81	90	337	4
7	5	小李	56	93	90	67	306	5
8	4	小明	60	67	61	100	288	6

图 3-2-19 填写总分排名

这样就可以通过 WPS 表格自带的排序功能进行排序，从而实现填写排名的需求。WPS 表格的排序功能除了可以升序、降序排序，还可以实现自定义排序，满足更多的排序需求。

（2）应用排序函数填写排名

1）想在张三的总分排名单元格中插入 RANK 函数要先在“插入函数”对话框中查找函数，再选择“RANK”，如图 3-2-20 所示。

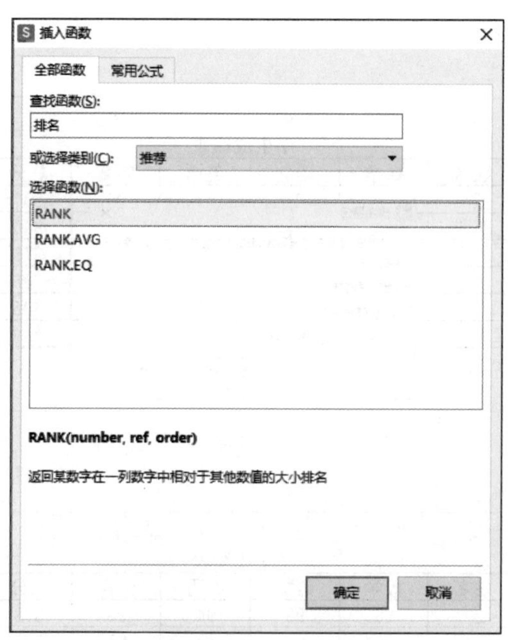

图 3-2-20 选择函数

2）在“函数参数”对话框中的“数值”中选择张三的总分单元格，在“引用”中选择所有学生的总分单元格，单击“确定”按钮，如图 3-2-21 所示，就可以显示当前学生的总分排名。

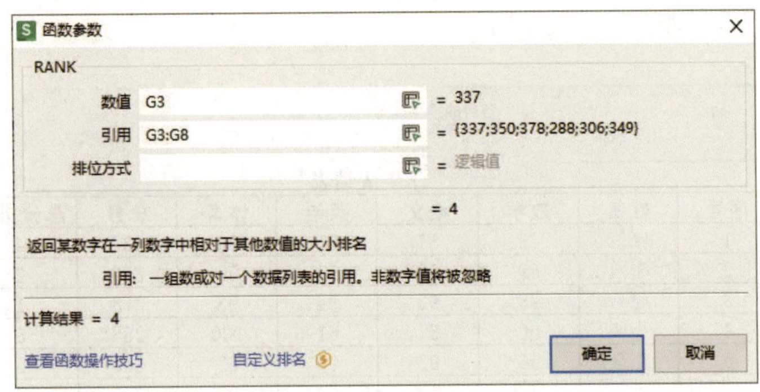

图 3-2-21 选择参数

3）因为 RANK 函数的引用参数是总分数列，数列中的所有数据不发生变化，所以这时就用到了单元格的绝对引用方式。在编辑栏中分别选中公式中的“G3”“G8”参数后按一次 F4 键，将公式“=RANK(G3,G3:G8)”变成绝对引用的公式“=RANK(G3,$G$3:$G$8)”，如图 3-2-22 所示。

H3 =RANK(G3,$G$3:$G$8)

	A	B	C	D	E	F	G	H
1	学生成绩表							
2	序号	姓名	数学	语文	英语	体育	总分	总分排名
3	1	张三	79	87	81	90	337	4
4	2	李四	89	93	83	85	350	
5	3	赵六	98	93	94	93	378	
6	4	小明	60	67	61	100	288	
7	5	小李	56	93	90	67	306	
8	6	小王	100	93	59	97	349	

图 3-2-22 将公式变为绝对引用

4）通过自动填充功能就可以实现所有学生总分排名的填写，如图 3-2-23 所示。

H8 =RANK(G8,$G$3:$G$8)

	A	B	C	D	E	F	G	H
1	学生成绩表							
2	序号	姓名	数学	语文	英语	体育	总分	总分排名
3	1	张三	79	87	81	90	337	4
4	2	李四	89	93	83	85	350	2
5	3	赵六	98	93	94	93	378	1
6	4	小明	60	67	61	100	288	6
7	5	小李	56	93	90	67	306	5
8	6	小王	100	93	59	97	349	3

图 3-2-23 填写所有学生的总分排名

2. 统计各科成绩的平均分、最高分和最低分

（1）统计各科成绩平均分

1）在表格下方添加一行，并添加单元格边框，将 A9:B9 单元格区域合并，输入

"各科成绩平均分"，如图 3-2-24 所示。

A9	各科成绩平均分						
学生成绩表							
序号	姓名	数学	语文	英语	体育	总分	总分排名
1	张三	79	87	81	90	337	4
2	李四	89	93	83	85	350	2
3	赵六	98	93	94	93	378	1
4	小明	60	67	61	100	288	6
5	小李	56	93	90	67	306	5
6	小王	100	93	59	97	349	3
各科成绩平均分							

图 3-2-24　输入"各科成绩平均分"

2）在 C9 单元格中输入公式"=AVERAGE(C3:C8)"，按 Enter 键，统计数学成绩的平均分，如图 3-2-25 所示。

C9	=AVERAGE(C3:C8)						
学生成绩表							
序号	姓名	数学	语文	英语	体育	总分	总分排名
1	张三	79	87	81	90	337	4
2	李四	89	93	83	85	350	2
3	赵六	98	93	94	93	378	1
4	小明	60	67	61	100	288	6
5	小李	56	93	90	67	306	5
6	小王	100	93	59	97	349	3
各科成绩平均分		80.3333					

图 3-2-25　统计数学成绩的平均分

3）通过自动填充功能统计语文、英语、体育成绩的平均分，如图 3-2-26 所示。

学生成绩表							
序号	姓名	数学	语文	英语	体育	总分	总分排名
1	张三	79	87	81	90	337	4
2	李四	89	93	83	85	350	2
3	赵六	98	93	94	93	378	1
4	小明	60	67	61	100	288	6
5	小李	56	93	90	67	306	5
6	小王	100	93	59	97	349	3
各科成绩平均分		80.3333	87.6667	78	88.6667		

图 3-2-26　统计各科成绩的平均分

（2）统计各科成绩最高分

1）在表格下方再添加一行，并添加单元格边框，将 A10:B10 单元格区域合并，输入"各科成绩最高分"，如图 3-2-27 所示。

A10　fx 各科成绩最高分

	A	B	C	D	E	F	G	H
1	学生成绩表							
2	序号	姓名	数学	语文	英语	体育	总分	总分排名
3	1	张三	79	87	81	90	337	4
4	2	李四	89	93	83	85	350	2
5	3	赵六	98	93	94	93	378	1
6	4	小明	60	67	61	100	288	6
7	5	小李	56	93	90	67	306	5
8	6	小王	100	93	59	97	349	3
9	各科成绩平均分		80.3333	87.6667	78	88.6667		
10	各科成绩最高分							

图 3-2-27　输入“各科成绩最高分”

2）在 C10 单元格中输入公式“=MAX(C3:C8)”，按 Enter 键，统计数学成绩的最高分，如图 3-2-28 所示。

C10　fx =MAX(C3:C8)

	A	B	C	D	E	F	G	H
1	学生成绩表							
2	序号	姓名	数学	语文	英语	体育	总分	总分排名
3	1	张三	79	87	81	90	337	4
4	2	李四	89	93	83	85	350	2
5	3	赵六	98	93	94	93	378	1
6	4	小明	60	67	61	100	288	6
7	5	小李	56	93	90	67	306	5
8	6	小王	100	93	59	97	349	3
9	各科成绩平均分		80.3333	87.6667	78	88.6667		
10	各科成绩最高分		100					

图 3-2-28　统计数学成绩的最高分

3）通过自动填充功能统计语文、英语、体育成绩的最高分，如图 3-2-29 所示。

C10　fx =MAX(C3:C8)

	A	B	C	D	E	F	G	H
1	学生成绩表							
2	序号	姓名	数学	语文	英语	体育	总分	总分排名
3	1	张三	79	87	81	90	337	4
4	2	李四	89	93	83	85	350	2
5	3	赵六	98	93	94	93	378	1
6	4	小明	60	67	61	100	288	6
7	5	小李	56	93	90	67	306	5
8	6	小王	100	93	59	97	349	3
9	各科成绩平均分		80.3333	87.6667	78	88.6667		
10	各科成绩最高分		100	93	94	100		

图 3-2-29　统计各科成绩的最高分

（3）统计各科成绩最低分

1）在表格下方再添加一行，并添加单元格边框，将 A11:B11 单元格区域合并，输入“各科成绩最低分”，如图 3-2-30 所示。

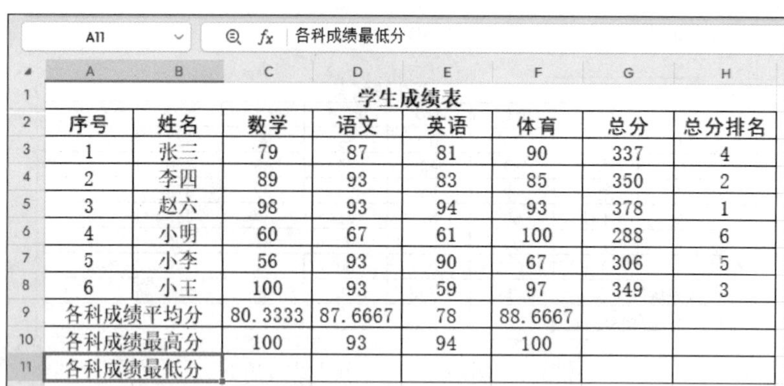

A11 | 各科成绩最低分

学生成绩表							
序号	姓名	数学	语文	英语	体育	总分	总分排名
1	张三	79	87	81	90	337	4
2	李四	89	93	83	85	350	2
3	赵六	98	93	94	93	378	1
4	小明	60	67	61	100	288	6
5	小李	56	93	90	67	306	5
6	小王	100	93	59	97	349	3
各科成绩平均分		80.3333	87.6667	78	88.6667		
各科成绩最高分		100	93	94	100		
各科成绩最低分							

图 3-2-30　输入“各科成绩最低分”

2）在 C11 单元格中输入公式“=MIN(C3:C8)”，按 Enter 键，统计数学成绩的最低分，如图 3-2-31 所示。

C11 | =MIN(C3:C8)

学生成绩表							
序号	姓名	数学	语文	英语	体育	总分	总分排名
1	张三	79	87	81	90	337	4
2	李四	89	93	83	85	350	2
3	赵六	98	93	94	93	378	1
4	小明	60	67	61	100	288	6
5	小李	56	93	90	67	306	5
6	小王	100	93	59	97	349	3
各科成绩平均分		80.3333	87.6667	78	88.6667		
各科成绩最高分		100	93	94	100		
各科成绩最低分		56					

图 3-2-31　统计数学成绩的最低分

3）通过自动填充功能统计语文、英语、体育成绩的最低分，如图 3-2-32 所示。

C11 | =MIN(C3:C8)

学生成绩表							
序号	姓名	数学	语文	英语	体育	总分	总分排名
1	张三	79	87	81	90	337	4
2	李四	89	93	83	85	350	2
3	赵六	98	93	94	93	378	1
4	小明	60	67	61	100	288	6
5	小李	56	93	90	67	306	5
6	小王	100	93	59	97	349	3
各科成绩平均分		80.3333	87.6667	78	88.6667		
各科成绩最高分		100	93	94	100		
各科成绩最低分		56	67	59	67		

图 3-2-32　统计各科成绩的最低分

任务3 评定成绩等级

1. 能够了解逻辑函数的功能。
2. 能够掌握常用逻辑函数的语法及使用方法。

逻辑函数是 WPS 表格中常用的函数，其中，IF 函数可以对值和期待值进行逻辑比较。本任务通过评定学生成绩等级并统计各科成绩全优的学生数，掌握逻辑函数的语法及使用方法，以便更好地使用表格中的数据。

一、逻辑函数和逻辑值的概述

在日常使用 WPS 表格时，用户经常需要进行条件的判断，这时就需要用到 WPS 表格中的逻辑函数。逻辑函数是根据不同条件对数据进行不同处理的函数。条件判断式中使用比较运算符指定逻辑式，并用逻辑值表示它的结果。

二、逻辑值的表示方法

逻辑值用 TRUE 和 FALSE 表示判定条件是否成立，即条件成立时逻辑值为 TRUE（真）；条件不成立时逻辑值为 FALSE（假）。

三、基础的逻辑函数

基础的逻辑函数包括 AND 函数、OR 函数，以及 NOT 函数等，任意一个函数都可以单独使用，但一般情况下将它们和 IF 函数组合使用，可参考表 3–3–1 所列的函数说明。

表 3–3–1 基础的逻辑函数

名称	说明
AND	判定指定的多个条件是否全部成立
OR	判定指定的多个条件中是否有一个或一个以上的条件成立
NOT	对参数逻辑值求反

下面以 AND 函数为例讲解基础逻辑函数的使用。AND 函数一般用于检验一组数据是否都满足条件，当函数的参数全部满足某一条件时返回结果为 TRUE，否则为 FALSE。AND 函数介绍详见表 3-3-2。

表 3-3-2 AND 函数介绍

名称	AND
功能	所有参数逻辑值为真时，返回 TRUE；只要有一个参数逻辑值为假，即返回 FALSE
语法	AND(logical1,logical2,…)
参数	logical1,logical2,… 表示待检测的 1～255 个条件，其结果可为 TRUE 或 FALSE

以如图 3-3-1 所示的表格为例，需要统计出所有单科成绩都大于 90 分的学生。

H17 fx

	A	B	C	D	E	F	G
1	学生成绩表						
2	序号	姓名	数学	语文	英语	体育	所有成绩90分以上
3	1	张三	79	87	81	90	
4	2	李四	89	93	83	85	
5	3	赵六	98	93	94	93	
6	4	小明	60	67	61	100	
7	5	小李	56	93	90	67	
8	6	小王	100	93	59	97	

图 3-3-1 学生成绩表

1. 选定 G3 单元格，插入 AND 函数，在“函数参数”对话框中的“逻辑值”中依次输入“C3>90”“D3>90”“E3>90”“F3>90”，单击“确定”按钮，如图 3-3-2 所示。统计张三成绩是否符合条件的结果如图 3-3-3 所示。

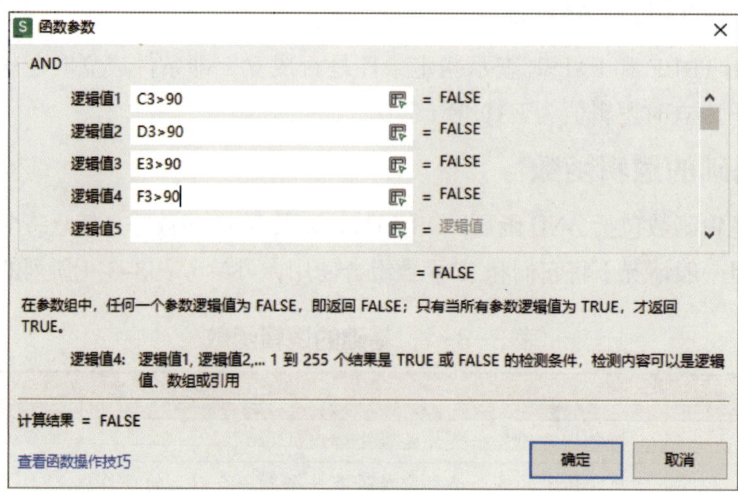

图 3-3-2 “函数参数”对话框

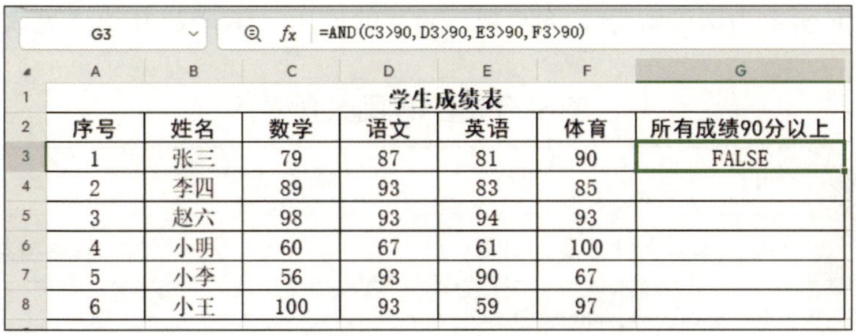

G3　=AND(C3>90,D3>90,E3>90,F3>90)

学生成绩表						
序号	姓名	数学	语文	英语	体育	所有成绩90分以上
1	张三	79	87	81	90	FALSE
2	李四	89	93	83	85	
3	赵六	98	93	94	93	
4	小明	60	67	61	100	
5	小李	56	93	90	67	
6	小王	100	93	59	97	

图 3-3-3　统计张三成绩是否符合条件的结果

2. 通过复制、填充公式得到统计所有学生成绩是否符合条件的结果，“TRUE”对应的就是要统计的所有单科成绩大于 90 分的学生，如图 3-3-4 所示。

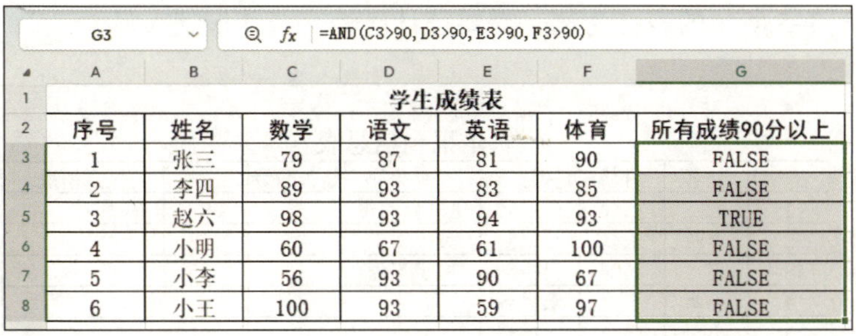

G3　=AND(C3>90,D3>90,E3>90,F3>90)

学生成绩表						
序号	姓名	数学	语文	英语	体育	所有成绩90分以上
1	张三	79	87	81	90	FALSE
2	李四	89	93	83	85	FALSE
3	赵六	98	93	94	93	TRUE
4	小明	60	67	61	100	FALSE
5	小李	56	93	90	67	FALSE
6	小王	100	93	59	97	FALSE

图 3-3-4　统计所有学生成绩是否符合条件的结果

四、分支条件判断函数

分支条件判断函数用于根据指定的条件返回不同的值。此函数执行逻辑值判断，根据逻辑值返回不同的结果。在 IF 函数的条件中如果指定 AND 函数和 OR 函数，则可以判断多个条件是否成立。分支条件判断函数说明见表 3-3-3。

表 3-3-3　分支条件判断函数说明

名称	说明
IF	如果判断条件为真，则返回一个值；如果判断条件为假，则返回另一个值
IFERROR	捕获和处理公式中的错误，如果公式的计算结果为错误值，则返回由参数指定的值；否则返回公式的计算结果
IFNA	如果公式的计算结果为错误值 #N/A，则返回由参数指定的值；否则返回公式的计算结果
IFS	检查是否满足一个或多个条件，且是否返回与第一个 TRUE 条件对应的值。IFS 可以代替多个嵌套的 IF 语句，便于书写和读取
SWITCH	根据值列表计算一个值（称为表达式），并返回与第一个匹配值对应的结果，如果不匹配，则返回可选默认值

下面以 IF 函数为例讲解分支条件判断函数的使用。IF 函数介绍详见表 3-3-4。

表 3-3-4　IF 函数介绍

名称	IF
功能	如果判断条件为真，则返回一个值；如果判断条件为假，则返回另一个值
语法	IF(logical_test,value_if_true,[value_if_false])
参数	logical_test（必需）：要测试的条件 value_if_true（必需）：logical_test 的结果为 TRUE 时返回的值 [value_if_false]（可选）：logical_test 的结果为 FALSE 时返回的值

以如图 3-3-5 所示的表格为例，需要统计已经交费并报到人员。

新生报到信息表							
序号	姓名	材料	是否报到	专业	是否缴费	宿舍	报到情况
1	张三	已交	已报到	电气自动化	是	307	
2	李四	未交	已报到	数控加工	否	406	
3	赵六	已交	已报到	展示工程	是	505	
4	小明	未交	未报到	面点	否		
5	小李	已交	已报到	面点	是	201	
6	小王	已交	已报到	数控加工	是	406	

图 3-3-5　新生报到信息表

1. 选定 H3 单元格，输入“=IF(AND(D3="已报到",F3="是"),"已报到缴费","")”，按 Enter 键，张三的报到情况如图 3-3-6 所示。

H3　=IF(AND(D3="已报到",F3="是"),"已报到缴费","")

新生报到信息表							
序号	姓名	材料	是否报到	专业	是否缴费	宿舍	报到情况
1	张三	已交	已报到	电气自动化	是	307	已报到缴费
2	李四	未交	已报到	数控加工	否	406	
3	赵六	已交	已报到	展示工程	是	505	
4	小明	未交	未报到	面点	否		
5	小李	已交	已报到	面点	是	201	
6	小王	已交	已报到	数控加工	是	406	

图 3-3-6　张三的报到情况

2. 通过复制、填充公式得到所有学生的报到情况，如图 3-3-7 所示。

通过示例可以发现分支条件判断函数与 AND 等函数相比，可以根据结果不同显示用户自定义的信息。

新生报到信息表							
序号	姓名	材料	是否报到	专业	是否缴费	宿舍	报到情况
1	张三	已交	已报到	电气自动化	是	307	已报到缴费
2	李四	未交	已报到	数控加工	否	406	
3	赵六	已交	已报到	展示工程	是	505	已报到缴费
4	小明	未交	未报到	面点	否		
5	小李	已交	已报到	面点	是	201	已报到缴费
6	小王	已交	已报到	数控加工	是	406	已报到缴费

图 3-3-7　所有学生的报到情况

1. 评定成绩等级

（1）打开本项目任务 1 中制作的“学生成绩表”，新建一个工作表，输入表格数据并设置相应格式，如图 3-3-8 所示。依据工作表 Sheet1 中的学生成绩表数据，评定学生各科成绩大于等于 90 分的为“优”、大于等于 75 分且小于 90 分的为“良”、大于等于 60 分且小于 75 分的为“中”、小于 60 分的为“差”。

学生成绩评定表					
序号	姓名	数学	语文	英语	体育
1	张三				
2	李四				
3	赵六				
4	小明				
5	小李				
6	小王				

图 3-3-8　学生成绩评定表

（2）选定 C3 单元格，插入 IF 函数，因为需要调用工作表 Sheet1 中的相关数据，所以需要进行跨表引用，所用公式为“=IF(Sheet1!C3>=90," 优 ",IF(Sheet1!C3>=75," 良 ",IF(Sheet1!C3>=60," 中 "," 差 ")))”，如图 3-3-9 所示。

C3　=IF(Sheet1!C3>=90,"优",IF(Sheet1!C3>=75,"良",IF(Sheet1!C3>=60,"中","差")))

学生成绩评定表					
序号	姓名	数学	语文	英语	体育
1	张三	良			
2	李四				
3	赵六				
4	小明				
5	小李				
6	小王				

图 3-3-9　插入公式

（3）通过复制、填充公式快速评定张三同学的各科成绩等级，如图 3–3–10 所示。

C3　=IF(Sheet1!C3>=90,"优",IF(Sheet1!C3>=75,"良",IF(Sheet1!C3>=60,"中","差")))

学生成绩评定表					
序号	姓名	数学	语文	英语	体育
1	张三	良	良	良	优
2	李四				
3	赵六				
4	小明				
5	小李				
6	小王				

图 3-3-10　评定张三同学的各科成绩等级

（4）通过自动填充功能快速评定所有同学的各科成绩等级，如图 3–3–11 所示。

学生成绩表					
序号	姓名	数学	语文	英语	体育
1	张三	79	87	81	90
2	李四	89	93	83	85
3	赵六	98	93	94	93
4	小明	60	67	61	100
5	小李	56	93	90	67
6	小王	100	93	59	97

a）

学生成绩评定表					
序号	姓名	数学	语文	英语	体育
1	张三	良	良	良	优
2	李四	良	优	良	良
3	赵六	优	优	优	优
4	小明	中	中	中	优
5	小李	差	优	优	中
6	小王	优	优	差	优

b）

图 3-3-11　评定所有同学的各科成绩等级

a）学生成绩表　b）学生成绩评定表

2. 统计各科成绩全优的学生数

（1）将工作表 Sheet2 中的 B10:D10 单元格区域合并，输入“各科成绩全优的学生数”，如图 3–3–12 所示。

学生成绩评定表					
序号	姓名	数学	语文	英语	体育
1	张三	良	良	良	优
2	李四	良	优	良	良
3	赵六	优	优	优	优
4	小明	中	中	中	优
5	小李	差	优	优	中
6	小王	优	优	差	优
	各科成绩全优的学生数				

图 3-3-12　输入“各科成绩全优的学生数”

（2）在 E10 单元格中输入公式“=SUM(IF((C3:C8=" 优 ")*(D3:D8=" 优 ")*(E3:E8=" 优 ")*(F3:F8=" 优 "),1,0))”，按 Enter 键，统计各科成绩全优的学生数，如图 3–3–13 所示。

E10　=SUM(IF((C3:C8="优")*(D3:D8="优")*(E3:E8="优")*(F3:F8="优"),1,0))

学生成绩评定表					
序号	姓名	数学	语文	英语	体育
1	张三	良	良	良	优
2	李四	良	优	良	良
3	赵六	优	优	优	优
4	小明	中	中	中	优
5	小李	差	优	优	中
6	小王	优	优	差	优
	各科成绩全优的学生数			1	

图 3-3-13　统计各科成绩全优的学生数

3. 保存表格文档

将文档保存至“我的文档”中。

任务 4　查找学生成绩

1. 能够查找到所需函数。
2. 能够了解查找与引用函数。
3. 能够运用 VLOOKUP 等函数查找学生成绩。

查找与引用函数是 WPS 表格中常用的函数，本任务通过对学生成绩的查找学会函数的查找方法和运用 WPS 学堂学习新函数的方法，并掌握 VLOOKUP 等函数的使用方法及特点。

在前三个任务中已经学习了 SUM 函数、AVERAGE 函数、COUNT 函数、MAX 函数、MIN 函数、RANK 函数、IF 函数、AND 函数等函数的使用方法，但这些函数仅仅是 WPS 表格为用户提供的函数的一小部分，用户可以在种类繁多的函数中找到需要的函数，并快速学习掌握新函数的功能及语法等。

一、函数的查找和学习

下面以之前学习的 RANK 函数为例，讲解如何查找到所需功能的函数，并学习函数的使用方法。

1. 先打开“插入函数”对话框，在“查找函数”中输入要查找的函数名称或函数功能的简要描述，如“排名”，在“选择函数”中具有此功能的所有函数会被罗列出来，选择“RANK”，如图 3-4-1 所示。也可以在“或选择类别”中选择“统计”，再选择“RANK”。

插入函数
全部函数 常用公式
查找函数(S):
排名
或选择类别(C): 推荐
选择函数(N):
RANK
RANK.AVG
RANK.EQ
RANK(number, ref, order)
返回某数字在一列数字中相对于其他数值的大小排名
确定 取消

图 3-4-1 查找函数

2. 进入“函数参数”对话框，单击对话框左下角的“查看函数操作技巧”，如图 3-4-2 所示。在联网的情况下，会打开 WPS 学堂网站，该网站是 WPS 为用户提供的学习 WPS 相关知识的平台，其中有为用户提供的函数讲解视频，视频详细讲解每个函数的功能、语法及实例，如图 3-4-3 所示。

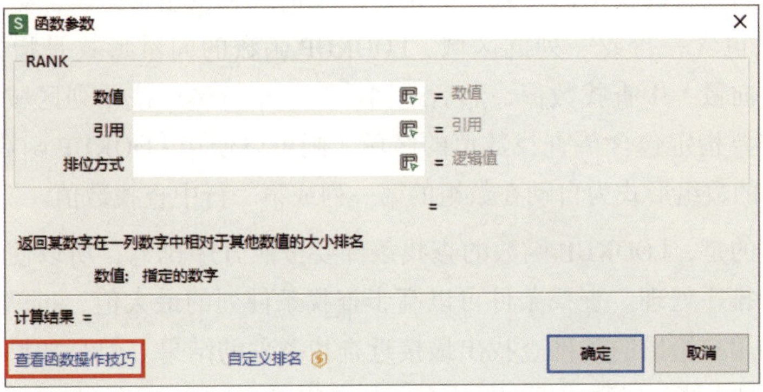

图 3-4-2 “函数参数”对话框

图 3-4-3 WPS 学堂中的函数讲解视频

WPS 不仅提供了强大的表格功能，还拥有学习技巧及功能的平台，让用户可以快速解决使用 WPS 中遇到的问题，尤其是对表格中的全部函数都有对应的视频及实例的讲解内容，帮助用户快速学习新函数的使用方法，极大地提高学习 WPS 相关知识的效率。

二、查找与引用函数的介绍

在日常工作中经常会需要使用 WPS 表格中的查找与引用函数来查找表格中的数据，通过指定的条件快速查找匹配出相应的结果。WPS 表格中常用的查找与引用函数的介绍如下。

1. LOOKUP 函数

LOOKUP 函数是一种常用的查找与引用函数，它可以在一个数据表中查找指定的值，并返回与之相关的其他值。LOOKUP 函数通常用于数据分析和处理，可以在数据量较大的情况下快速找到所需的信息。

LOOKUP 函数有两种语法形式，分别是向量形式和数组形式。函数默认使用向量形式，向量只包含一行或一列的区域。LOOKUP 函数的向量形式是指先在单行区域或单列区域（向量）中查找数值，然后返回第二个单行区域或单列区域中相同位置的数值，如果需要指定包含待查找数值的区域，则可以使用 LOOKUP 函数的这种形式。LOOKUP 函数的数组形式为自动在数组的第一列或第一行中查找数值。

需要注意的是，LOOKUP 函数的查找条件要按照升序排列，所以使用该函数前需要对表格进行排序处理。查找条件可以高于查找条件列的最大值，也就是说 LOOKUP 函数可以按照用户给出的条件查找出最接近查找条件的结果。但是如果查找条件小于查找条件列的最小值，函数将返回错误值。LOOKUP 函数介绍详见表 3-4-1。

表 3-4-1　LOOKUP 函数介绍

名称	LOOKUP	
功能	返回向量（向量形式）	返回数组中的数值（数组形式）
语法	LOOKUP(lookup_value,lookup_vector,result_vector)	LOOKUP(lookup_value,array)
参数	lookup_value：LOOKUP 函数在第一个向量中所要查找的数值，可以为数字、文本、逻辑值或包含数值的名称或引用 lookup_vector：只包含一行或一列的单元格区域，可以为数字、文本或逻辑值 result_vector：只包含一行或一列的单元格区域，其大小必须与 lookup_vector 相同	lookup_value：LOOKUP 函数在数组中所要查找的数值，可以为数字、文本、逻辑值或包含数值的名称或引用 array：包含文本、数字或逻辑值的单元格区域，它的值用于与 lookup_value 进行比较

下面以 LOOKUP 函数常用的向量形式为例讲解 LOOKUP 函数具体的应用方法。例如，在某年龄信息统计表中查找孩子对应父亲的年龄，使用 LOOKUP 函数前需要先对表格进行排序，可以根据“姓名”列进行升序排序，如图 3-4-4 所示。

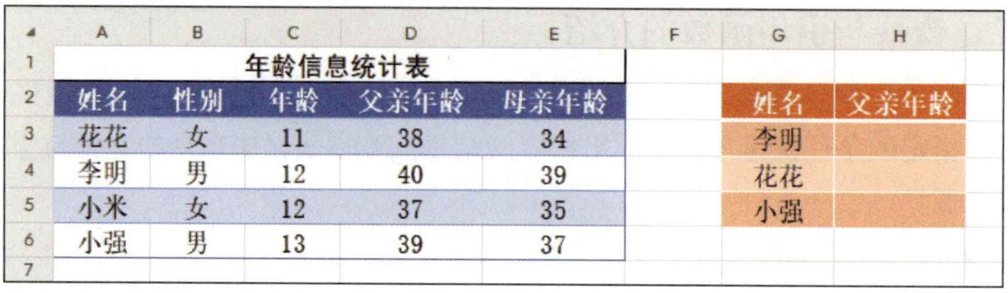

	A	B	C	D	E	F	G	H
1	年龄信息统计表							
2	姓名	性别	年龄	父亲年龄	母亲年龄		姓名	父亲年龄
3	花花	女	11	38	34		李明	
4	李明	男	12	40	39		花花	
5	小米	女	12	37	35		小强	
6	小强	男	13	39	37			
7								

图 3-4-4　进行升序排序

（1）选定 H3 单元格，通过之前学习的查找函数的方法查找到 LOOKUP 函数并选择，如图 3-4-5 所示。

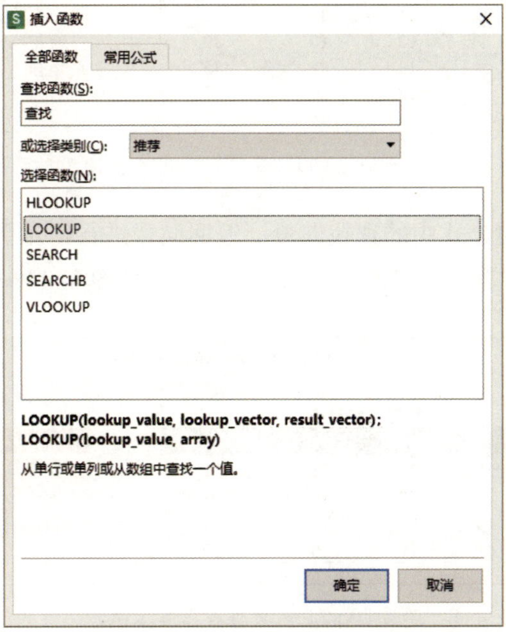

图 3-4-5　查找 LOOKUP 函数

（2）在“函数参数”对话框中的“查找值”中引用 G3 单元格中的“李明”作为查找条件，在“查找向量”中引用 A3:A6 单元格区域中的姓名，因为要查找的是父亲的年龄，所以在“返回向量”中选择 D3:D6 单元格区域中的父亲年龄，此时已经可以看到计算结果为“40”，如图 3-4-6 所示。

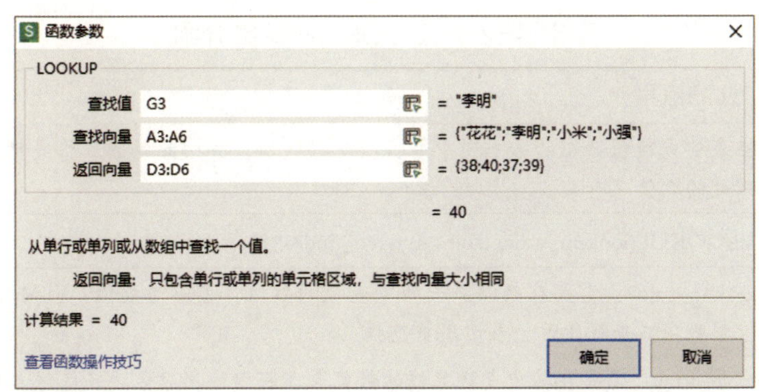

图 3-4-6　输入 LOOKUP 函数的参数

（3）单击“确定”按钮，此时表格中李明父亲的年龄就被查找并显示出来，如图 3-4-7 所示。

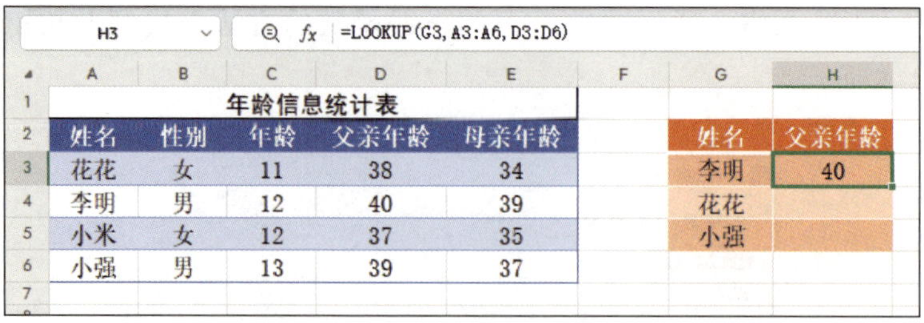

H3 =LOOKUP(G3,A3:A6,D3:D6)

	A	B	C	D	E	F	G	H
1	年龄信息统计表							
2	姓名	性别	年龄	父亲年龄	母亲年龄		姓名	父亲年龄
3	花花	女	11	38	34		李明	40
4	李明	男	12	40	39		花花	
5	小米	女	12	37	35		小强	
6	小强	男	13	39	37			
7								

图 3-4-7 通过 LOOKUP 函数查找出李明父亲的年龄

（4）接下来需要对公式中的查找向量、返回向量进行绝对引用，这样就可以通过复制、填充公式的方式查找出其他两人的父亲年龄，如图 3-4-8 所示。

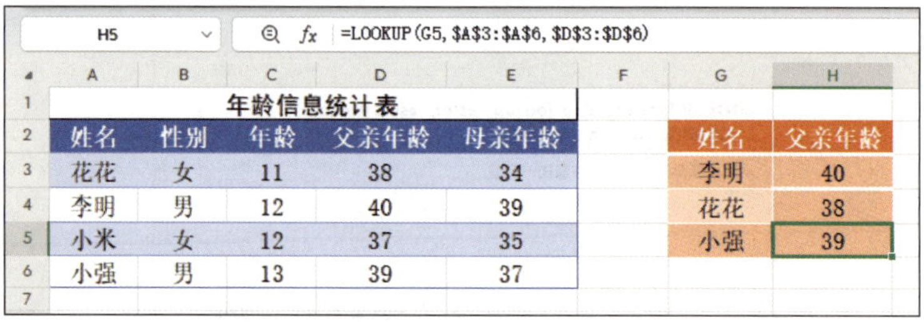

H5 =LOOKUP(G5,$A$3:$A$6,$D$3:$D$6)

	A	B	C	D	E	F	G	H
1	年龄信息统计表							
2	姓名	性别	年龄	父亲年龄	母亲年龄		姓名	父亲年龄
3	花花	女	11	38	34		李明	40
4	李明	男	12	40	39		花花	38
5	小米	女	12	37	35		小强	39
6	小强	男	13	39	37			
7								

图 3-4-8 通过 LOOKUP 函数查找出其他两人父亲的年龄

2. VLOOKUP 函数

VLOOKUP 函数同样是一种常用的查找与引用函数，也是 WPS 表格中的一个纵向查找函数。此函数可以帮助用户根据指定条件快速查找匹配相应结果，通常用于核对、匹配多表格之间的数据。相较于 LOOKUP 函数，VLOOKUP 函数的使用方法更简单些。VLOOKUP 函数介绍详见表 3-4-2。

表 3-4-2 VLOOKUP 函数介绍

名称	VLOOKUP
功能	在表格或数值数组的第一列中查找指定的数值，并由此返回表格或数组当前行中指定列处的数值
语法	VLOOKUP(lookup_value,table_array,col_index_num,range_lookup)
参数	lookup_value：需要在数组第一列中查找的数值，可以为数值、引用或文本字符串，当此参数省略查找值时，表示用 0 查找 table_array：需要在其中查找数据的数据表，可以使用对区域或区域名称的引用 col_index_num：table_array 中待返回的匹配值的列序号。col_index_num 为 1 时，返回 table_array 第一列中的数值；col_index_num 为 2 时，返回 table_array 第二列中的数值，以此类推。如果 col_index_num 小于 1，则返回错误值 #VALUE!；如果 col_index_num 大于 table_array 的列数，则返回错误值 #REF!

续表

参数	range_lookup：一个逻辑值，指定函数在查找时是精确匹配还是大致匹配。如果 range_lookup 为 FALSE 或 0，则返回精确匹配值，如果找不到，则返回错误值 #N/A；如果 range_lookup 为 TRUE 或 1，则查找大致匹配值，也就是说，如果找不到精确匹配值，则返回小于 lookup_value 的最大值。如果 range_lookup 省略，则默认为 1

仍以在某年龄信息统计表中查找孩子父亲的年龄为例，讲解 VLOOKUP 函数的使用方法。相较于 LOOKUP 函数需要先对表格进行排序的特点，VLOOKUP 不需要先对表格进行排序，如图 3-4-9 所示。

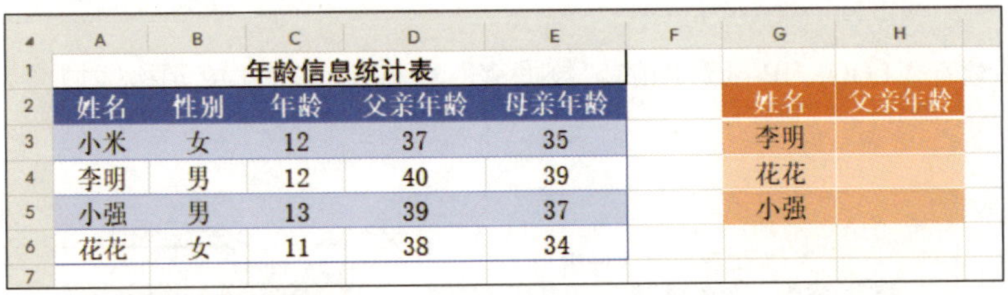

	A	B	C	D	E	F	G	H
1	年龄信息统计表							
2	姓名	性别	年龄	父亲年龄	母亲年龄		姓名	父亲年龄
3	小米	女	12	37	35		李明	
4	李明	男	12	40	39		花花	
5	小强	男	13	39	37		小强	
6	花花	女	11	38	34			
7								

图 3-4-9　年龄信息统计表

（1）选定 H3 单元格，插入 VLOOKUP 函数，可以通过在“插入函数”对话框中输入相关内容，搜索查找到该函数，也可以在“查找与引用”类别中找到 VLOOKUP 函数，如图 3-4-10 所示。

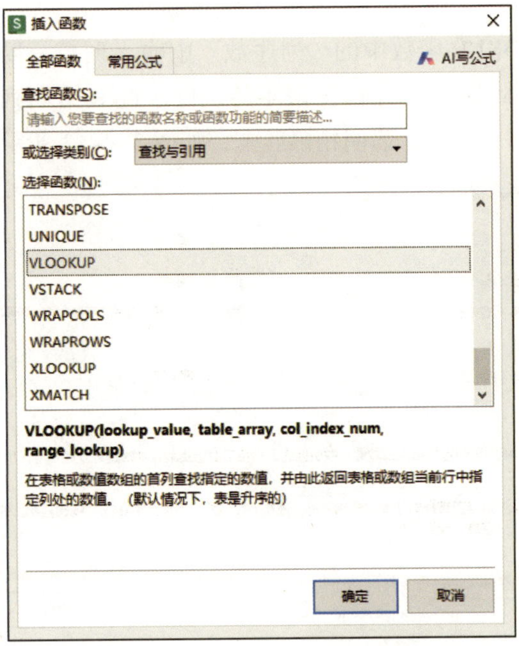

插入函数
全部函数　常用公式　AI写公式
查找函数(S):
请输入您要查找的函数名称或函数功能的简要描述...
或选择类别(C):　查找与引用
选择函数(N):
TRANSPOSE
UNIQUE
VLOOKUP
VSTACK
WRAPCOLS
WRAPROWS
XLOOKUP
XMATCH
VLOOKUP(lookup_value, table_array, col_index_num, range_lookup)
在表格或数值数组的首列查找指定的数值，并由此返回表格或数组当前行中指定列处的数值。（默认情况下，表是升序的）
确定　取消

图 3-4-10　查找 VLOOKUP 函数

（2）在 VLOOKUP 函数中的“查找值”中选定“李明”（G3 单元格），如图 3-4-11 所示。

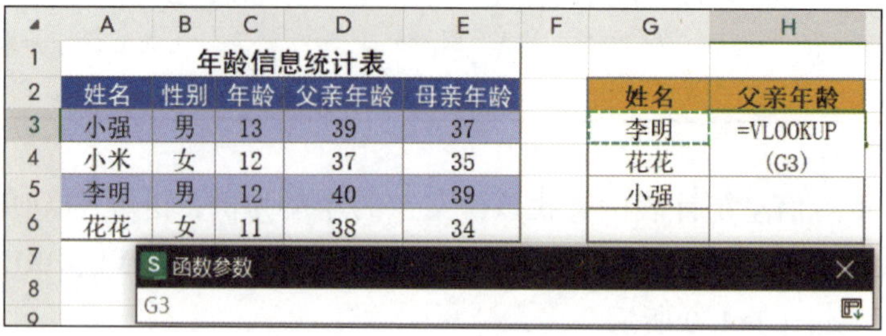

	A	B	C	D	E	F	G	H
1	年龄信息统计表							
2	姓名	性别	年龄	父亲年龄	母亲年龄		姓名	父亲年龄
3	小强	男	13	39	37		李明	=VLOOKUP(G3)
4	小米	女	12	37	35		花花	
5	李明	男	12	40	39		小强	
6	花花	女	11	38	34			

函数参数
G3

图 3-4-11　选定 VLOOKUP 函数的查找值

（3）继续在 VLOOKUP 函数中的“数据表”中选定 A2:E6 单元格区域，如图 3-4-12 所示。

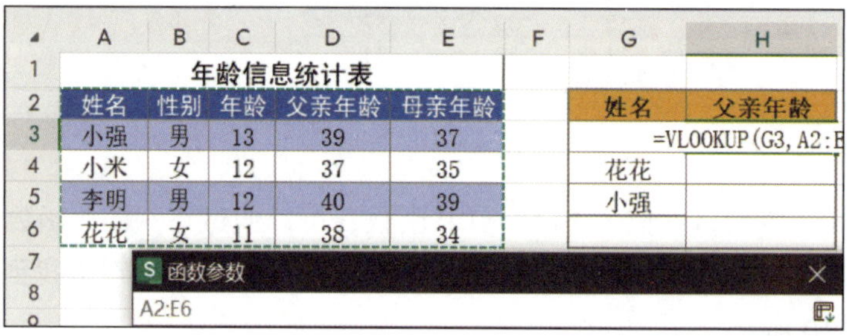

	A	B	C	D	E	F	G	H
1	年龄信息统计表							
2	姓名	性别	年龄	父亲年龄	母亲年龄		姓名	父亲年龄
3	小强	男	13	39	37		=VLOOKUP(G3, A2:E	
4	小米	女	12	37	35		花花	
5	李明	男	12	40	39		小强	
6	花花	女	11	38	34			

函数参数
A2:E6

图 3-4-12　选定 VLOOKUP 函数的数据表

（4）继续在 VLOOKUP 函数中的“列序数”中输入列数，要查找的返回值是第几列就输入相应数字，此处需要查找父亲年龄，位于此表第四列，因此输入“4”。在“匹配条件”中输入“FALSE”，表明精确匹配，如图 3-4-13 所示。

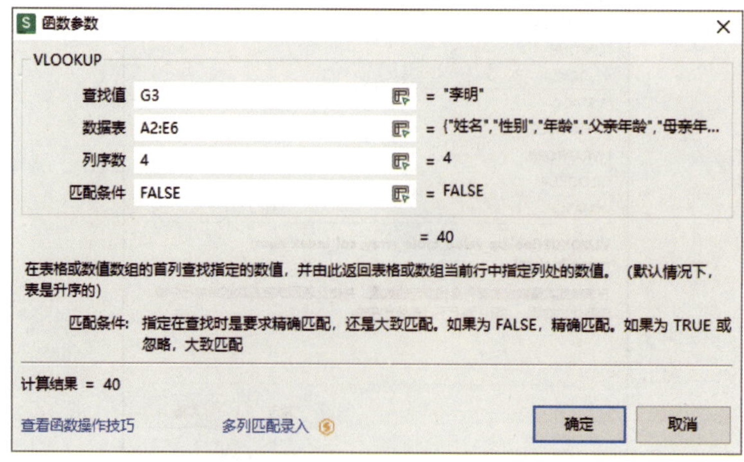

图 3-4-13　选定 VLOOKUP 函数的参数

（5）单击“确定”按钮，就可以看到查找出匹配的数据结果，如图 3-4-14 所示。

H3　=VLOOKUP(G3, A2:E6, 4, FALSE)

	A	B	C	D	E	F	G	H
1	年龄信息统计表							
2	姓名	性别	年龄	父亲年龄	母亲年龄		姓名	父亲年龄
3	小米	女	12	37	35		李明	40
4	李明	男	12	40	39		花花	
5	小强	男	13	39	37		小强	
6	花花	女	11	38	34			
7								

图 3-4-14　通过 VLOOKUP 函数查找出李明父亲的年龄

（6）将公式中的数据表部分转换为绝对引用，通过复制、填充公式查找出其他结果，如图 3-4-15 所示。

H5　=VLOOKUP(G5, $A$2:$E$6, 4, FALSE)

	A	B	C	D	E	F	G	H
1	年龄信息统计表							
2	姓名	性别	年龄	父亲年龄	母亲年龄		姓名	父亲年龄
3	小米	女	12	37	35		李明	40
4	李明	男	12	40	39		花花	38
5	小强	男	13	39	37		小强	39
6	花花	女	11	38	34			
7								

图 3-4-15　通过 VLOOKUP 函数查找出其他两人父亲的年龄

提示

通过对比可以发现 VLOOKUP 函数比 LOOKUP 函数在参数区域的选择上更灵活，在多列数据表中查找更方便，但 VLOOKUP 函数也有缺点，所以在使用时还需要根据不同场景与函数特性进行选用。

3. XLOOKUP 函数

LOOKUP 函数和 VLOOKUP 函数的功能都有一定的局限性，最新版本的 WPS 表格为用户提供了一个具有强大功能的新函数 XLOOKUP 函数，其介绍详见表 3-4-3。

表 3-4-3　XLOOKUP 函数介绍

名称	XLOOKUP
语法	XLOOKUP(lookup_value, lookup_array, return_array, [if_not_found], [match_mode], [search_mode])

续表

参数	lookup_value：要搜索的值，可以是单个值或数组值 lookup_array：要在其中进行搜索的数组或范围 return_array：要返回的数组或范围 [if_not_found]（可选）：找不到有效匹配项时返回的值 [match_mode]：指定匹配模式，可填 0，1，−1，−2 [search_mode]（可选）：指定匹配模式，可填 1，−1，2，−2
功能	纵向查找：在功能上与 VLOOKUP 函数基本一样，都是输入查找值、查找数据区域、返回数据区域 横向查找：VLOOKUP 函数不支持横向查找，原来 WPS 表格用户只能使用 HLOOKUP 函数，在新版 WPS 表格中用户就可以通过 XLOOKUP 函数实现横向查找，使用方法同样也是输入查找值、查找数据区域、返回数据区域 反向查找：VLOOKUP 函数不支持反向查找，用户只能通过 LOOKUP 函数实现，如果遇到复杂情况，查找操作非常麻烦。在新版 WPS 表格中用户就可以通过 XLOOKUP 函数实现反向查找，使用方法同样也是输入查找值、查找数据区域、返回数据区域 整行查找：XLOOKUP 函数可以查找整行数据。与纵向查找不同的是返回数据区域，需要选定整行区域作为返回数据区域，使用数组填充的方式将数据填充到单元格区域中 整列查找：与整行查找方式基本一样，需要注意的是返回数据区域的选择 倒序查找：XLOOKUP 函数可以根据查找值在返回数据区域中倒着查找。如果 LOOKUP 函数在查找时遇到多个匹配结果将返回第一个值，当用户在特定场景中需要查找最后一次的记录时，就需要其他操作配合来实现需求，XLOOKUP 函数就可以通过搜索模式的选择调整搜索的顺序 多条件查找：XLOOKUP 函数支持使用通配符查找，在需要多条件查找时可以使用通配符进行连接从而实现多条件查找功能。如查询学生基本信息时，一班有李磊同学，三班同样有叫李磊的同学，而这时需要找到三班的李磊同学。在使用 VLOOKUP 函数时仅通过函数本身是无法做到的，这时需要通过辅助列将班级与姓名进行连接，形成新的查找条件区域。而 XLOOKUP 函数的用户可以在参数中的查找值内直接用连接符连接两个条件进行查找，相较于 VLOOKUP 函数方便了很多 交叉行列查找：当遇到表格行列过多、无法精准地判断返回条件的数据区域时，可以使用 XLOOKUP 函数进行交叉行列查找。利用 XLOOKUP 函数的横向、纵向查找功能确定一个横向区域或纵向区域，作为另一个 XLOOKUP 函数的返回数据区域，从而交叉定位要找到的数据 查找不到后返回指定值：当使用 VLOOKUP 函数进行查找时，若表格中不包含查找值，则会返回 #N/A，而 XLOOKUP 函数可以直接返回指定值

1. 查找学生总分

（1）打开本项目任务 3 中制作的“学生成绩表”文档，在工作表 Sheet2 中的数据表右侧插入“总分”列，如图 3-4-16 所示。

	A	B	C	D	E	F	G
1	学生成绩评定表						
2	序号	姓名	数学	语文	英语	体育	总分
3	1	张三	良	良	良	优	
4	2	李四	良	优	良	良	
5	3	赵六	优	优	优	优	
6	4	小明	中	中	中	优	
7	5	小李	差	优	优	中	
8	6	小王	优	优	差	优	

图 3-4-16 插入“总分”列

（2）在 G3 单元格（即张三同学总分单元格）中插入 VLOOKUP 函数，并输入相应参数，如图 3-4-17 所示。

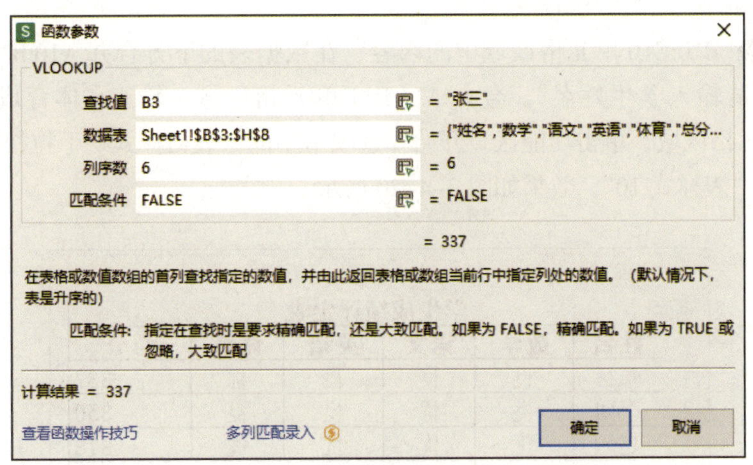

图 3-4-17 VLOOKUP 函数的参数

（3）单击“确定”按钮，查看查找结果，如图 3-4-18 所示。

（4）复制、填充公式，查找其他同学的总分，如图 3-4-19 所示。

G3 =VLOOKUP(B3,Sheet1!$B$3:$H$8,6,FALSE)

学生成绩评定表						
序号	姓名	数学	语文	英语	体育	总分
1	张三	良	良	良	优	337
2	李四	良	优	良	良	
3	赵六	优	优	优	优	
4	小明	中	中	中	优	
5	小李	差	优	优	中	
6	小王	优	优	差	优	

图 3-4-18　查找张三同学的总分

G3 =VLOOKUP(B3,Sheet1!$B$3:$H$8,6,FALSE)

学生成绩评定表						
序号	姓名	数学	语文	英语	体育	总分
1	张三	良	良	良	优	337
2	李四	良	优	良	良	350
3	赵六	优	优	优	优	378
4	小明	中	中	中	优	288
5	小李	差	优	优	中	306
6	小王	优	优	差	优	349

图 3-4-19　查找其他同学的总分

2. 查找某位学生的体育成绩

（1）清除B10:E10单元格区域中的内容，在数据表的下方合并A10:B10单元格区域，输入“请输入学生姓名”，合并A11:B11单元格区域，输入“体育成绩”，选定A10:C11单元格区域，单击功能区“开始”选项卡中的“表格样式”下拉按钮，在下拉菜单中选择“表样式10”，效果如图3-4-20所示。

学生成绩评定表					
姓名	数学	语文	英语	体育	总分
张三	良	良	良	优	337
李四	良	优	良	良	350
赵六	优	优	优	优	378
小明	中	中	中	优	288
小李	差	优	优	中	306
小王	优	优	差	优	349
请输入学生姓名					
体育成绩					

图 3-4-20　添加表样式的效果

（2）在 C11 单元格中插入 XLOOKUP 函数，并输入相应参数，如图 3-4-21 所示。

函数参数

XLOOKUP

查找值 C10 = 0

查找数组 Sheet1!B3:B8 = {"张三";"李四";"赵六";"小明";"小李";"...

返回数组 Sheet1!F3:F8 = {90;85;93;100;67;97}

未找到值 "姓名错误" = "姓名错误"

匹配模式 = 数值

= "姓名错误"

在某个范围或数组中搜索匹配项，并通过第二个范围或数组返回相应的项。默认情况下使用精确匹配

匹配模式：指定如何在查找区域中查找指定值

计算结果 = "姓名错误"

查看函数操作技巧　　确定　　取消

图 3-4-21　XLOOKUP 函数的参数

（3）当 C10 单元格中没有姓名或姓名错误时，C11 单元格中会显示“姓名错误”，如图 3-4-22 所示。

	A	B	C	D	E	F	G
1	学生成绩评定表						
2	序号	姓名	数学	语文	英语	体育	总分
3	1	张三	良	良	良	优	337
4	2	李四	良	优	良	良	350
5	3	赵六	优	优	优	优	378
6	4	小明	中	中	中	优	288
7	5	小李	差	优	优	中	306
8	6	小王	优	优	差	优	349
9							
10	请输入学生姓名						
11	体育成绩		姓名错误				
12							

图 3-4-22　没有姓名时函数显示的结果

（4）当在 C10 单元格中输入正确的学生姓名时，C11 单元格中会显示该学生的体育成绩，如图 3-4-23 所示。

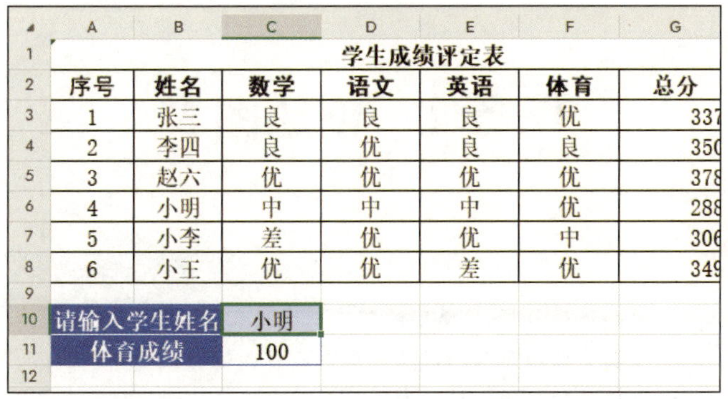

	A	B	C	D	E	F	G
1	学生成绩评定表						
2	序号	姓名	数学	语文	英语	体育	总分
3	1	张三	良	良	良	优	337
4	2	李四	良	优	良	良	350
5	3	赵六	优	优	优	优	378
6	4	小明	中	中	中	优	288
7	5	小李	差	优	优	中	306
8	6	小王	优	优	差	优	349
9							
10	请输入学生姓名		小明				
11	体育成绩		100				
12							

图 3-4-23　输入正确学生姓名后函数显示的结果

项目四
制作学生成绩统计图表——制作统计图表

运用 WPS 表格生成各类图表是一项非常实用的技能，可以帮助用户更好地理解和分析数据。WPS 表格可生成的图表种类丰富且全面，不同图表有着各自的优势，如柱形图比较适用于表示数据的对比；折线图更利于表示数据的变化及趋势；饼图在表示数据的占比上优势明显；条形图适用于反映数据排名。

本项目通过用 WPS 表格生成学生成绩统计图表，帮助用户掌握图表的用法，更好地应用软件，达到更直观地表达数据、快速识别趋势和模式、更好地进行数据比较与分析的目的，通过图表的应用提高工作效率，实现用户和数据间的可视化沟通。

任务 1　创建图表

1. 能够根据 WPS 表格中的数据创建图表。
2. 能够了解图表的组成。
3. 能够了解不同类型的图表。

图表是数据的一种可视化形式，在对数据进行分析时，图表能够更直观、形象地展示表格中数据的情况。本任务是根据表格中的数据创建学生成绩统计图表，通过观察图表认识图表的组成结构，熟悉图表呈现数据的方式。同时，了解不同类型图表呈现数据的特点及适用情况。

一、图表的创建

图表是表格中数据的另一种呈现形式，想要创建一张具有实际意义的图表，首先要创建一个包含数据的表格，然后进行插入图表的操作，将数据融入图表中。

1. 插入图表

（1）方法一

单击功能区“插入”选项卡中的“图表”按钮，打开如图 4-1-1 所示的“图表”对话框。在对话框左侧显示了可供选择的图表类型，右侧显示了对应的子类型图表，WPS 表格为用户提供了丰富多彩的图表样式，用户可根据个人需求进行选择。

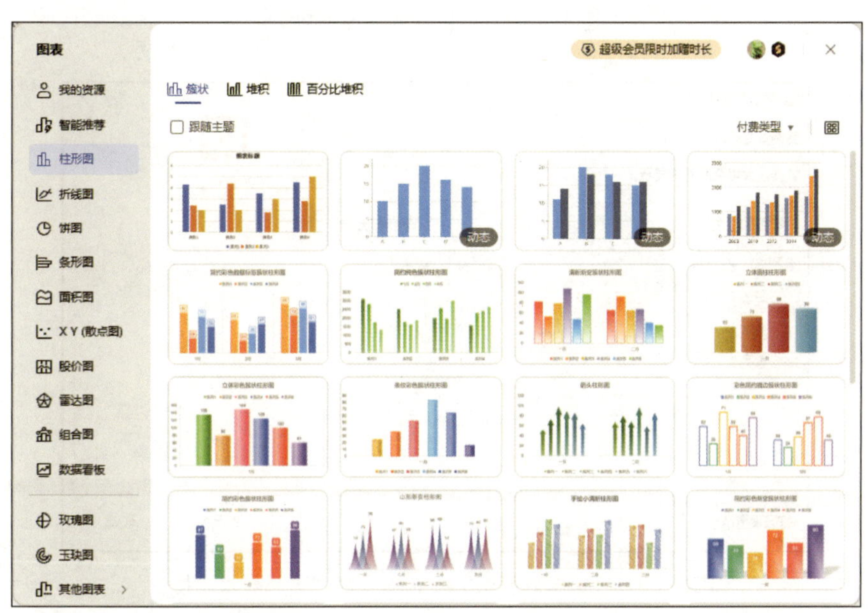

图 4-1-1　“图表”对话框

（2）方法二

在功能区“插入”选项卡中的“图表”按钮的右侧排列有“插入柱形图”“插入折线图”“插入饼图或圆环图”“插入散点图（X、Y）”四种常用图表的快捷插入按钮，如图 4–1–2 所示，单击此按钮即可打开对应图表样式的下拉菜单，方便用户快速选择需要的图表。

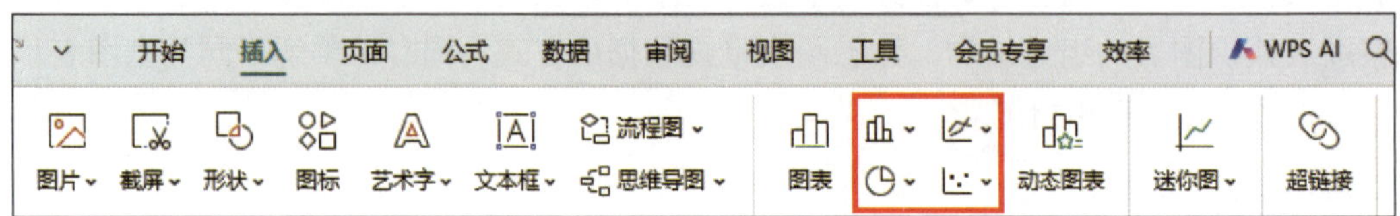

图 4–1–2　四种常用图表的快捷插入按钮

2. 选择数据

在插入图表或选中已经插入的图表后，功能区中将出现与图表相关的“绘图工具”“文本工具”“图表工具”选项卡，如图 4–1–3 所示。单击功能区“图表工具”选项卡中的“选择数据”按钮，弹出“编辑数据源”对话框，先单击对话框中的“选择数据”按钮，如图 4–1–4 所示，再将数据表格中的部分内容选中，然后再次单击“选择数据”按钮，如图 4–1–5 所示，最后单击“确定”按钮即可将表格中的数据导入图表中。

图 4–1–3　与图表相关的选项卡

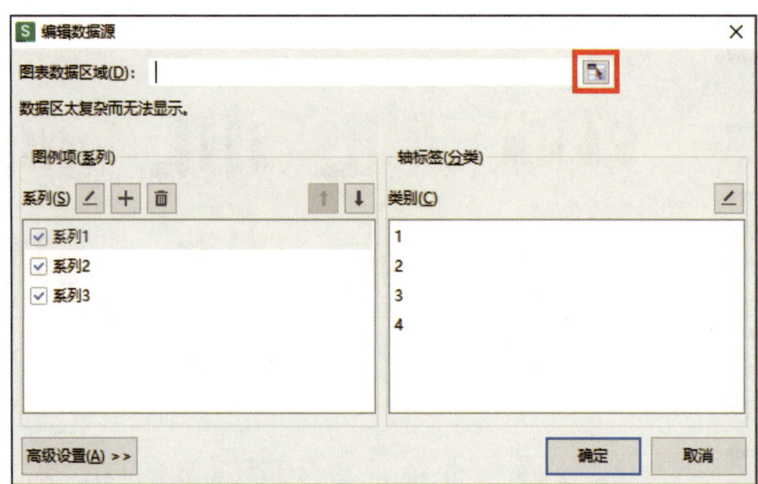

图 4–1–4　“编辑数据源”对话框中的“选择数据”按钮

计算机专业1班学生成绩统计表						
姓名	数学	语文	英语	体育	德育	计算机
杨帆	79	86	74	88	71	90
周红	85	77	83	68	81	82
张强	69	91	70	89	74	93
王晓丽	81	84	79	71	80	78
孙菲	90	92	88	70	85	83

6R x 7C

编辑数据源

=Sheet1!$A$2:$G$7

图 4-1-5　选中数据

提示

先将表格中的数据选中，然后进行插入图表的相关操作，也可以将表格中的数据呈现在图表当中。

二、图表的组成

图表的组成（以柱形图为例）如图 4-1-6 所示。

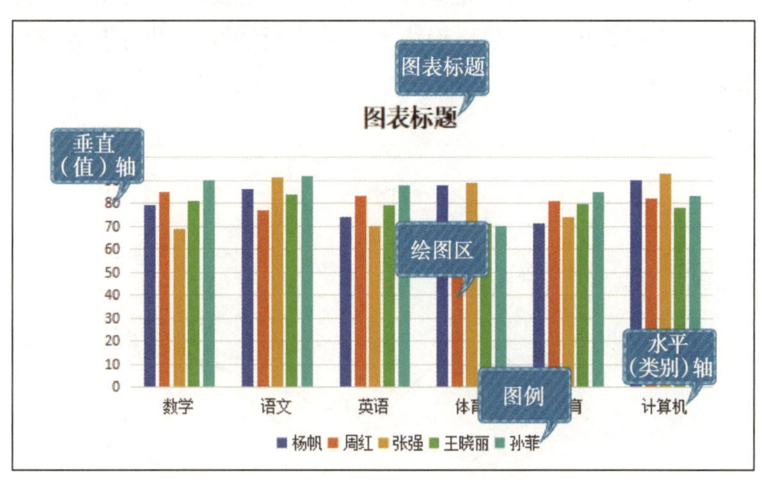

图 4-1-6　图表的组成

三、常用的图表样式及适用类型

WPS 表格为用户推荐了柱形图、折线图、饼图、条形图、面积图、X Y（散点图）、股价图、雷达图和组合图等图表类型，最常用的是前四种类型的图表。

1. 柱形图

柱形图如图 4-1-7 所示，这种类型的图表适合展示不同类别数据之间的差异和对比，如不同地区的销售额、不同产品线的销售量等。通过柱形图可以快速比较各个类别的数据，以了解它们之间的相对大小和差异。

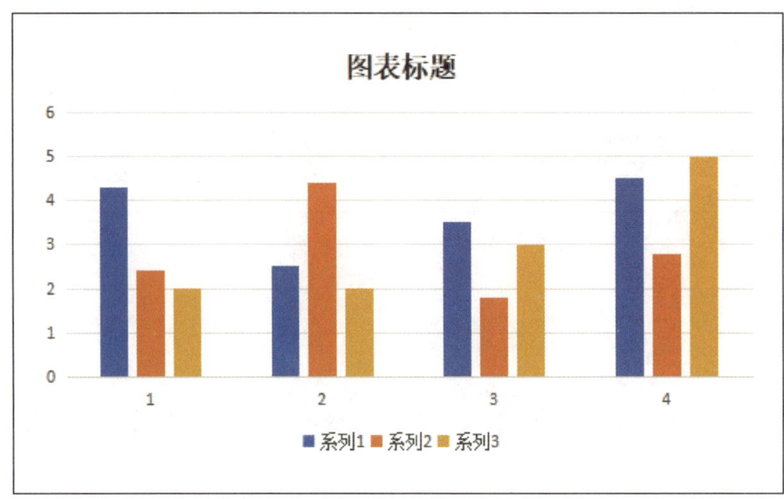

图 4-1-7　柱形图示例

2. 折线图

折线图如图 4-1-8 所示，这种类型的图表适合展示随时间变化的数据，如销售额随时间的变化、某项指标的逐年增长趋势等。通过折线图可以清晰地看到数据的变化趋势，预测未来的可能性。

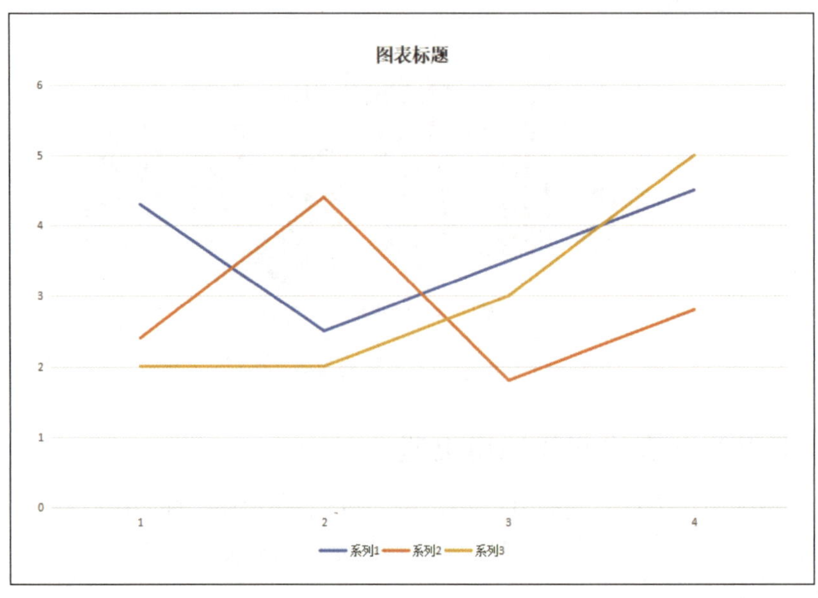

图 4-1-8　折线图示例

3. 饼图

饼图如图 4–1–9 所示，这种类型的图表适合展示整体中各个部分的占比情况，如市场份额、客户群体分布等。通过饼图可以快速了解各个部分在整体中的比例和分布情况。

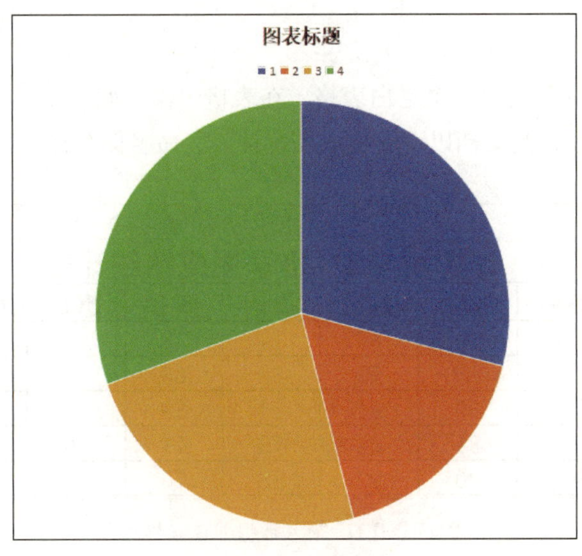

图 4–1–9　饼图示例

4. 条形图

条形图如图 4–1–10 所示，这种类型的图表适合展示数据的顺序和排名，如销售额排名、员工绩效排名等。通过条形图可以清晰地看到每个项目在序列中的位置和相对表现。

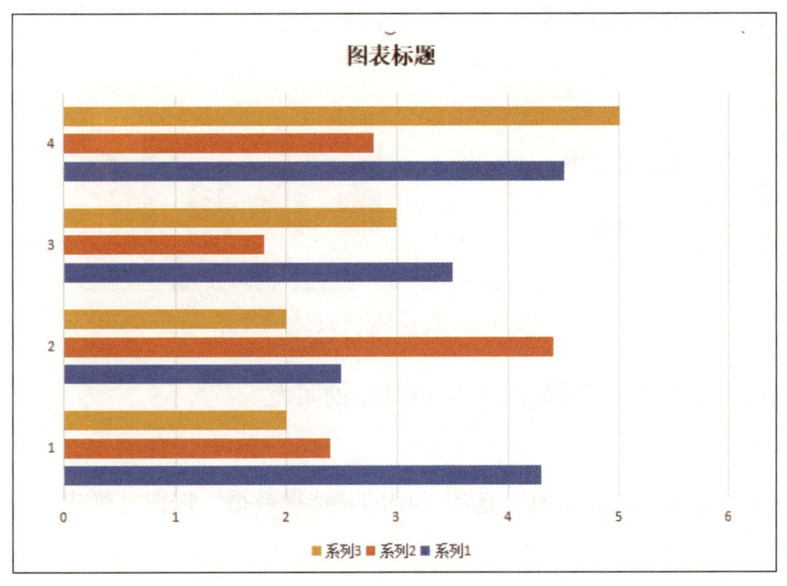

图 4–1–10　条形图示例

1. 创建表格文档

打开 WPS Office 并新建一个空白表格，在表格中输入如图 4-1-11 所示的数据内容并设置相应的格式，将此文档以“学生成绩统计表”命名保存在“我的文档”中。

	A	B	C	D	E	F	G
1	计算机专业1班学生成绩统计表						
2	姓名	数学	语文	英语	体育	德育	计算机
3	杨帆	79	86	74	88	71	90
4	周红	85	77	83	68	81	82
5	张强	69	91	70	89	74	93
6	王晓丽	81	84	79	71	80	78
7	孙菲	90	92	88	70	85	83

图 4-1-11　输入数据并设置格式

2. 插入图表

（1）单击功能区“插入”选项卡中的“图表”按钮，打开“图表”对话框。

（2）找到“柱形图”中的第一个图表样式，如图 4-1-12 所示。

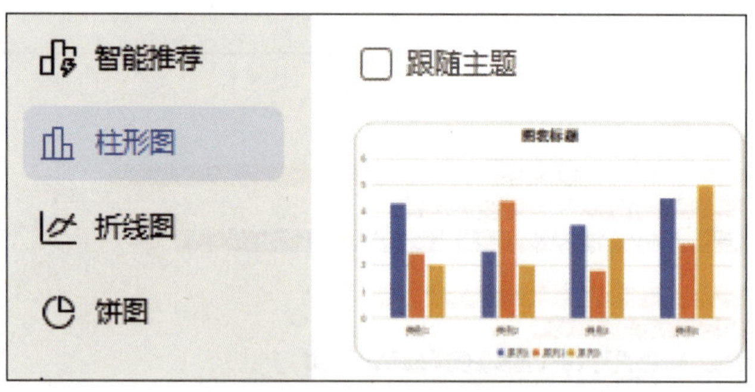

图 4-1-12　找到图表样式

（3）单击选择后即可得到如图 4-1-13 所示的图表。

3. 选择数据

（1）单击功能区“图表工具”选项卡中的“选择数据”按钮，弹出“编辑数据源”对话框，如图 4-1-14 所示。

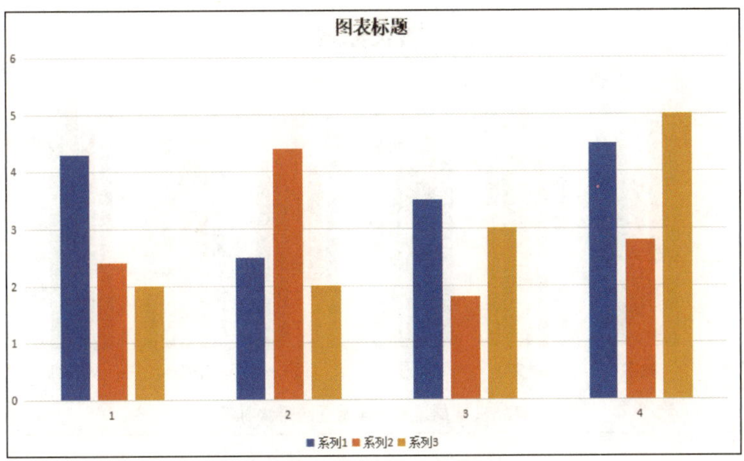

图 4-1-13　图表示例

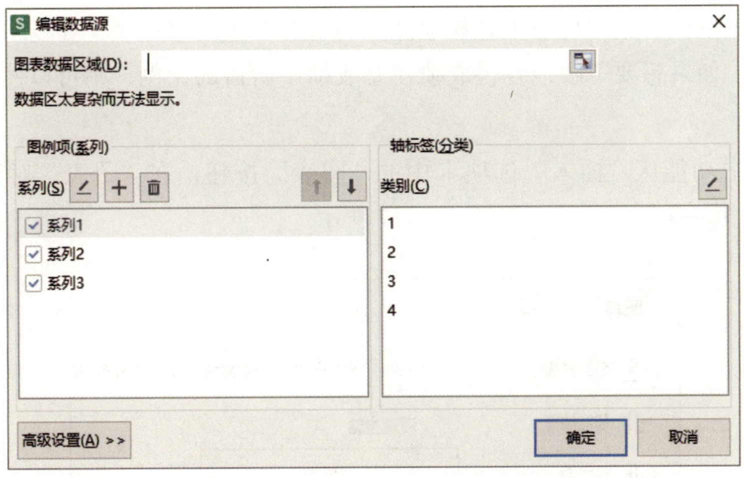

图 4-1-14　“编辑数据源”对话框

（2）单击对话框中的“选择数据”按钮，选定 A2:G7 单元格区域，如图 4-1-15 所示。

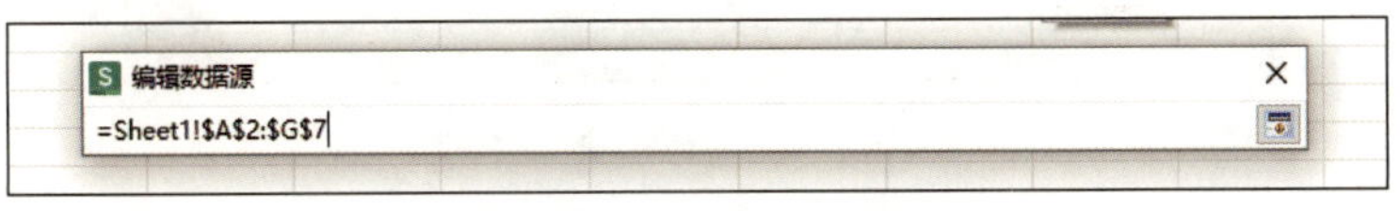

图 4-1-15　选定单元格区域

（3）再次单击“选择数据”按钮确定数据所在范围，将表格数据呈现在图表中，如图 4-1-16 所示。

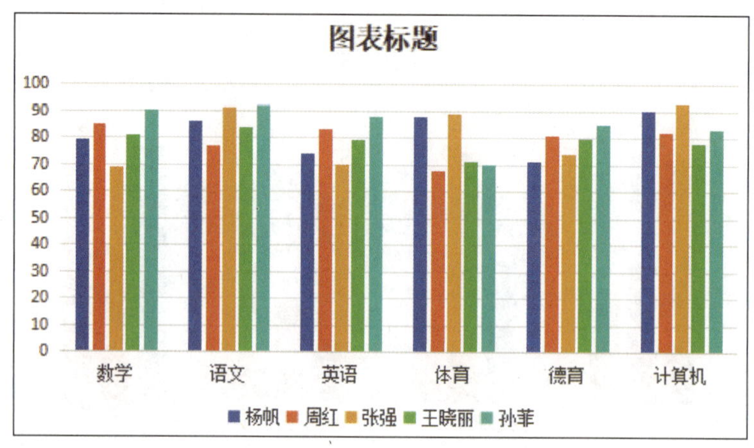

图 4-1-16 选定数据后的图表

4. 插入其他图表

通过图表数据，用户可以很容易地计算出每名学生的总成绩，如杨帆同学的总成绩为 488 分，如果想要了解他各科成绩在总成绩中所占的比例，则可以使用饼图呈现数据。

（1）单击功能区“插入”选项卡中的“图表”按钮，在“图表”对话框中选择“饼图”中的第一个图表样式，如图 4-1-17 所示。

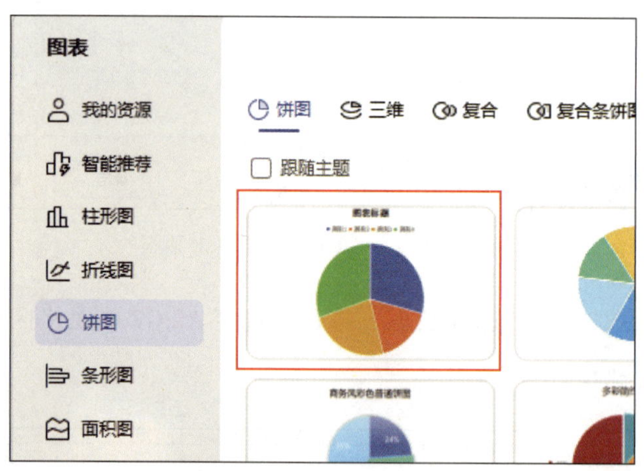

图 4-1-17 选择饼图样式

（2）单击功能区“图表工具”选项卡中的“选择数据”按钮，在“编辑数据源”对话框中的“图表数据区域”中选择 A2:G7 单元格区域，在“系列生成方向”下拉列表中选择“每行数据作为一个系列”，单击“确定”按钮。这时会发现在饼图中只显示杨帆同学的成绩，如图 4-1-18 所示，在以后的学习中，可以通过筛选的相关功能分别查看每位同学的成绩占比情况。

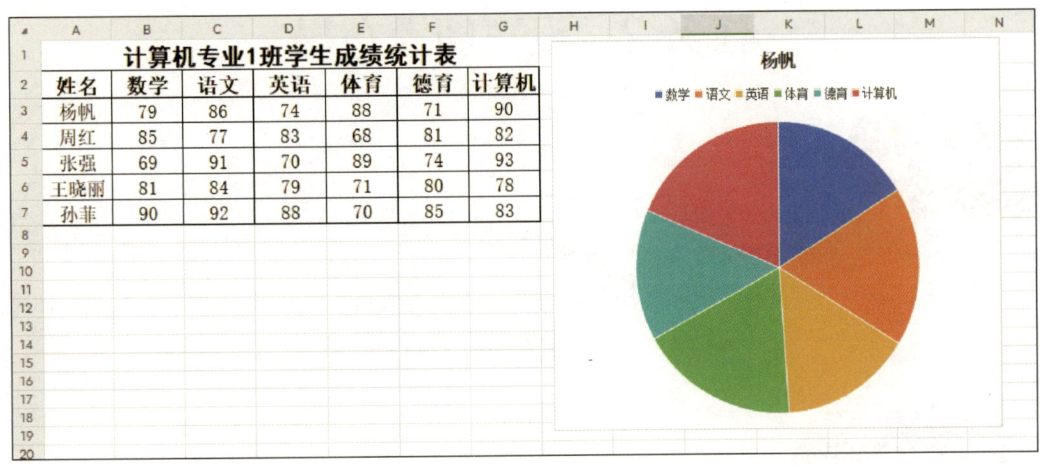

计算机专业1班学生成绩统计表

姓名	数学	语文	英语	体育	德育	计算机
杨帆	79	86	74	88	71	90
周红	85	77	83	68	81	82
张强	69	91	70	89	74	93
王晓丽	81	84	79	71	80	78
孙菲	90	92	88	70	85	83

图 4-1-18　杨帆同学成绩的饼图

（3）将鼠标指针悬停在“计算机”系列对应的颜色部分，即可看到杨帆的计算机成绩以及该项成绩在总成绩中的占比，如图 4-1-19 所示。通过后续添加图表元素的学习，可以将相应数据直接显示在图表中。

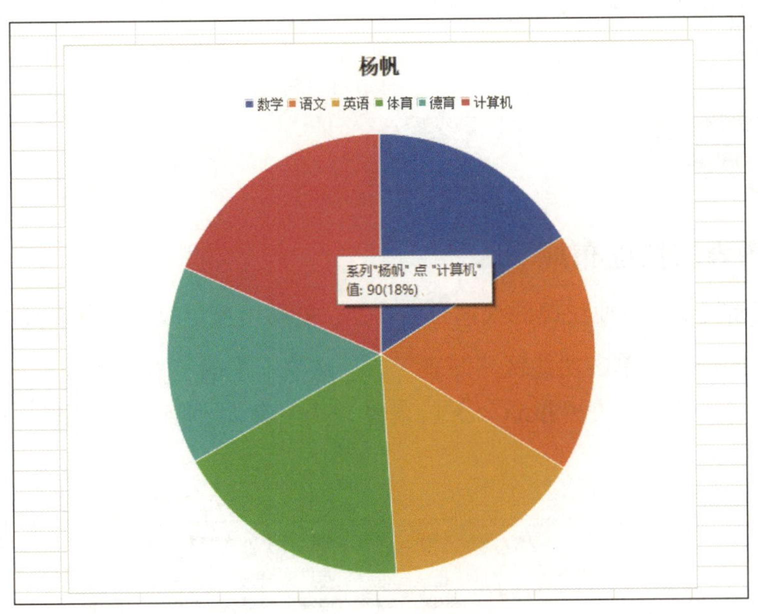

图 4-1-19　计算机成绩的占比

5. 保存表格文档

将文档保存在“我的文档”中。

任务 2　设置图表布局

1. 能够对图表进行快速布局。
2. 能够调整数据的行和列。
3. 能够掌握图表中筛选数据的方法。

本任务的主要目的是让数据图表呈现得更加清晰合理，让用户可以根据自己的需要选择合适的图表布局，并且能够切换图表中数据的行和列，以不同方式比较图表中的数据。同时，能够对图表中的数据进行筛选，将需要的数据展示出来，呈现出符合用户需求的图表。

一、图表的快速布局

WPS 表格提供了方便快捷的快速布局功能，能够迅速更改图表的布局样式。

1. 选中图表后，单击功能区“图表工具”选项卡中的“快速布局”下拉按钮，如图 4-2-1 所示，弹出“快速布局”下拉菜单，其中有 11 种默认的快速布局样式，如图 4-2-2 所示。

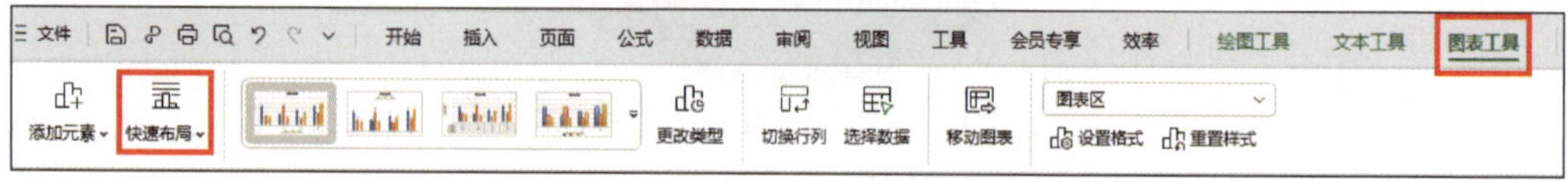

图 4-2-1　“快速布局”下拉按钮

图 4-2-2　快速布局的样式

2. 选择“布局 1”，得到如图 4-2-3 所示的图表。

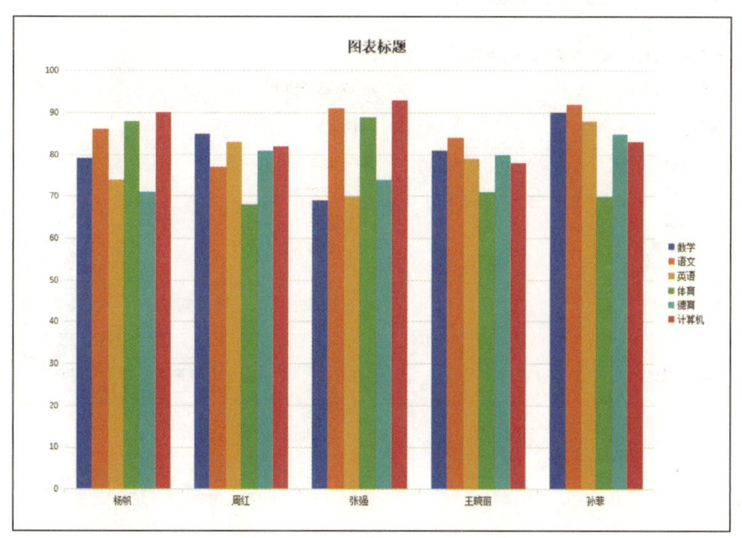

图 4-2-3 “布局 1” 图表样例

图表中的每个部分在选中后都可以进行大小及位置的调整，使图表更加清晰、美观，以满足查看的需要。

二、数据行和列的切换

单击功能区“图表工具”选项卡中的“切换行列”按钮，如图 4-2-4 所示，即可切换数据行和列的位置，同时图表中的图例也会随之改变。

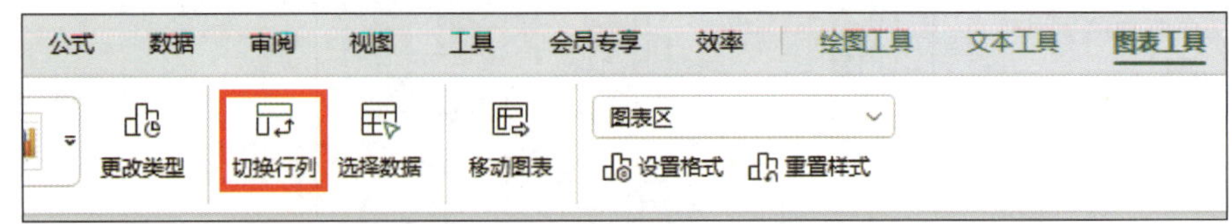

图 4-2-4 “切换行列”按钮

三、数据的筛选

如果想要查看图表中特定的数据，如只看杨帆、周红和张强三名同学的数学、语文、英语和计算机成绩，则可使用图表的数据筛选功能实现。

1. 方法一

单击功能区“图表工具”选项卡中的“选择数据”按钮，在弹出的“编辑数据源”对话框（见图 4-2-5）中可以实现数据筛选，可以通过“系列”和“类别”内容前的复选框选择想要在图表中呈现的数据。

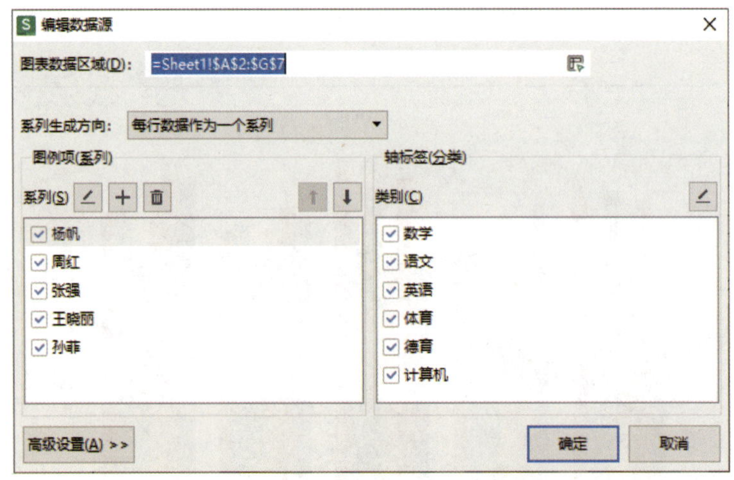

图 4-2-5 “编辑数据源”对话框

2. 方法二

选中图表，单击图表右侧的“图表筛选器”按钮可以打开“图表筛选器”菜单，将“数值”选项卡中的“系列”和“类别”菜单展开即可通过复选框筛选出想要查看的内容，选择完成后，单击“应用”按钮即可，如图 4-2-6 所示。

不同类型图表的“图表筛选器”菜单有所不同，在饼图的“图表筛选器”菜单中的“系列”菜单中是单选框，只能选择一位同学，但是“类别”菜单中的内容可以自由筛选，如图 4-2-7 所示。通过筛选就可以查看不同同学成绩的占比情况。

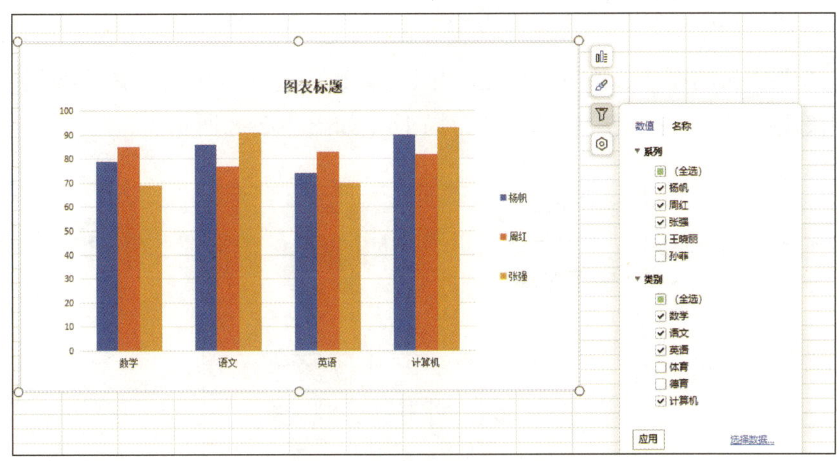

图 4-2-6　“图表筛选器”菜单

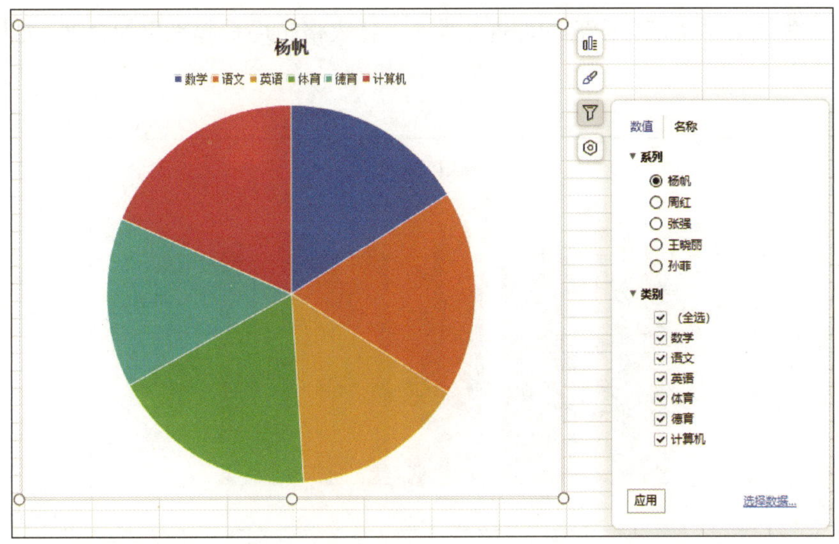

图 4-2-7　饼图的“图表筛选器”菜单

在“编辑数据源”对话框中不仅可以筛选展示的数据，还能对图表展示的数据进行较为详细的设置，如调整“系列”的顺序、添加或删除“系列”中的内容等，并且通过对话框中的“系列生成方向”下拉列表也可以完成切换行列的操作。

1. 设置图表的快速布局

（1）在本项目任务 1 中制作的“学生成绩统计表”中根据数据插入一张柱形图

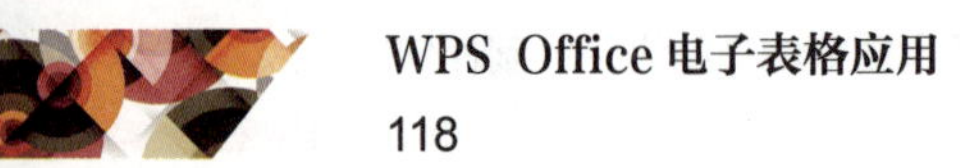

图表。

（2）选中插入的图表，单击功能区“图表工具”选项卡中的“快速布局”下拉按钮，在“快速布局”下拉菜单中选择“布局 1”，如图 4-2-8 所示。

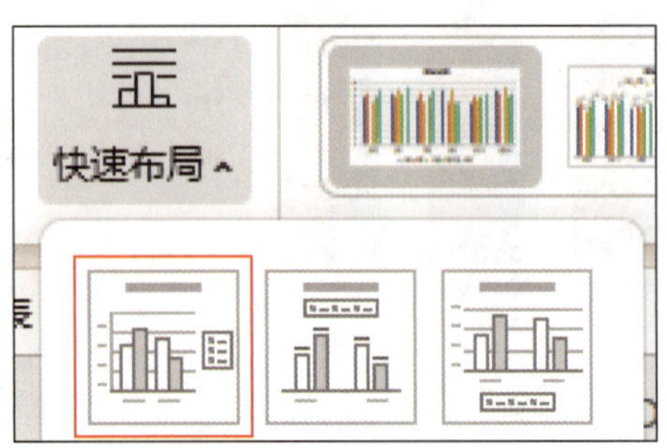

图 4-2-8 选择“布局 1”

（3）调整图表中各部分内容的位置及大小，让表格布局看起来更加合理，如图 4-2-9 所示。

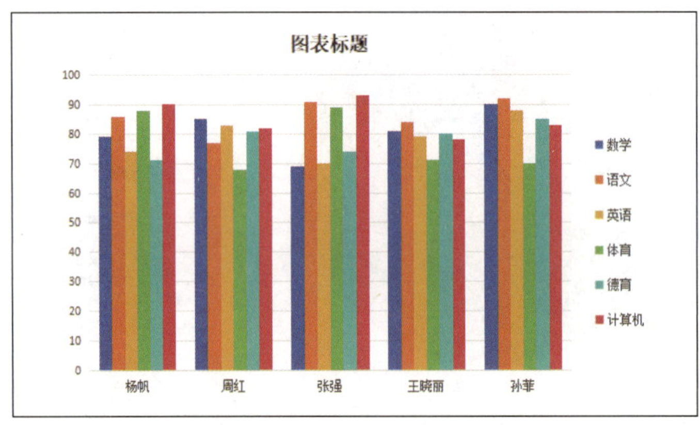

图 4-2-9 调整后的图表样例

2. 调整数据的行和列关系及筛选数据

（1）通过功能区“图表工具”选项卡中的“切换行列”按钮改变图表数据的行和列关系，并调整图例间距，如图 4-2-10 所示，将表格中的学科名称显示在水平（类别）轴，将姓名作为图例项显示。

（2）选中图表，单击图表右侧的“图表筛选器”按钮可以打开“图表筛选器”菜单，如图 4-2-11 所示。

（3）将“数值”选项卡中的“系列”和“类别”菜单展开即可通过复选框筛选出张强、王晓丽和孙菲三名学生的体育、德育和计算机学科成绩，如图 4-2-12 所示，选择完成后，单击“应用”按钮即可得到筛选后的图表，如图 4-2-13 所示。

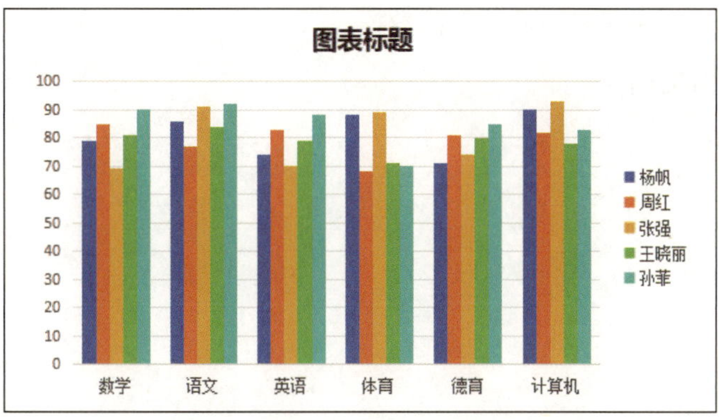

图 4-2-10　切换行列后的图表

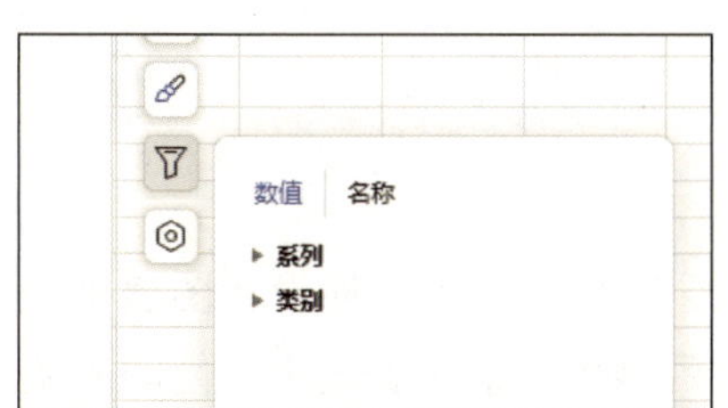

图 4-2-11　“图表筛选器”菜单

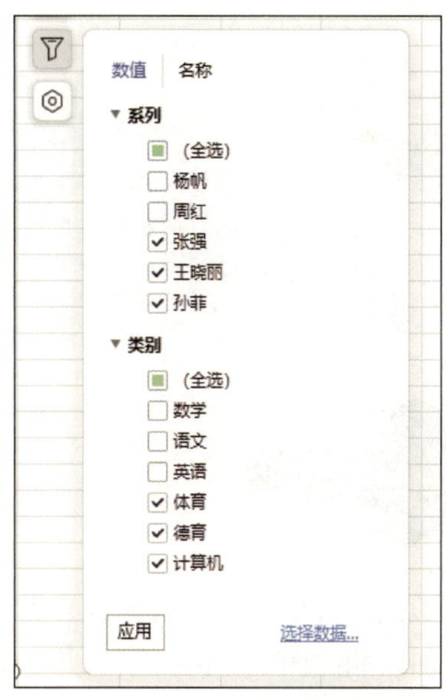

图 4-2-12　“筛选”选项样例

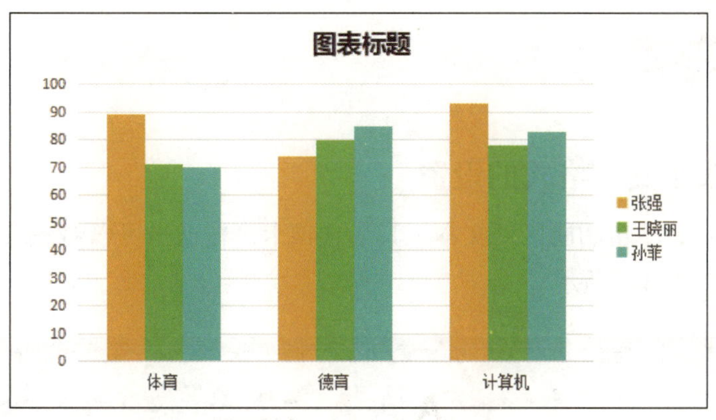

图 4-2-13　筛选后的图表

（4）取消筛选，在图表中显示全部数据。

3. 保存表格文档

将文档保存在“我的文档”中。

任务 3　设置图表中文字格式与添加图表元素

1. 能够设置图表中的文字格式。
2. 能够调整图表中的元素。
3. 能够调整图表大小。

为了让图表呈现的数据更容易被用户读懂，本任务学习如何设置图表中文字的格式、添加或删除图表中的元素，并在调整元素后再次调整图表大小，使图表更加符合要求，变得更加完善。

一、图表中文字格式的设置

选中图表后，单击功能区“文本工具”选项卡，在这里可以对图表中的文字进行相关设置，如图 4-3-1 所示。

图 4-3-1　功能区“文本工具”选项卡

1. 对图表中的文字进行格式设置，需要先将文字选中，如图 4-3-2 所示，然后进行调整。

图 4-3-2　选中标题状态

2. 在已经生成的图表中，可以修改图表中各部分标题的文字内容和样式，但是对于坐标轴和图例，只能修改其文字样式，不能修改文字内容，如图 4-3-3 所示。

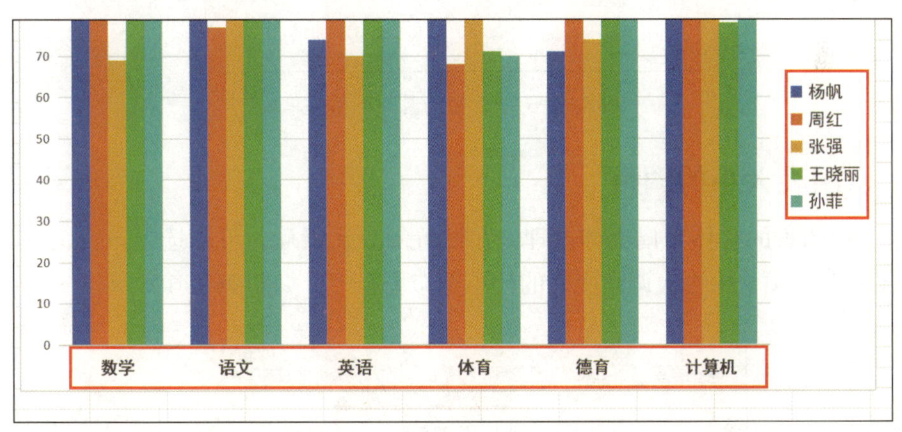

图 4-3-3　图表中的坐标轴和图例

二、图表元素的设置

单击功能区“图表工具”选项卡中的“添加元素”下拉按钮，如图 4-3-4 所示，可对图表进行元素的添加和删除操作。在“添加元素”下拉菜单中能够对图表的 11 种元素进行调整，让图表更具个性，如图 4-3-5 所示。不同元素的设置可以更好地反映图表中数据的变化情况，但在应用过程中要依据实际情况选择元素，避免元素过多导致图表呈现内容混乱。

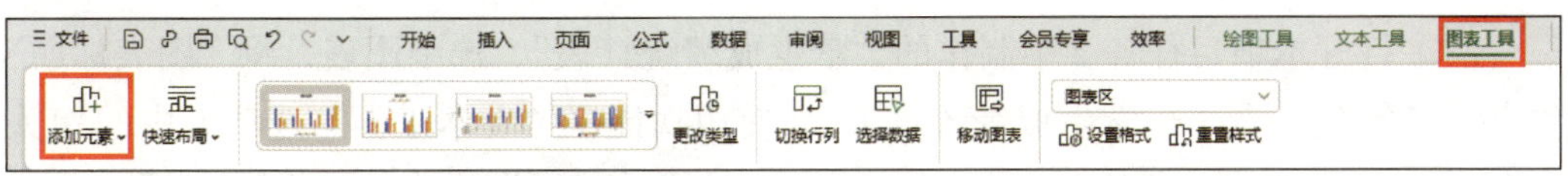

图 4-3-4　“添加元素”下拉按钮

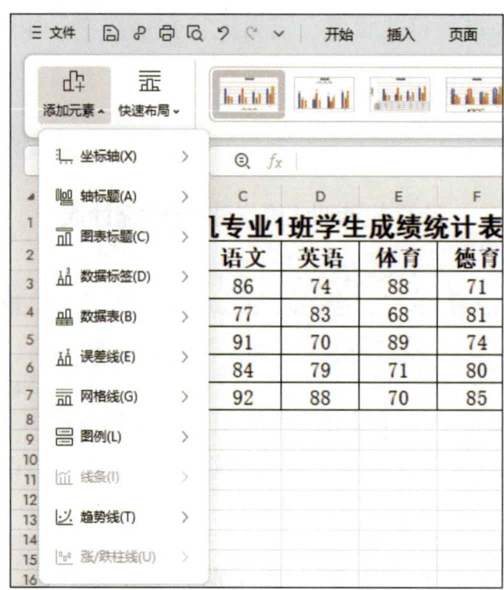

图 4-3-5 “添加元素”下拉菜单

三、图表大小的调整

为了让图表的整体布局更加合理，在设置图表元素后，可以选中图表，在功能区“绘图工具”选项卡中再次调整图表的大小至布局合理，如图 4-3-6 所示。

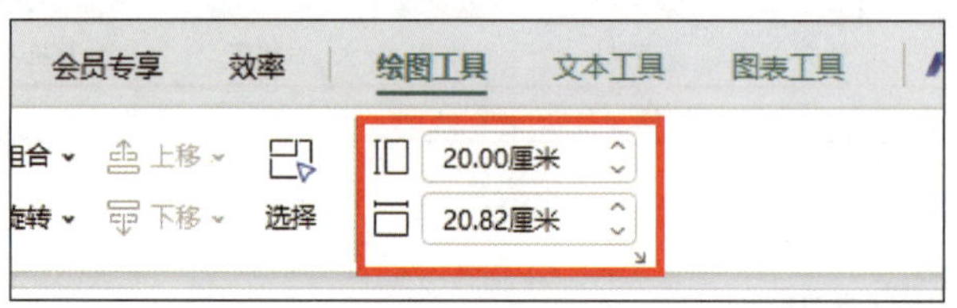

图 4-3-6 调整图表大小

1. 设置图表标题

（1）打开本项目任务 2 中制作的“学生成绩统计表”，选中图表，将“图表标题”改为“计算机专业 1 班学生成绩统计表”，使用功能区“文本工具”选项卡中的相关功能将字体设置为“黑体”、字号设置为“24 号”、字形设置为“加粗”，如图 4-3-7 所示。

（2）将图表标题调整到合适的位置。

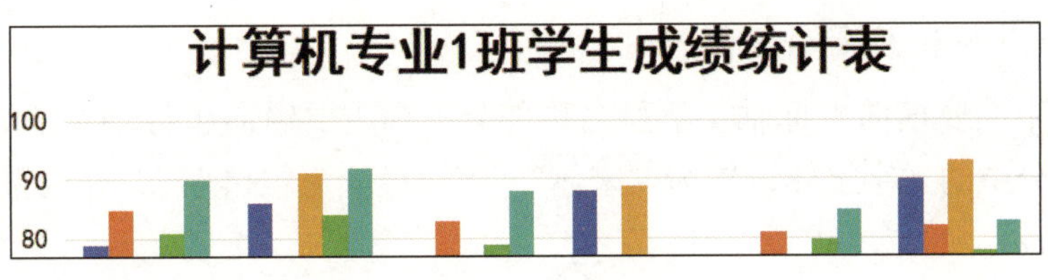

图 4-3-7 设置后的字体

2. 添加坐标轴标题元素并设置文字格式

（1）单击功能区“图表工具”选项卡中的“添加元素”下拉按钮，可为主要横向坐标轴和主要纵向坐标轴添加坐标轴标题，如图 4-3-8 所示。

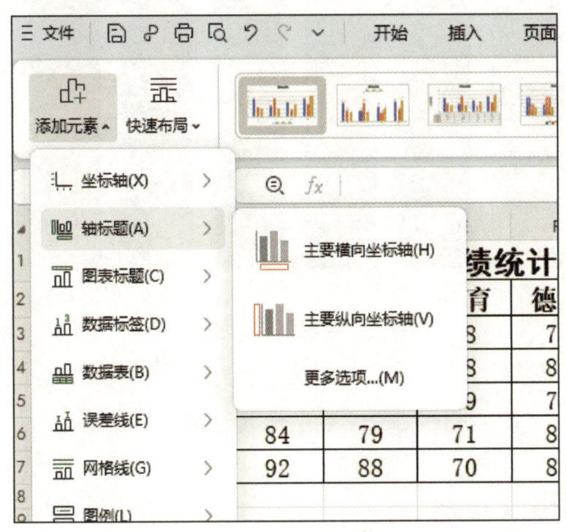

图 4-3-8 “轴标题”子菜单

（2）将主要横向坐标轴标题改为“学科名称”、纵向坐标轴标题改为“学科分数”，分别将字体设置为“黑体”、字号设置为“16 号”、字形设置为“加粗”，如图 4-3-9 所示。

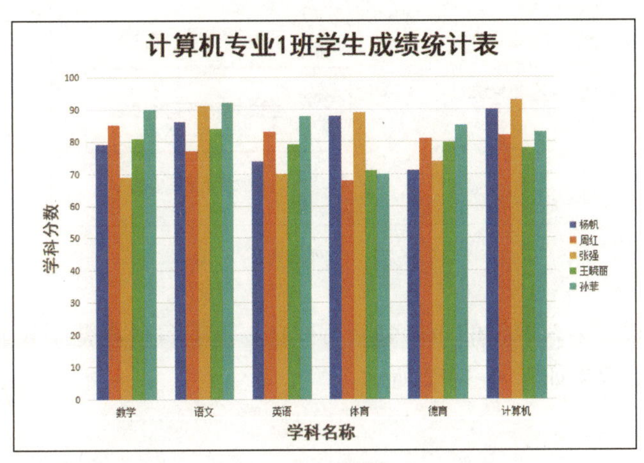

图 4-3-9 设置坐标轴标题文字格式

3. 设置坐标轴及图例文字格式

将图表中主要横向坐标轴（学科名称部分）和主要纵向坐标轴（学科分数部分）以及图例部分中的文字字体设置为“宋体”、字号设置为“14 号”，并调整其位置，如图 4–3–10 所示。

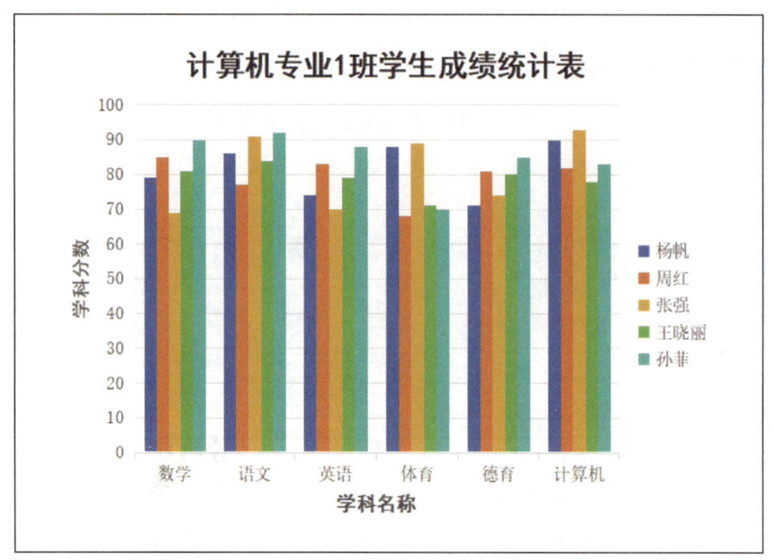

图 4–3–10 设置坐标轴及图例文字格式

4. 添加绘图区网格线元素

在功能区“图表工具”选项卡中的“添加元素”下拉菜单中选择“网格线”→“主轴次要水平网格线”，如图 4–3–11 所示，让数据对比更加清晰。

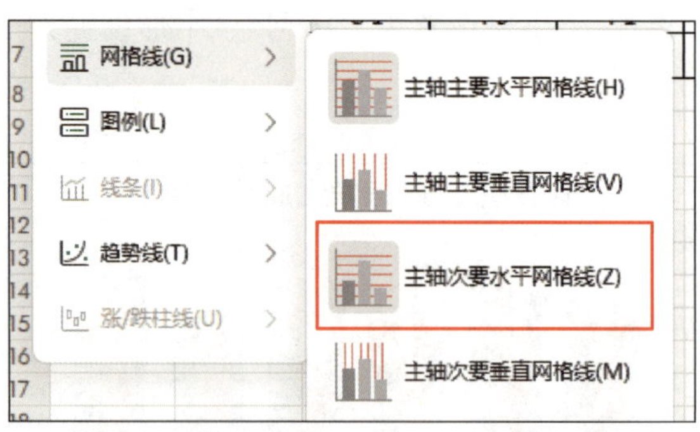

图 4–3–11 “网格线”子菜单

元素添加设置完毕，表格的布局会略有变化，需要自行调整图表大小至布局合理，图表设置完成后的效果如图 4–3–12 所示。

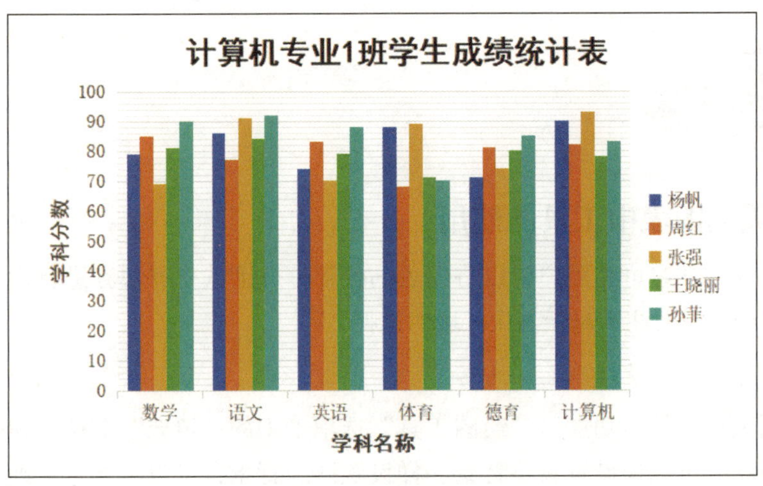

图 4-3-12　设置完成后的图表样例

任务 4　美化图表

1. 能够使用图表相关选项卡中的工具对图表进行简单美化。
2. 能够使用“属性”任务窗格调整图表细节。

使用快速布局功能生成的图表不一定能够完全符合用户需求，为使图表更加美观，需要对图表进行进一步的调整、美化，尤其是对图表的细节之处进行处理后，呈现的效果会让用户更加满意。本任务通过功能区选项卡以及“属性”任务窗格更加细致地对图表进行美化设置，使图表更具可读性。

一、美化图表中工具的使用

通过之前的学习可知用户可以将图表的各部分分别选中并单独进行设置。在美化图表的过程中，需要注意对于美化区域的选择。

1. 图表背景的设置

选中图表后，单击功能区“绘图工具”选项卡中的“填充”下拉按钮，弹出“填充”下拉菜单，可以像设置表格背景一样设置图表背景，可以将颜色、渐变、图片或纹理以及图案作为图表的填充背景，如图 4-4-1 所示。

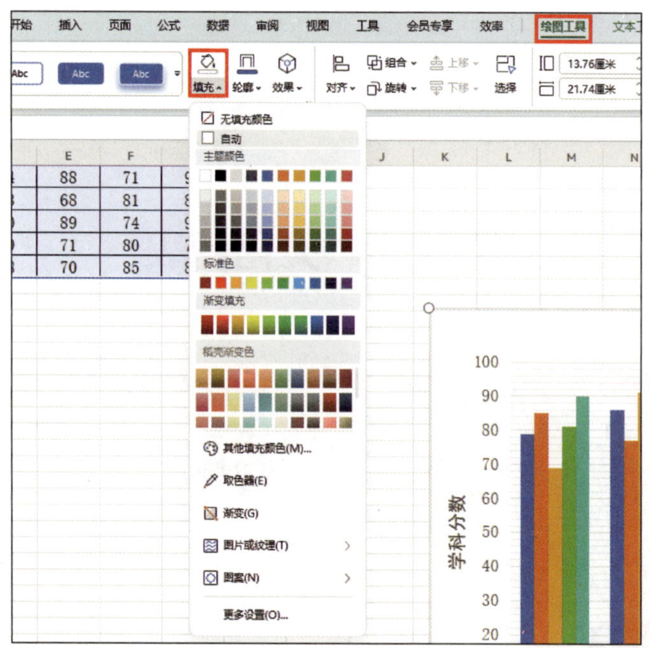

图 4-4-1 “填充”下拉菜单

2. 图表轮廓的设置

单击功能区“绘图工具”选项卡中的“轮廓”下拉按钮，弹出“轮廓”下拉菜单，可以设置图表轮廓的颜色、线条样式、虚线线型等，如图 4-4-2 所示。

3. 图表效果的设置

单击功能区“绘图工具”选项卡中的“效果”下拉按钮，弹出“效果”下拉菜单，可以为图表添加阴影、发光、柔化边缘等效果，如图 4-4-3 所示。

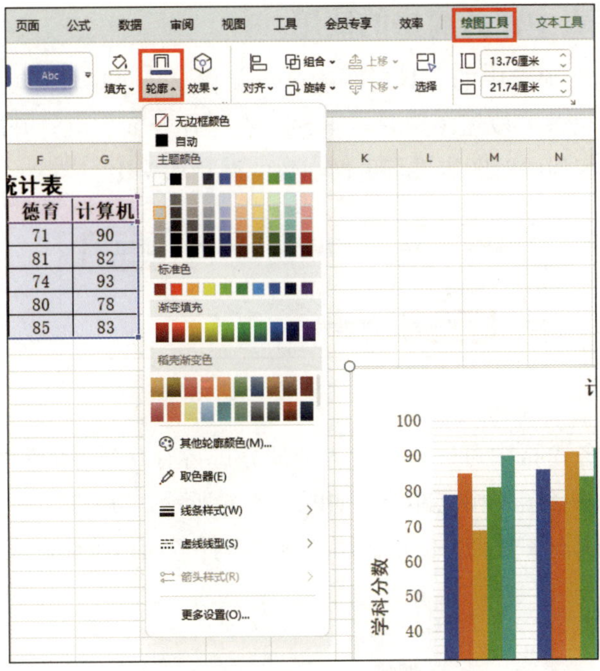

图 4-4-2 “轮廓”下拉菜单

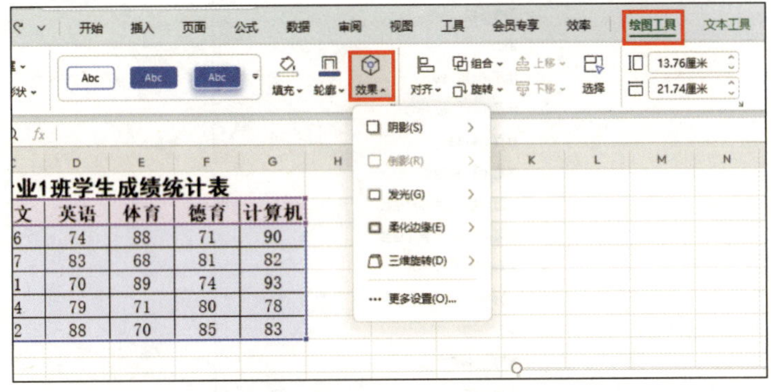

图 4-4-3 “效果”下拉菜单

4. 图表文本的设置

除了对图表进行整体美化，用户还可以使用功能区“文本工具”选项卡中的工具对图表中的文本进行美化，如通过套用艺术字预设样式调整图表中的文本样式，如图 4-4-4 所示。

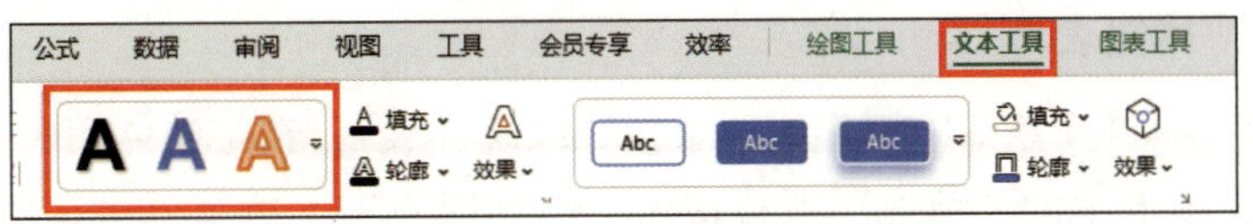

图 4-4-4 艺术字预设样式

二、美化图表中任务窗格的使用

除了使用多个选项卡中的工具对图表进行美化，还可以使用功能区“图表工具”选项卡中的“设置格式”按钮（见图 4–4–5），在工作界面右侧打开图表的“属性”任务窗格，在此任务窗格中对图表进行更加细致的调整和美化。

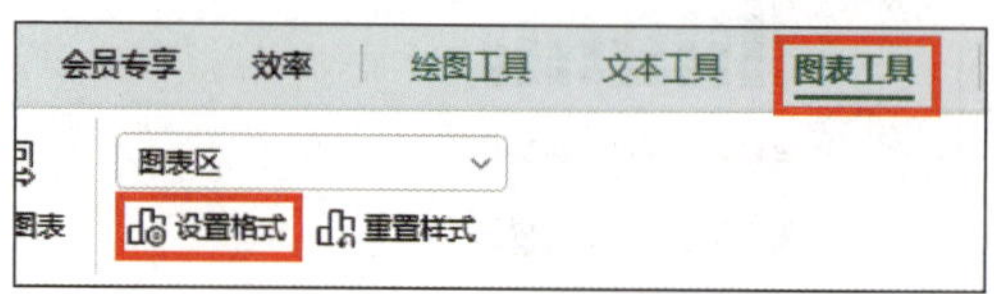

图 4–4–5 “设置格式”按钮

在“属性”任务窗格中可以对图表各个部分进行有针对性的调整，只要在“图表选项”下拉菜单中选择图表相应部分，如图 4–4–6 所示，“属性”任务窗格中就会出现对应的设置选项，用户要学会灵活地运用“属性”任务窗格美化图表。

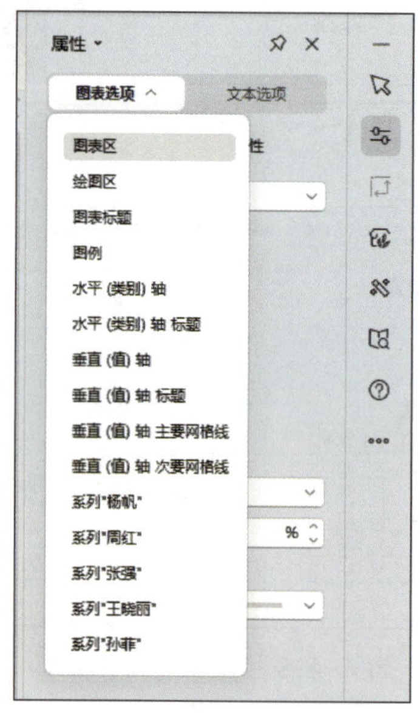

图 4–4–6 “属性”任务窗格

1. 美化整体图表

（1）打开本项目任务 3 中制作的“学生成绩统计表”，选中整体图表，单击功能区“绘图工具”选项卡中的“填充”下拉按钮，在“填充”下拉菜单中选择“主题颜色”为“灰色 –25%，背景 2”，如图 4–4–7 所示。

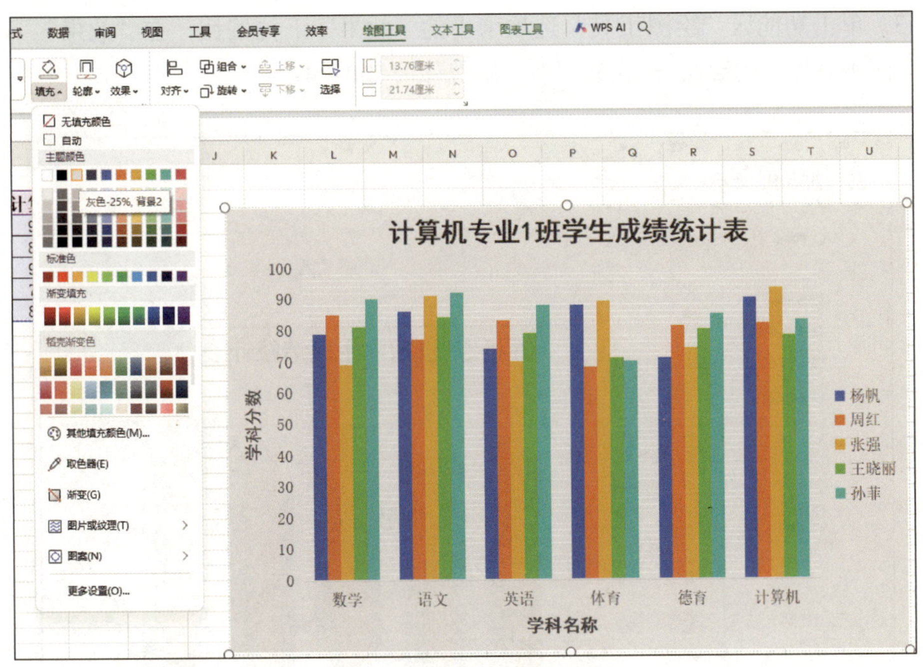

图 4-4-7　设置图表的填充

（2）单击功能区“绘图工具”选项卡中的“轮廓”下拉按钮，在“轮廓”下拉菜单中为图表添加“线条样式”为“1 磅”的“黑色，文本 1”轮廓，如图 4-4-8 所示。

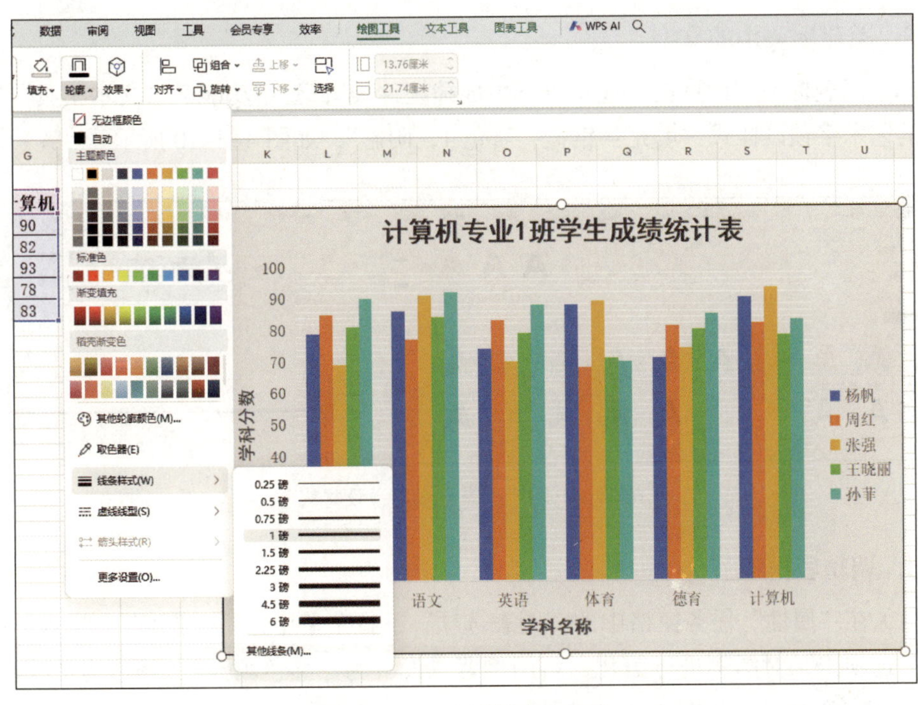

图 4-4-8　设置图表的轮廓

（3）单击功能区“绘图工具”选项卡中的“效果”下拉按钮，在“效果”下拉菜单中为图表添加“阴影”，样式为“右上斜偏移”，如图 4-4-9 所示。

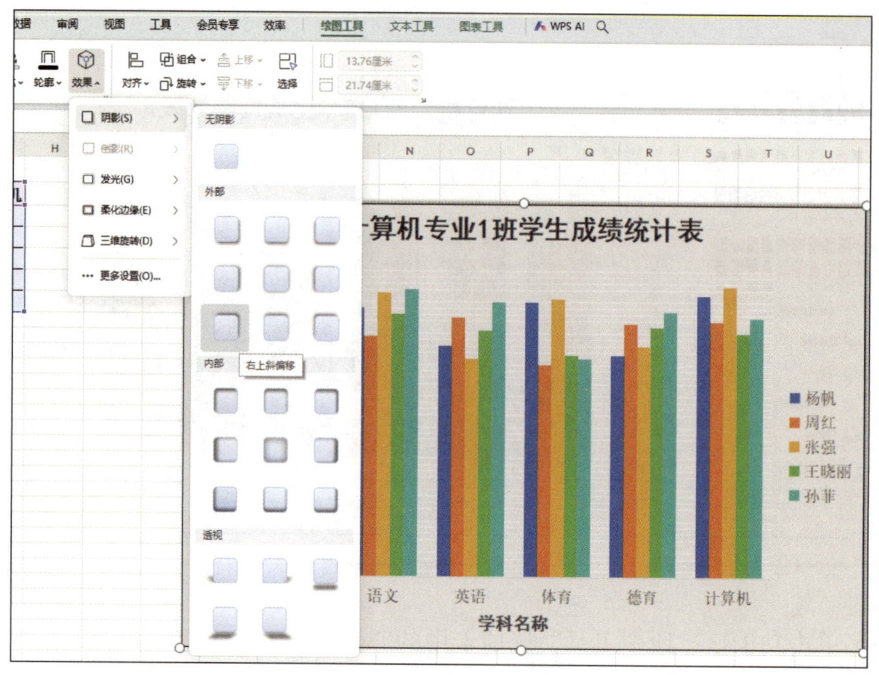

图 4-4-9　设置图表的效果

2．美化图表中的文字

选中图表标题“计算机专业 1 班学生成绩统计表”，套用功能区“文本工具”选项卡中的艺术字预设样式“填充 - 钢蓝，着色 1，阴影”，如图 4-4-10 所示。

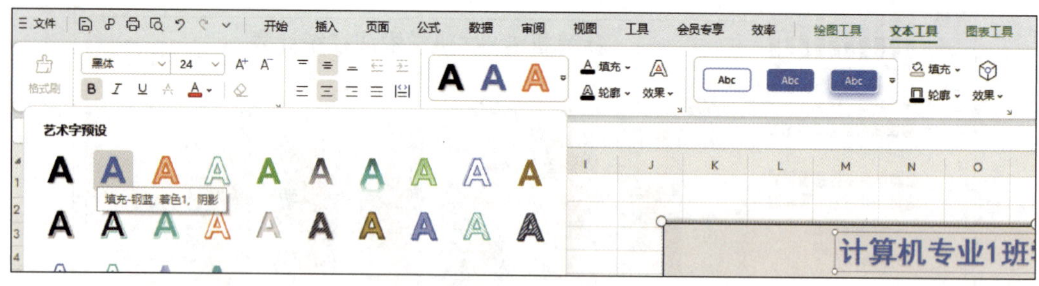

图 4-4-10　选择艺术字预设样式

3．调整表格细节

（1）在“属性”任务窗格中的“图表选项”下拉菜单中选择“图例”，进入“图例选项”选项卡，对图例进行美化，将图例背景设置为“纯色填充”，颜色为“浅灰色，背景 2，深色 10%”，如图 4-4-11 所示。

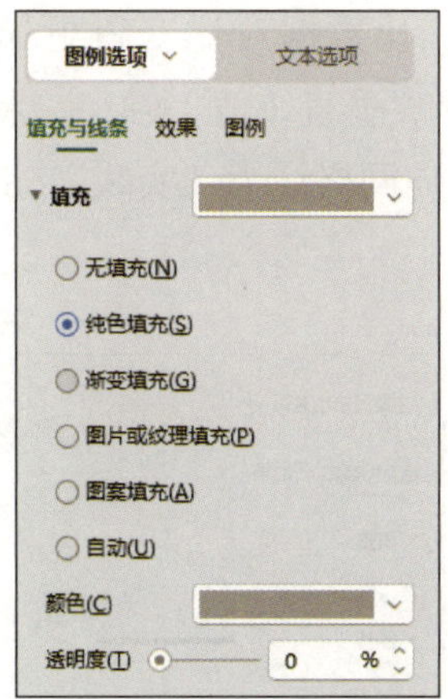

图 4-4-11　设置“属性”任务窗格中的“填充”

（2）在“线条”中设置线条为“实线”、颜色为“黑色，文本 1”、短划线类型为“短划线”、宽度为“1.00 磅”，如图 4-4-12 所示。

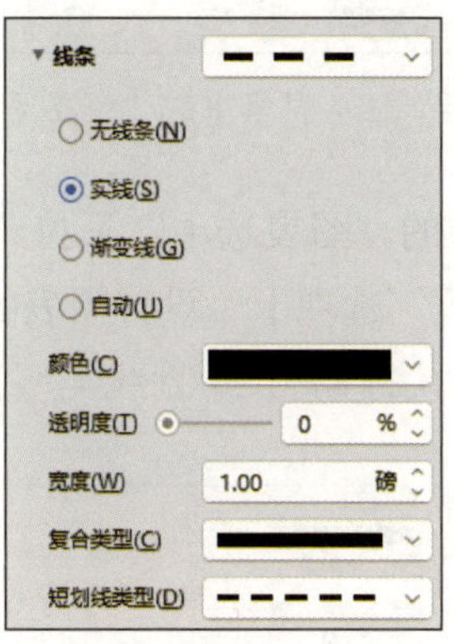

图 4-4-12　设置“属性”任务窗格中的“线条”

（3）在“效果”选项卡中将图例效果设置为发光样式“钢蓝，8 pt 发光，着色 1”、大小为“5.00 磅”、透明度为“70%”，如图 4-4-13 所示。

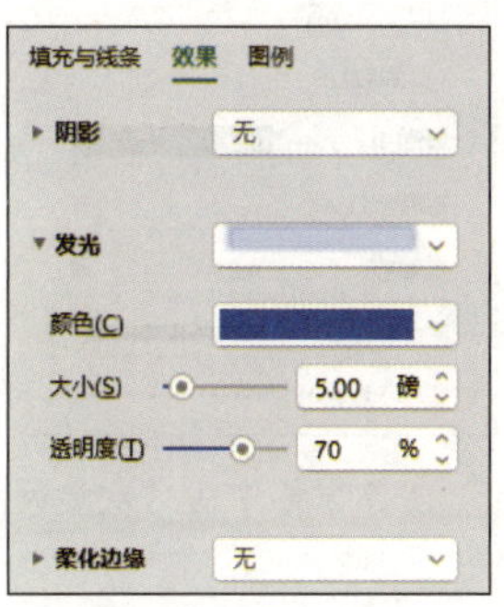

图 4-4-13　“属性”任务窗格中的“效果”选项卡

（4）调整图表中的网格线，让数据对比变得更加清晰。在“属性”任务窗格中的“图表选项”下拉菜单中选择“垂直（值）轴 主要网格线”，进入“主要网格线选项”选项卡，设置图表的主要横向网格线为“实线”、颜色为“黑色，文本 1”、宽度为“0.75 磅”，如图 4–4–14 所示。

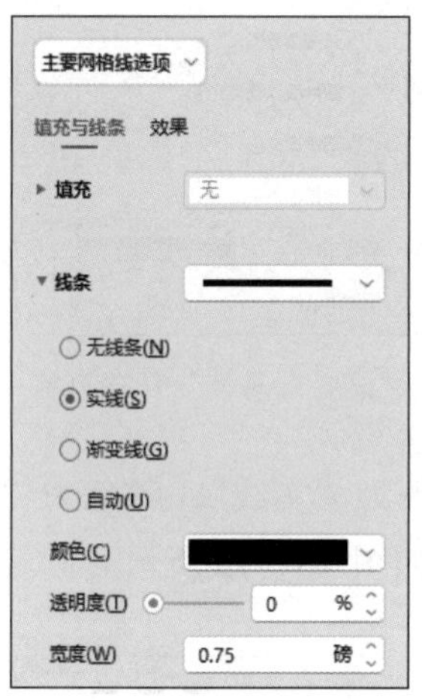

图 4-4-14 “属性”任务窗格中的“主要网格线选项”选项卡

（5）在“属性”任务窗格中的“图表选项”下拉菜单中选择“垂直（值）轴 次要网格线”，进入“次要网格线选项”选项卡，设置图表的次要横向网格线为“实线”、颜色为“黑色，文本 1”、宽度为“0.25 磅”、短划线类型为“圆点”，如图 4–4–15 所示。

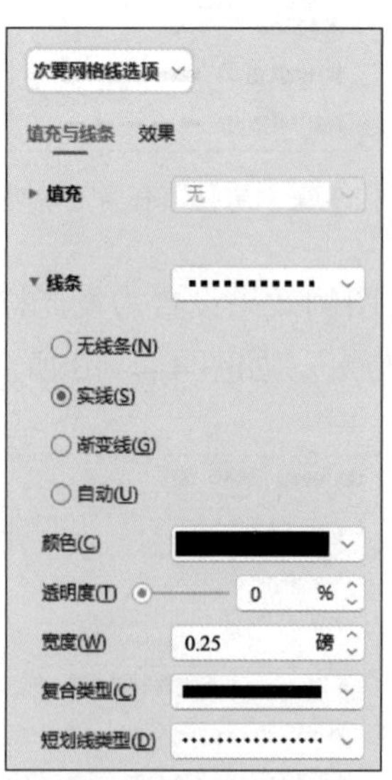

图 4-4-15 “属性”任务窗格中的“次要网格线选项”选项卡

（6）在“属性”任务窗格中的“图表选项”下拉菜单中选择“水平（类别）轴”，

进入“坐标轴选项”选项卡，对坐标轴进行调整，设置线条为“实线”、颜色为“黑色，文本 1”、宽度为“0.75 磅”，如图 4-4-16 所示，使其看起来更加清晰。

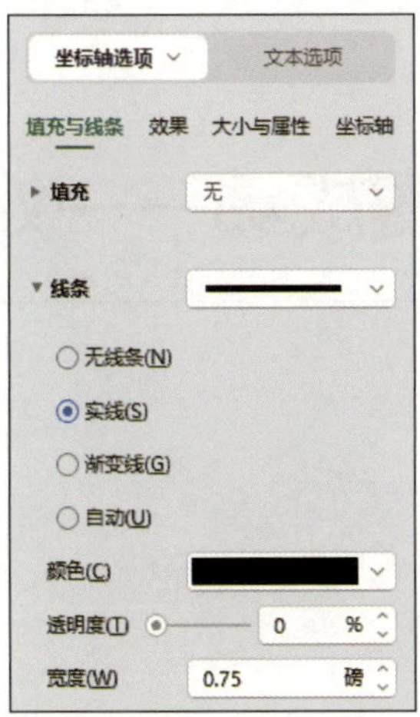

图 4-4-16　“属性”任务窗格中的“坐标轴选项”选项卡

经过美化后，最终得到如图 4-4-17 所示的图表。

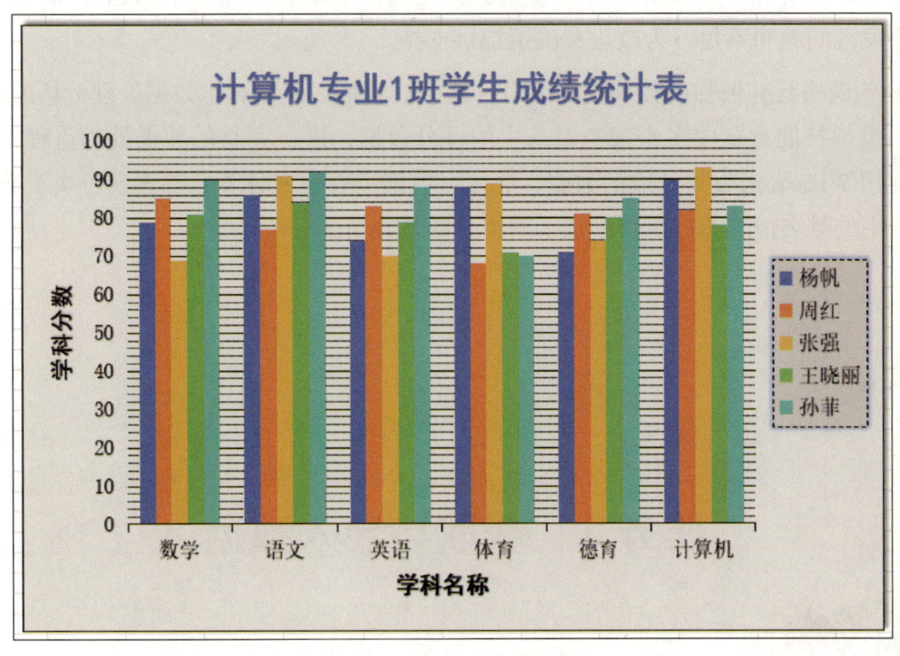

图 4-4-17　美化后的图表

项目五

分析学生技能竞赛成绩——处理与分析数据

标准表格中的数据是按照一定结构排列的，每一列都有明确的标题，每一行都表示一个记录，这种结构化的方式使表格数据易于理解和处理。通过分析表格数据，可以了解数据的分布、特征和规律，发现数据之间的关系，预测未来的趋势和结果，从数据中发现问题和不足，为改进和决策提供支持。

WPS 表格具有极强的数据处理能力，它可以满足工作中对于数据处理分析的需求。本项目模拟技能竞赛中多个裁判对选手的评分数据，进行完整的数据处理流程，学习如何使用 WPS 表格收集分散的数据，通过对数据进行合并计算、筛选及分类汇总得到各项目中的排名情况并分析得到选手间得分的差异情况。

任务 1　获取与导入数据

1. 能够掌握从其他工作簿或文件中导入数据的方法。
2. 能够掌握从网站获取数据的方法。
3. 能够掌握管理工作簿中数据连接和数据刷新的方法。

WPS 表格具有极强的数据处理能力，可以使用它对各种业务数据进行计算和分析，获得数据的统计结果。在实际的工作中，业务数据可能并不是集中出现的，WPS 表格提供数据导入功能，可以将多种文件格式的数据汇集到同一工作簿中，方便下一步的计算和汇总等操作。

在一场技能竞赛中每个项目都有多个裁判进行评分，每个裁判都在自己的评分表中填写成绩数据，导致数据零散存放在不同的工作簿甚至不同格式的文件中，这就需要操作人员从各个节点中进行数据收集，然后合并到一起。本任务要求使用 WPS 表格的导入数据功能将技能竞赛中多个裁判的评分数据导入同一个汇总工作簿中，并能够在某一个裁判的评分数据发生变化后刷新汇总数据，保持汇总数据的时效。

一、数据的导入

WPS 表格可以从其他格式的文件中导入表格格式的数据。使用导入数据功能可以将多个文件中的分散数据集中到同一个工作簿中，方便数据的计算、汇总和统计等工作。

使用导入数据功能时，需首先新建或打开一个 WPS 表格工作簿，用于接收其他文件中的数据。

单击功能区“数据”选项卡中的“获取数据”下拉按钮，在下拉菜单中选择“导入数据”，打开如图 5-1-1 所示的“第一步：选择数据源”对话框，单击对话框中的“选择数据源”按钮，查找并打开需要导入的数据源文件。

WPS 表格支持多种数据源格式，根据所选数据源的不同，单击“下一步”按钮后需要进行不同的设置。

1. 从 *. et、*. xlsx 等其他表格文件中导入数据

（1）若选择从其他表格文件中导入数据，打开如图 5-1-2 所示的“第二步：选择表和字段”对话框，首先在“表名”下拉列表中选择需要导入的工作表，如果工作簿中存在已命名的数据区域，则其也会出现在待选列表中，然后在“可用的字段”中选

择需要导入的字段，单击“>”按钮，相应字段会转移到“选定的字段”中，也可以使用“>>”按钮选择全部字段，单击“下一步”按钮。

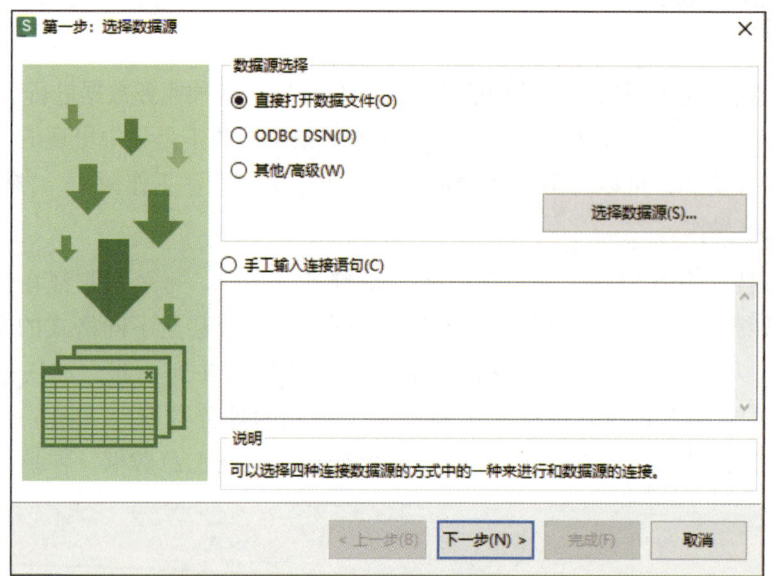

图 5-1-1 “第一步：选择数据源”对话框

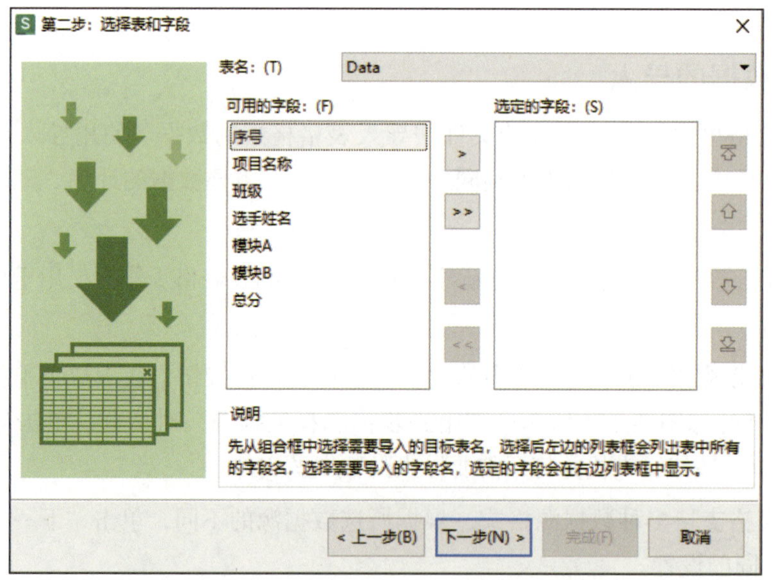

图 5-1-2 “第二步：选择表和字段”对话框

（2）打开如图 5-1-3 所示的“第三步：数据筛选与排序”对话框，可以指定导入数据的排序方式，也可以设置筛选条件，仅导入部分满足条件的数据。

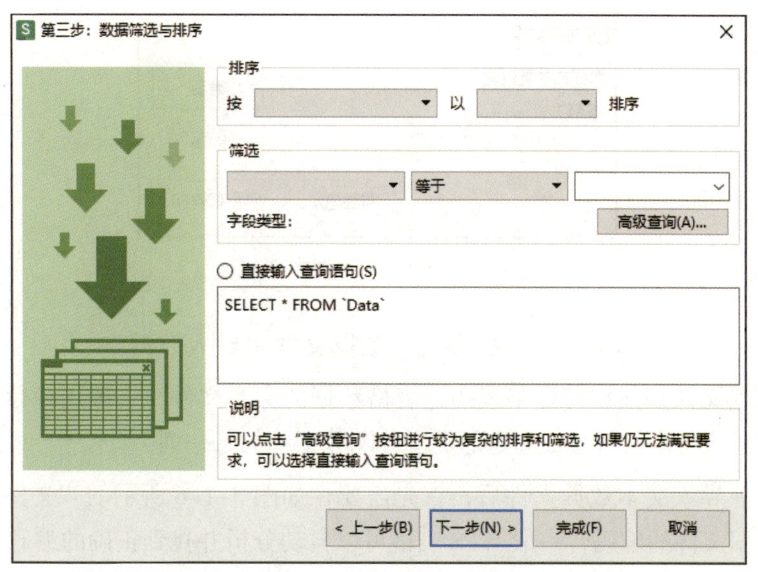

图 5-1-3　“第三步：数据筛选与排序”对话框

（3）单击“下一步”按钮，打开“第四步：预览”对话框，如图 5-1-4 所示，可以观察待导入数据的格式和内容是否与期望相符，若需要修改导入条件，则可以单击“上一步”按钮进行修改。

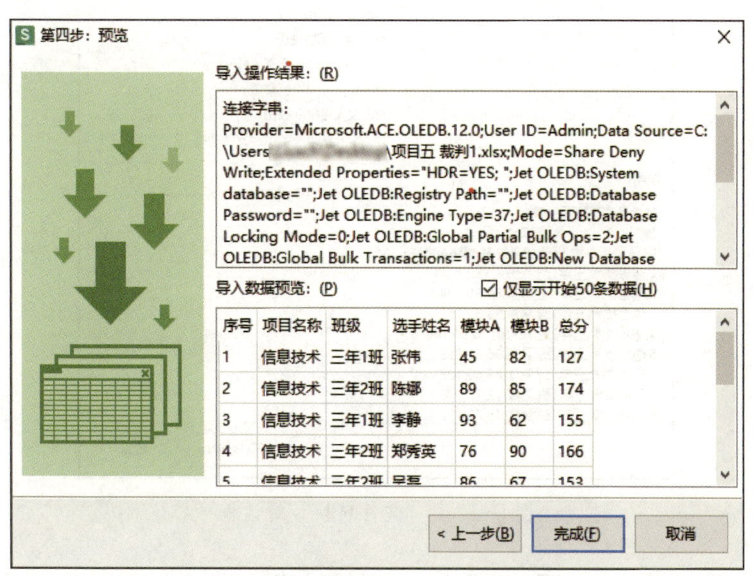

图 5-1-4　“第四步：预览”对话框

确认所有的导入设置无误后单击“完成”按钮，在如图 5-1-5 所示的“导入数据”对话框中输入数据的放置位置或在表格中选择放置数据的位置，单击“确定”按钮，完成数据导入。

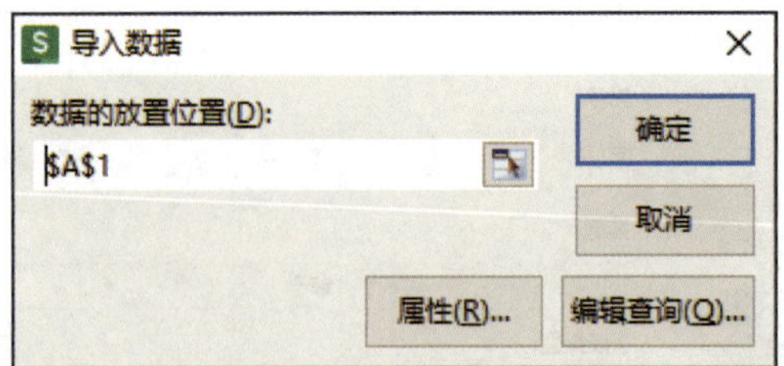

图 5-1-5 “导入数据”对话框

2. 从 *. csv、*. prn、*. txt 等文本数据文件中导入数据

文本数据文件是使用特定格式描述表格数据的文本文件，一般用一行代表一条数据，在行内通过特定的符号或固定的宽度分隔数据中的每一列。

（1）选择导入文本数据文件后，首先需要在如图 5-1-6 所示的“文件转换”对话框中确认数据文件的编码，一般 WPS 表格可以自动分析并找到正确的编码，如果 WPS 表格没有找到正确的编码，用户也可以在编码列表中选择，通过查看“预览”中的数据是否包含乱码确认编码是否正确。

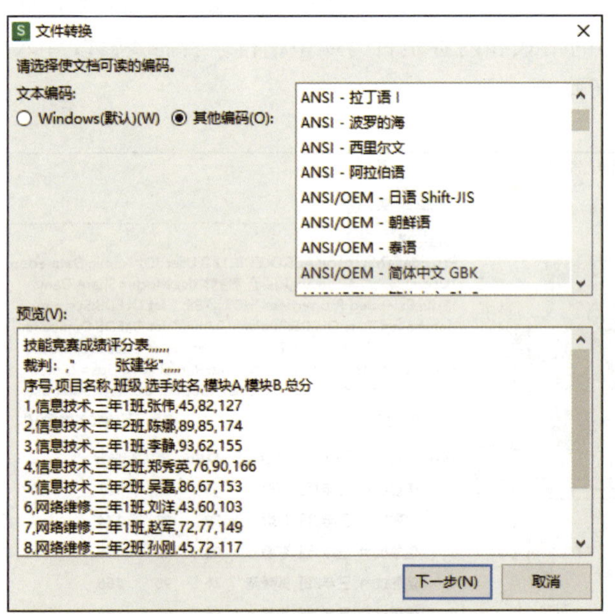

图 5-1-6 “文件转换”对话框

（2）确认编码后单击“下一步”按钮，打开如图 5-1-7 所示的“文本导入向导 - 3 步骤之 1”对话框。观察“预览选定数据”中的数据，如果数据中包含标题等信息，则可以通过设置“导入起始行”排除这些信息。文本数据大多使用特定符号或者固定宽度的格式存储，需要选择合适的数据存储格式。在数据存储约定中，扩展名为 *.csv 的文件一般使用逗号分隔每个字段，扩展名为 *.prn 的文件一般使用固定宽度存储每个字

段，扩展名为 *.txt 的文件不是专门的数据存储格式文件，需要通过预览数据后才能确定数据的存储格式。

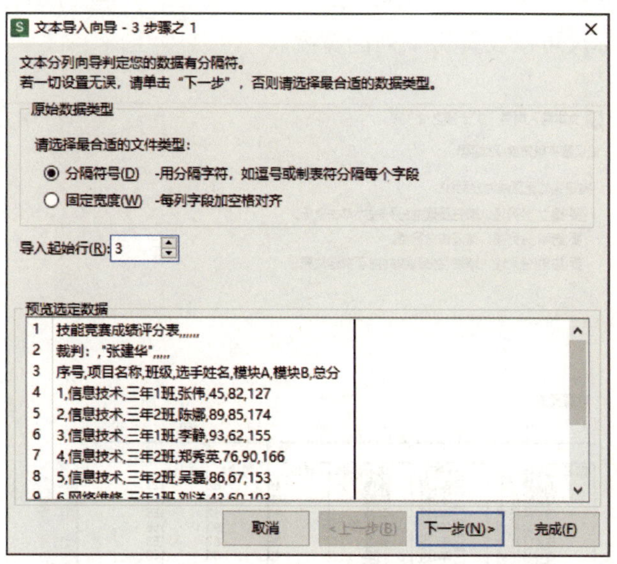

图 5-1-7 “文本导入向导 -3 步骤之 1”对话框

（3）若每一行数据中使用逗号、分号、单一空格或制表符等进行分隔，则在“原始数据类型”中选中“分隔符号”“单选框，单击“下一步”按钮，在如图 5-1-8 所示的“文本导入向导 -3 步骤之 2”中选择或输入分隔符号，在选择正确的分隔符号后，“数据预览”中会显示表格格式的数据。

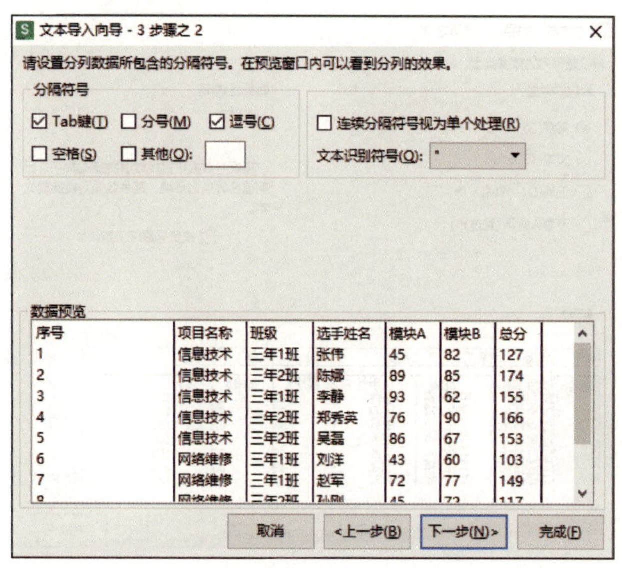

图 5-1-8 “文本导入向导 -3 步骤之 2”对话框

若待导入数据每一列都是用空格补齐的，则表明此文本数据是用固定宽度的格式存储的，在如图 5–1–7 所示的对话框中的“原始数据类型”中选中“固定宽度”单选框，单击“下一步”按钮，进行字段宽度设置，如图 5–1–9 所示，通过单击或拖动“数据预览”中的标尺可以设置每一列的宽度。

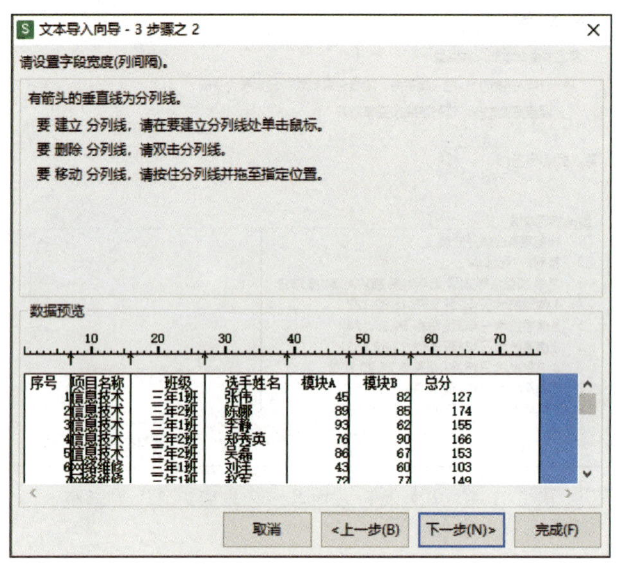

图 5-1-9　设置字段宽度

（4）单击“下一步”按钮，设置每一列的数据类型和放置数据的目标区域，如图 5–1–10 所示，单击“完成”按钮，将数据导入目标区域。

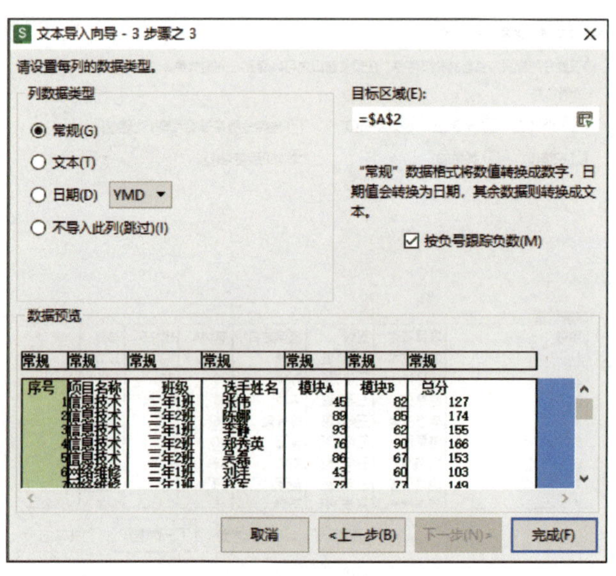

图 5-1-10　设置列数据类型和目标区域

3. 从网站获取数据

WPS 表格可以从网站获取数据。单击功能区“数据”选项卡中的“获取数据”下拉按钮，在下拉菜单中选择“自网站连接”。在“新建 Web 查询”对话框中的“地址”中输入要导入数据的网址，单击“转到”按钮，可以预览待导入数据。确认数据无误后单击右下角的“导入”按钮，在“导入数据”对话框中输入数据存放的位置或在表格中选择存放数据的位置，单击“确定”按钮完成数据导入。

默认导入时，WPS 表格会清除网站数据中的所有格式，如果需要保留格式，则可以单击“新建 Web 查询”对话框右上角的“选项”按钮，在如图 5-1-11 所示的“Web 查询选项”对话框中设置需要保留的格式。

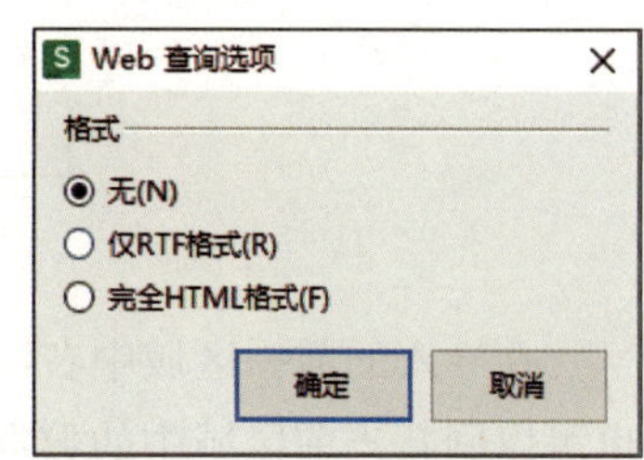

图 5-1-11 “Web 查询选项”对话框

二、数据连接和数据刷新的管理

如果需要在当前工作簿中多次引用同一数据源中的数据，则不需要重复进行导入操作。单击“获取数据”下拉按钮，在下拉菜单中选择“连接数据库”，打开如图 5-1-12 所示的“现有连接”对话框，在“显示”中选择“此工作簿中的连接”，在“选择连接”中显示当前工作簿中所有导入数据的连接，选择要再次使用的连接，单击“打开”按钮，选择一个新的位置，单击“确定”按钮后将再次完成数据导入。

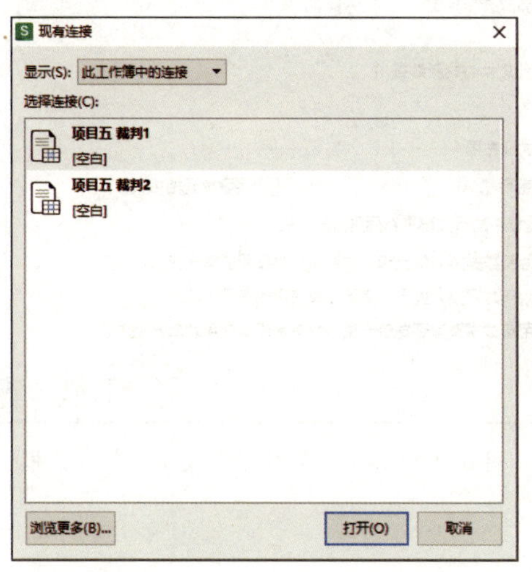

图 5-1-12 “现有连接”对话框

数据导入并不是简单地将数据复制到当前工作簿中，它保留了与原始数据源的连接。如果原始数据源中的数据发生改变，则可以快速地将新数据同步到当前工作簿中，单击功能区“数据”选项卡中的“全部刷新”按钮（或按 Ctrl+Alt+F5 组合键），可以将工作簿中全部的导入数据与原始数据源同步。

如果仅需要对某一个数据源中的数据进行刷新同步，则可以先选择要同步的数据区域，然后单击“全部刷新”下拉按钮，在如图 5-1-13 所示的下拉菜单中选择“刷新数据”（或按 Alt+F5 组合键），此时仅刷新选择的区域数据。

图 5-1-13 “全部刷新”下拉菜单

在导入的数据区域中右键单击任意单元格，在弹出的快捷菜单中选择“刷新数据”也可以刷新当前区域中的数据。选择“获取数据”下拉菜单中的“数据区域属性”，可以打开如图 5-1-14 所示的“外部数据区域属性”对话框，在其中可以设置数据区域的刷新频率，定期自动刷新数据，也可以设置每次打开文件时自动刷新数据。

外部数据区域属性
名称(N): 项目五 裁判1
刷新控件
刷新频率(R) 60 分钟
打开文件时刷新数据(I)
数据格式及布局
调整列宽(A)
保留单元格格式(S)
数据区域中的行数随刷新而更改的方式:
为新数据插入单元格，并删除没有使用的单元格(C)
为新数据插入整行，清除没有使用的单元格(W)
用新数据覆盖现有单元格，并清除没有使用的单元格内容(O)
确定 取消

图 5-1-14 “外部数据区域属性”对话框

1. 输入数据

（1）启动 WPS Office，新建一个空白表格，在工作表中输入数据并设置格式，如图 5-1-15 所示。

	A	B	C	D	E	F	G
1	技能竞赛成绩评分表						
2	裁判：	杨健					
3	序号	项目名称	班级	选手姓名	模块A	模块B	总分
4	1	信息技术	三年1班	张伟	45	82	
5	2	信息技术	三年2班	陈娜	89	85	
6	3	信息技术	三年1班	李静	93	62	
7	4	信息技术	三年2班	郑秀英	76	90	
8	5	信息技术	三年2班	吴磊	86	67	
9	6	网络维修	三年1班	刘洋	43	60	
10	7	网络维修	三年1班	赵军	72	77	
11	8	网络维修	三年2班	孙刚	45	72	
12	9	网络维修	三年1班	宋鹏	67	81	
13	10	网络维修	三年2班	周涛	62	82	

图 5-1-15　技能竞赛成绩评分数据 1

（2）计算每位选手的总分。

（3）选定 A3:G13 单元格区域，在名称框中输入“Data”为数据区域设置名称。

（4）输入完成后以“项目五　裁判 1”为文件名保存此工作簿。

（5）再次新建一个空白表格，在工作表中输入数据并设置格式，如图 5-1-16 所示。

	A	B	C	D	E	F	G
1	技能竞赛成绩评分表						
2	裁判：	杨健					
3	序号	项目名称	班级	选手姓名	模块A	模块B	总分
4	1	信息技术	三年1班	张伟	88	82	
5	2	信息技术	三年2班	陈娜	64	97	
6	3	信息技术	三年1班	李静	39	73	
7	4	信息技术	三年2班	郑秀英	90	77	
8	5	信息技术	三年2班	吴磊	44	93	
9	6	网络维修	三年1班	刘洋	36	47	
10	7	网络维修	三年1班	赵军	79	46	
11	8	网络维修	三年2班	孙刚	88	74	
12	9	网络维修	三年1班	宋鹏	50	95	
13	10	网络维修	三年2班	周涛	71	38	

图 5-1-16　技能竞赛成绩评分数据 2

（6）计算每位选手的总分。

（7）选定 A3:G13 单元格区域，在名称框中输入“Data”为数据区域设置名称。

（8）输入完成后以“项目五　裁判 2”为文件名保存此工作簿。

2. 导入数据

（1）再次新建一个空白表格。

（2）使用“获取数据”下拉菜单中的导入数据功能，导入“项目五　裁判 1”工作簿中的“Data”数据区域，将其放置在以 A1 单元格为起始的区域中。

（3）再次使用导入数据功能，导入“项目五　裁判 2”工作簿中的“Data”数据区域，将其放置在以 I1 单元格为起始的区域中，得到如图 5-1-17 所示的结果。

	A	B	C	D	E	F	G	H	I	J	K	L	M	N	O
1	序号	项目名称	班级	选手姓名	模块A	模块B	总分		序号	项目名称	班级	选手姓名	模块A	模块B	总分
2	1	信息技术	三年1班	张伟	45	82	127		1	信息技术	三年1班	张伟	88	82	170
3	2	信息技术	三年2班	陈娜	89	85	174		2	信息技术	三年2班	陈娜	64	97	161
4	3	信息技术	三年1班	李静	93	62	155		3	信息技术	三年1班	李静	39	73	112
5	4	信息技术	三年2班	郑秀英	76	90	166		4	信息技术	三年2班	郑秀英	90	77	167
6	5	信息技术	三年2班	吴磊	86	67	153		5	信息技术	三年2班	吴磊	44	93	137
7	6	网络维修	三年1班	刘洋	43	60	103		6	网络维修	三年1班	刘洋	36	47	83
8	7	网络维修	三年1班	赵军	72	77	149		7	网络维修	三年1班	赵军	79	46	125
9	8	网络维修	三年2班	孙刚	45	72	117		8	网络维修	三年2班	孙刚	88	74	162
10	9	网络维修	三年1班	宋鹏	67	81	148		9	网络维修	三年1班	宋鹏	50	95	145
11	10	网络维修	三年2班	周涛	62	82	144		10	网络维修	三年2班	周涛	71	38	109

图 5-1-17　导入数据的结果

（4）导入完成后以“项目五　汇总”为文件名保存此工作薄。

3. 修改和刷新数据

（1）打开“项目五　裁判 1”工作簿，更改其中的数据并保存。

（2）打开“项目五　汇总”工作簿，刷新数据，观察并验证数据是否更新。

（3）观察结果是否符合预期并在验证所有操作正确后保存“项目五　汇总”工作簿，恢复“项目五　裁判 1”工作薄中的数据并保存。

任务 2　进行合并计算

1. 能够了解合并计算功能的作用。
2. 能够掌握合并计算功能的使用条件和数据预处理的方法。
3. 能够掌握使用合并计算功能的操作方法。
4. 能够掌握数据分列功能的操作方法。

在本项目任务 1 中介绍了获取数据功能，可以将多个来源的数据导入同一工作簿中，这些数据仍然是独立存在的表格，在需要计算不同表格间的数据时仍然较为麻烦，例如，计算竞赛成绩时需要将每个裁判的评分表合并在一起才能得到最终的结果。

WPS 表格提供了合并计算功能，可以将多个数据集合并到一个表格中并在合并后的表格中进行计算、比较或分析。合并计算可以简化数据处理过程，提高工作效率，方便进行全面的数据分析和处理，帮助用户更好地理解和分析数据。本任务使用合并计算功能将技能竞赛中多个裁判的评分表合并，计算选手的总分，并根据总分得出选手的竞赛排名。

一、原始数据的准备

在 WPS 表格中，将具有相同标题行和标题列的连续单元格区域称为数据区域，在数据区域中不能出现完全空白的行或列。在处理数据时一般要求数据区域中的每一行或每一列中都是独立或具有相同合并关系的单元格，否则虽然可以进行操作，但合并后的数据可能会出现错误。

在合并计算前需要对待合并的数据区域进行整理，数据区域的标题行称为标签行，每一行中表明数据分类、归属的信息称为标签列。如图 5-2-1 所示，数据区域中的数据为每个项目中不同选手的分数，第一行表明每一列数据的含义，是数据区域的标签

	A	B	C	D	E	F	G
1	序号	项目名称	班级	选手姓名	模块A	模块B	总分
2	1	信息技术	三年1班	张伟	45	82	127
3	2	信息技术	三年2班	陈娜	89	85	174
4	3	信息技术	三年1班	李静	93	62	155
5	4	信息技术	三年2班	郑秀英	76	90	166
6	5	信息技术	三年2班	吴磊	86	67	153
7	6	网络维修	三年1班	刘洋	43	60	103
8	7	网络维修	三年1班	赵军	72	77	149
9	8	网络维修	三年2班	孙刚	45	72	117
10	9	网络维修	三年1班	宋鹏	67	81	148
11	10	网络维修	三年2班	周涛	62	82	144
12							

图 5-2-1　数据示例

行，B:D 列表明各模块分数数据的项目名称、班级和选手姓名，和其后的分数数据是一一对应的关系，所以它们是数据区域的标签列，而 A 列中的序号仅表明数据在当前数据区域中的顺序，与数据的含义无关，所以不属于数据标签。

待合并的数据一般需要具有相似的标签行或标签列，但标签行或标签列的顺序不需要一致，在合并计算时，WPS 表格会将各个待合并数据区域中具有相同标签行和标签列的数据合并在一起进行计算。如果某一数据区域中包含了其他数据区域中没有的标签数据，则会将其直接复制到用户指定的结果区域中。

合并计算功能仅支持一行标签行和一列标签列，所以如果数据区域具有多个标签行或多个标签列，那么在进行合并计算前需要在待计算的数据前插入一个新行或新列，使用公式将多个标签行或标签列合并在一起，如图 5-2-2 所示。

序号	项目名称	班级	选手姓名		模块A	模块B	总分
1	信息技术	三年1班	张伟	=B2&C2&D2	45	82	127
2	信息技术	三年2班	陈娜	信息技术三年2班陈娜	89	85	174
3	信息技术	三年1班	李静	信息技术三年1班李静	93	62	155
4	信息技术	三年2班	郑秀英	信息技术三年2班郑秀英	76	90	166
5	信息技术	三年2班	吴磊	信息技术三年2班吴磊	86	67	153
6	网络维修	三年1班	刘洋	网络维修三年1班刘洋	43	60	103
7	网络维修	三年1班	赵军	网络维修三年1班赵军	72	77	149
8	网络维修	三年2班	孙刚	网络维修三年2班孙刚	45	72	117
9	网络维修	三年1班	宋鹏	网络维修三年1班宋鹏	67	81	148
10	网络维修	三年2班	周涛	网络维修三年2班周涛	62	82	144

图 5-2-2　使用公式合并多个标签列

二、同一工作表中多个区域的合并计算

要将同一工作表中的多个数据区域合并计算，首先要通过输入或导入数据功能将待合并的数据导入同一工作表的不同区域中。如果数据区域有多个标签行或标签列，需要先对其进行合并，如图 5-2-3 所示。

序号	项目名称	班级	选手姓名		模块A	模块B	总分
1	信息技术	三年1班	张伟	信息技术三年1班张伟	45	82	127
2	信息技术	三年2班	陈娜	信息技术三年2班陈娜	89	85	174
3	信息技术	三年1班	李静	信息技术三年1班李静	93	62	155
4	信息技术	三年2班	郑秀英	信息技术三年2班郑秀英	76	90	166
5	信息技术	三年2班	吴磊	信息技术三年2班吴磊	86	67	153
6	网络维修	三年1班	刘洋	网络维修三年1班刘洋	43	60	103
7	网络维修	三年1班	赵军	网络维修三年1班赵军	72	77	149
8	网络维修	三年2班	孙刚	网络维修三年2班孙刚	45	72	117
9	网络维修	三年1班	宋鹏	网络维修三年1班宋鹏	67	81	148
10	网络维修	三年2班	周涛	网络维修三年2班周涛	62	82	144

序号	项目名称	班级	选手姓名		模块A	模块B	总分
1	信息技术	三年1班	张伟	信息技术三年1班张伟	88	82	170
2	信息技术	三年2班	陈娜	信息技术三年2班陈娜	64	97	161
3	信息技术	三年1班	李静	信息技术三年1班李静	39	73	112
4	信息技术	三年2班	郑秀英	信息技术三年2班郑秀英	90	77	167
5	信息技术	三年2班	吴磊	信息技术三年2班吴磊	44	93	137
6	网络维修	三年1班	刘洋	网络维修三年1班刘洋	36	47	83
7	网络维修	三年1班	赵军	网络维修三年1班赵军	79	46	125
8	网络维修	三年2班	孙刚	网络维修三年2班孙刚	88	74	162
9	网络维修	三年1班	宋鹏	网络维修三年1班宋鹏	50	95	145
10	网络维修	三年2班	周涛	网络维修三年2班周涛	71	38	109

图 5-2-3　导入数据到同一工作表中

1. 在新的工作表中选定一个单元格作为合并计算的结果区域的起始位置。

2. 单击功能区“数据”选项卡中的“合并计算”按钮，弹出如图 5-2-4 所示的“合并计算”对话框。

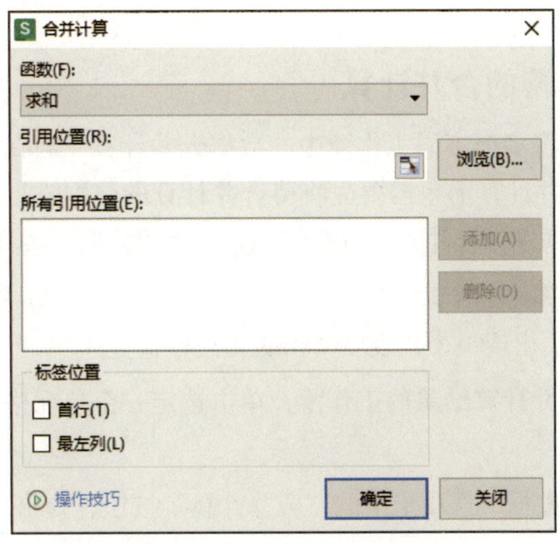

图 5-2-4 “合并计算”对话框

3. 在“函数”下拉列表中根据需要选择“求和”“计数”“平均值”等函数。

4. 在“引用位置”中选择需要合并计算的第一个数据区域，如图 5-2-5 所示，在选择时仅选择标签和数据所在的行和列，不要包含多余的内容。

E	F	G	H
	模块A	模块B	总分
信息技术三年1班张伟	45	82	127
信息技术三年2班陈娜	89	85	174
信息技术三年1班李静	93	62	155
信息技术三年2班郑秀英	76	90	166
信息技术三年2班吴磊	86	67	153
网络维修三年1班刘洋	43	60	103
网络维修三年1班赵军	72	77	149
网络维修三年2班孙刚	45	72	117
网络维修三年1班宋鹏	67	81	148
网络维修三年2班周涛	62	82	144

合并计算 - 引用位置:
Sheet1!$E$1:$H$11

图 5-2-5 选择引用位置

5. 单击“添加”按钮，将刚刚选择的引用位置添加到“所有引用位置”中。

6. 再次在“引用位置”中输入或选定第二个数据区域，单击“添加”按钮。重复操作，将所有需要合并计算的数据区域添加到“所有引用位置”中。

7. 根据数据区域的格式，勾选“标签位置”中的“首行”复选框或“最左列”复选框，设置统计标签。

8. 设置完成后单击“确定”按钮，WPS 表格即在数据起始位置生成多个数据区域的合并计算结果。

三、多个工作簿的合并计算

WPS 表格也可以将多个不同工作簿中的数据合并计算，与在同一工作表中合并计算一样，跨工作簿合并计算前也需要先将待合并计算的数据进行预处理，对具有多个标签行或标签列的数据进行合并，使所有待合并计算的数据区域具有相似的标签结构。

1. 将需要合并计算的工作簿依次打开，每打开一个工作簿，在 WPS 表格工作界面最上方的标签栏中都会出现一个代表该文档的文档标签。

2. 打开要保存合并计算结果的工作簿，单击选定一个单元格作为合并计算后数据的起始位置。

3. 单击功能区“数据”选项卡中的“合并计算”按钮，弹出“合并计算”对话框。

4. 单击标签栏中的文档标签，在已经打开的工作簿间进行切换，并选择需要计算的数据区域，也可以在“合并计算”对话框中单击“浏览”按钮来选择未打开的工作簿，选择需要计算的数据区域。

5. 在添加所有需要合并计算的数据区域并设置标签位置后，单击“确定”按钮，完成合并计算。

四、数据的分列处理

合并计算完成后，不同表格中的数据已经计算完成，但由于合并计算前对数据区域的标签列进行了合并，所以在计算完成后需要将合并的标签列进行还原。WPS 表格提供了分列功能，可以快速将具有相同格式的列分成多个列。

1. 由于完成分列功能后后面几列数据会被覆盖，因此需要通过插入列或移动数据的方式在待分列数据前保留足够的位置，如图 5-2-6 所示。

E	模块A	模块B	总分
信息技术三年1班张伟	133	164	297
信息技术三年2班陈娜	153	182	335
信息技术三年1班李静	132	135	267
信息技术三年2班郑秀英	166	167	333
信息技术三年2班吴磊	130	160	290
网络维修三年1班刘洋	79	107	186
网络维修三年1班赵军	151	123	274
网络维修三年2班孙刚	133	146	279
网络维修三年1班宋鹏	117	176	293
网络维修三年2班周涛	133	120	253

图 5-2-6　在待分列数据前保留足够的位置

2. 选择待分列的数据区域，单击功能区“数据”选项卡中的“分列”按钮，弹出如图 5-2-7 所示的“文本分列向导 - 3 步骤之 1”对话框。与任务 1 中从文本数据文件中导入数据的操作类似，按分列后数据的格式选中“分隔符号”单选框或“固定宽度”单选框，完成分列操作。

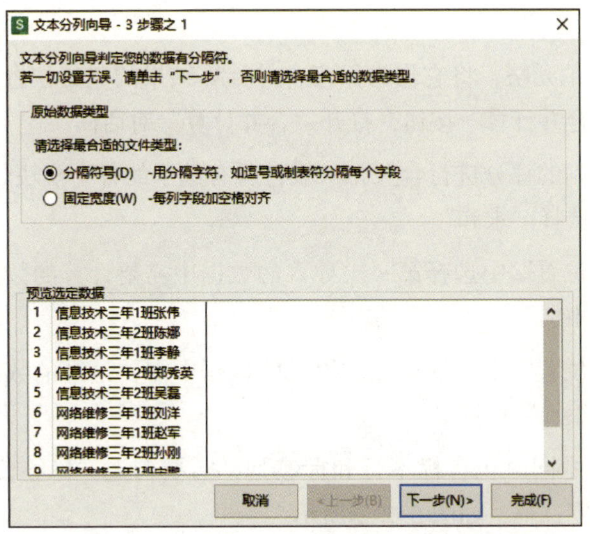

图 5-2-7 “文本分列向导 - 3 步骤之 1”对话框

1. 数据导入和预处理

（1）启动 WPS Office，新建一个空白表格。

（2）单击功能区“数据”选项卡中的“获取数据”下拉按钮，使用其下拉菜单中的导入数据功能，导入本项目任务 1 中制作的“项目五　裁判 1”工作簿中的“Data”数据区域，将其放置在以 A1 单元格为起始的区域中。

（3）在 D 列的右侧插入一个新列，在新插入的 E 列中的 E2 单元格中输入公式“=B2&C2&D2”，如图 5-2-8 所示，向下拖动填充柄为其他行填充公式，生成合并标签列。

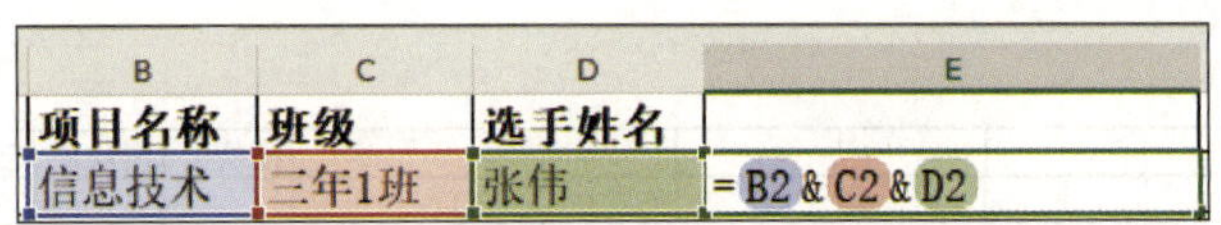

B	C	D	E
项目名称	班级	选手姓名	
信息技术	三年1班	张伟	=B2&C2&D2

图 5-2-8 输合并标签列的公式

（4）再次使用导入数据功能，导入本项目任务 1 中制作的“项目五 裁判 2”工作簿中的“Data”数据区域，将其放置在以 J1 单元格为起始的区域中。

（5）在 M 列的右侧插入一个新列，在新插入的 N 列中的 N2 单元格中输入公式“=K2&L2&M2”，向下拖动填充柄为其他行填充公式，生成合并标签列。

2. 合并计算

（1）选定 E14 单元格，将它作为保存合并计算结果的起始位置，单击功能区“数据”选项卡中的“合并计算”按钮，打开“合并计算”对话框。

（2）对多名裁判的评分进行合并，一般将所有选手的各个模块分数进行求和运算，所以在“函数”中选择“求和”。

（3）在“引用位置”中选择第一次导入的数据中需要计算的数据、标签行和标签列，完成后单击“添加”按钮。

（4）在“引用位置”中选择第二次导入的数据中需要计算的数据、标签行和标签列，完成后单击“添加”按钮。

（5）由于数据中同时包含标签行和标签列，需要勾选“标签位置”中的“首行”和“最左列”两个复选框，如图 5-2-9 所示。

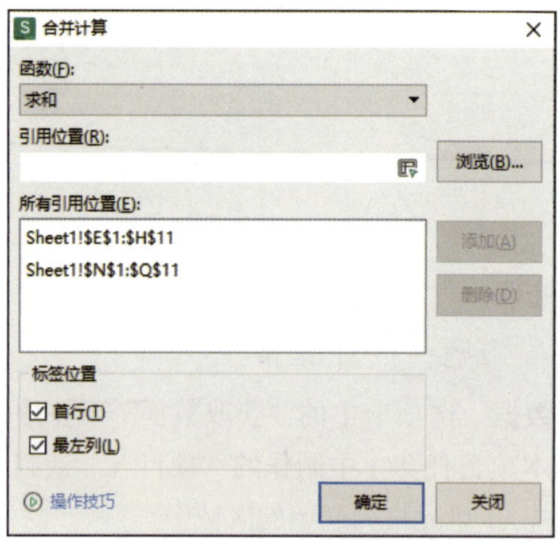

图 5-2-9 合并计算设置

（6）确认所有设置完成后单击“确定”按钮，完成合并计算，在结果区域中观察生成的计算数据是否如图 5-2-10 所示。

	A	B	C	D	E	F	G	H
13								
14						模块A	模块B	总分
15					信息技术三年1班张伟	133	164	297
16					信息技术三年2班陈娜	153	182	335
17					信息技术三年1班李静	132	135	267
18					信息技术三年2班郑秀英	166	167	333
19					信息技术三年2班吴磊	130	160	290
20					网络维修三年1班刘洋	79	107	186
21					网络维修三年1班赵军	151	123	274
22					网络维修三年2班孙刚	133	146	279
23					网络维修三年1班宋鹏	117	176	293
24					网络维修三年2班周涛	133	120	253

图 5-2-10 合并计算的结果

3. 数据分列

（1）使用剪切和粘贴功能，将合并计算后在 E14:E24 单元格区域中生成的数据标签列移动到 B14:B24 单元格区域。

（2）选定 B14:B24 单元格区域，单击功能区“数据”选项卡中的“分列”按钮，在“文本分列向导 – 3 步骤之 1”对话框中选中“固定宽度”单选框，在“文本分列向导 – 3 步骤之 2”对话框中的“数据预览”中单击或拖动标尺，使分隔线正好将原有的合并标签列分成项目名称、班级、选手姓名三项后单击“完成”按钮。

（3）如图 5–2–11 所示，在分列的结果中补全标题行。

	A	B	C	D	E	F	G	H
13								
14		项目名称	班级	选手姓名		模块A	模块B	总分
15		信息技术	三年1班	张伟		133	164	297
16		信息技术	三年2班	陈娜		153	182	335
17		信息技术	三年1班	李静		132	135	267
18		信息技术	三年2班	郑秀英		166	167	333
19		信息技术	三年2班	吴磊		130	160	290
20		网络维修	三年1班	刘洋		79	107	186
21		网络维修	三年1班	赵军		151	123	274
22		网络维修	三年2班	孙刚		133	146	279
23		网络维修	三年1班	宋鹏		117	176	293
24		网络维修	三年2班	周涛		133	120	253

图 5–2–11　分列结果

4. 数据排序并保存

（1）数据分列完成后，选择结果区域，按主要关键字“项目名称”升序、次要关键字“总分”降序进行排序，获得比赛成绩排名。

（2）在 A 列中为数据添加序号，并删除空白的 E 列。

（3）验证所有操作正确后，观察结果是否如图 5–2–12 所示，以“项目五　任务 2”为文件名保存。

	A	B	C	D	E	F	G
13							
14	序号	项目名称	班级	选手姓名	模块A	模块B	总分
15	1	网络维修	三年1班	宋鹏	117	176	293
16	2	网络维修	三年2班	孙刚	133	146	279
17	3	网络维修	三年1班	赵军	151	123	274
18	4	网络维修	三年2班	周涛	133	120	253
19	5	网络维修	三年1班	刘洋	79	107	186
20	6	信息技术	三年2班	陈娜	153	182	335
21	7	信息技术	三年2班	郑秀英	166	167	333
22	8	信息技术	三年1班	张伟	133	164	297
23	9	信息技术	三年2班	吴磊	130	160	290
24	10	信息技术	三年1班	李静	132	135	267

图 5–2–12　成绩排名结果

任务 3　筛选有效数据

1. 能够了解自动筛选和高级筛选功能的作用。
2. 能够掌握自动筛选功能的操作方法。
3. 能够掌握高级筛选功能的操作方法。
4. 能够掌握在高级筛选中使用公式的方法。

在工作中通过收集和积累可以得到大量的数据，但这些数据并不是每一次计算都全部需要，实际工作中可能仅需要对部分数据进行处理和分析。WPS 表格提供的数据筛选功能能够根据特定条件筛选出符合要求的数据记录，以便更好地组织、分析和展示数据。

本任务要求学会使用 WPS 表格中的数据筛选功能，通过自动筛选、高级筛选找出符合特定条件的选手成绩。

一、数据的准备

在筛选操作中数据区域的首行通常被作为列标题使用，后面跟着相关的数据行。列标题应具有独立且唯一的名称，明确地表示该列的数据内容。如果数据区域没有列标题或列标题不完整，则需要先将其补全。

数据行中每一列中的数据类型应当一致，例如，如果一列数据是数字，则该列中的所有数据均应当为数字，不应混合不同的数据类型。观察数据区域，如果数据的格式或类型错误，需要先将它们改正。

数据区域中不应该有空白的行或列，以确保数据区域是连续的。在筛选操作前需要将空白的行或列删除，否则会导致筛选功能无法正确应用。

二、自动筛选

自动筛选功能允许用户通过简单和可视化的操作设置特定的条件快速筛选数据，在需求条件简单、数据集较小时可以帮助用户快速地筛选和定位到需要的数据。

1. 使用 WPS 表格打开要进行筛选操作的工作簿后，选择要筛选的数据区域或选择数据区域中的任意单元格，单击功能区“数据”选项卡中的“筛选”按钮。

2. 操作完成后，筛选功能会将所选数据区域的第一行作为标题行，在所有列标题后添加下拉按钮，单击下拉按钮即可弹出如图 5-3-1 所示的筛选详情面板。

3. 在筛选详情面板中以列表的形式显示当前列中所有数据信息的分类，在每个分类后面显示该分类中所包含数据的行数，通过勾选或取消勾选分类前的复选框可以控制相应分类数据的显示或隐藏。

对于文本型的数据，可以通过在列表上方的搜索栏中输入某个字符搜索出包含特定字符的数据，也可以单击“文本筛选”按钮，在如图 5-3-2 所示的“文本筛选”下拉菜单中选择“包含”“不包含”“开头是”“结尾是”等更多筛选选项。

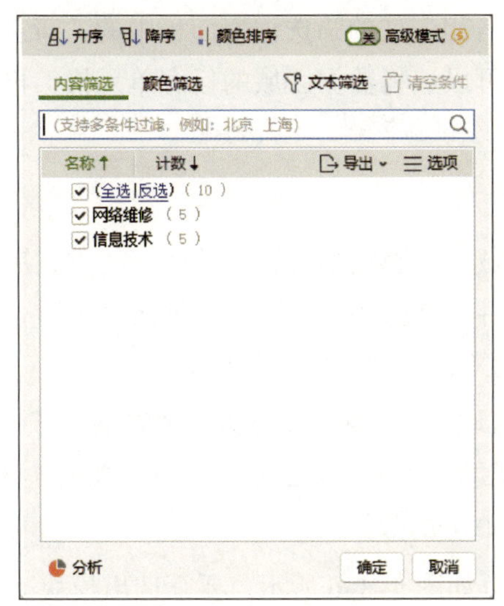

图 5-3-1　筛选详情面板

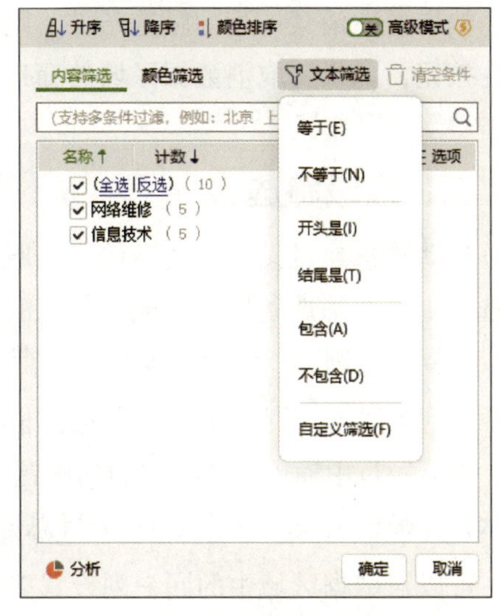

图 5-3-2　“文本筛选”下拉菜单

对于数值型数据，可以单击“数字筛选”按钮，在如图 5-3-3 所示的“数字筛选”下拉菜单中通过“大于”“大于或等于”“小于”“介于”等比较的方式筛选数据。

如果数据区域中使用了不同的文字颜色或单元格背景颜色，还可以使用颜色筛选功能进行筛选，如图 5-3-4 所示。

可以同时对多个数据列进行筛选设置，WPS 表格会将所有列的筛选条件进行组合，找出满足全部条件的数据。

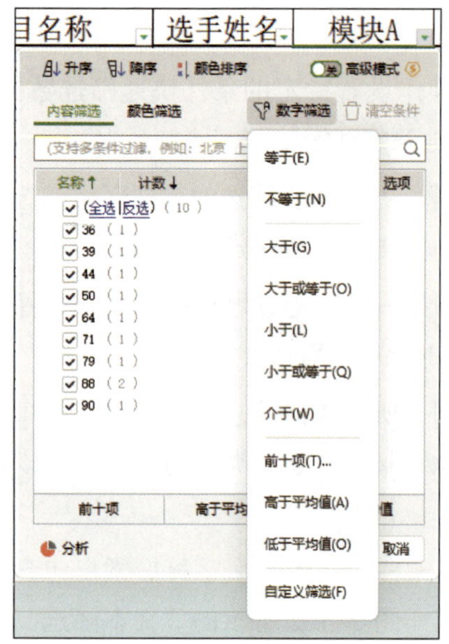

图 5-3-3 “数字筛选”下拉菜单

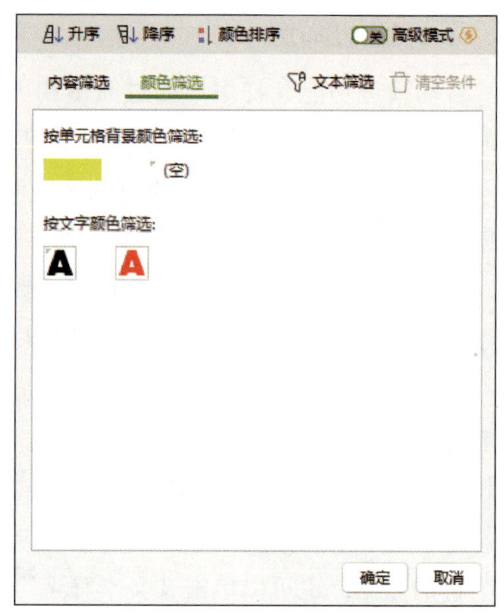

图 5-3-4 颜色筛选

如果要取消某一列的筛选条件，则可以单击相应列的筛选详情面板中的“清空条件”按钮，如果要取消数据区域的筛选状态，可以选择数据区域的任意单元格，再次单击“筛选”按钮。

三、高级筛选

自动筛选通过设置筛选条件，在原数据区域中以隐藏不符合条件数据的方式展现筛选结果。在筛选条件较多或者相同的筛选条件经常被用到不同的数据区域中时，操作较为复杂，则可以使用高级筛选功能，更加直观高效地实现筛选操作。

1. 使用高级筛选功能时，首先要准备条件区域。条件区域也是以一个表格的形式展现，在第一行中输入筛选数据的列标题，在列标题下输入该列的筛选条件。如图 5-3-5 所示，要筛选出模块 A 大于 60 分且总分大于 160 分的数据。

可以对数据区域中的同一列设置多个条件，如图 5-3-6 所示，要筛选出模块 A 大于 60 分且小于 90 分的数据。

模块A	总分
>60	>160

图 5-3-5 设置筛选条件

模块A	模块A
>60	<90

图 5-3-6 对同一列设置多个条件

如果需要筛选出满足多种条件中任意一种的数据，则可以设置多个条件行，数据只要满足任意一行中的全部条件就会被筛选出来，如图 5-3-7 所示，要筛选出信息技术项目中模块 A 大于 60 分且总分大于 160 分的数据或网络维修项目中模块 A 大于 50 分的数据。

项目名称	模块A	总分
信息技术	>60	>160
网络维修	>50	

图 5-3-7　设置多个条件行

2. 单击功能区“数据”选项卡中的“筛选”下拉按钮，在下拉菜单中选择“高级筛选”，如图 5-3-8 所示。

3. 弹出“高级筛选”对话框，如图 5-3-9 所示，在“方式”中可以设置筛选结果的显示位置，默认是“在原有区域显示筛选结果”，与自动筛选功能类似，如果要在新区域中显示或保留筛选结果，则需要选中“将筛选结果复制到其它位置”单选框。

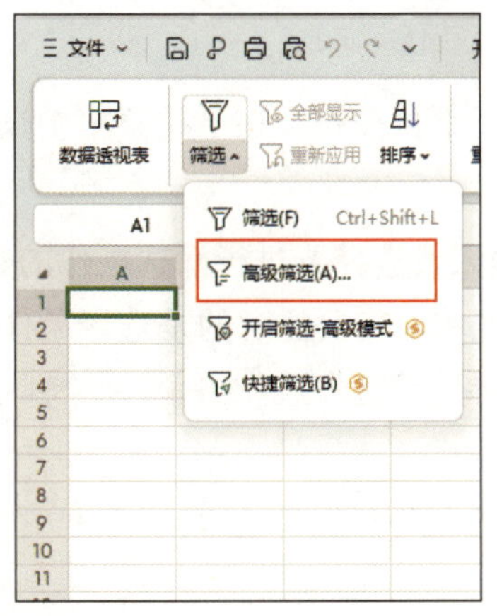

图 5-3-8　选择“高级筛选”

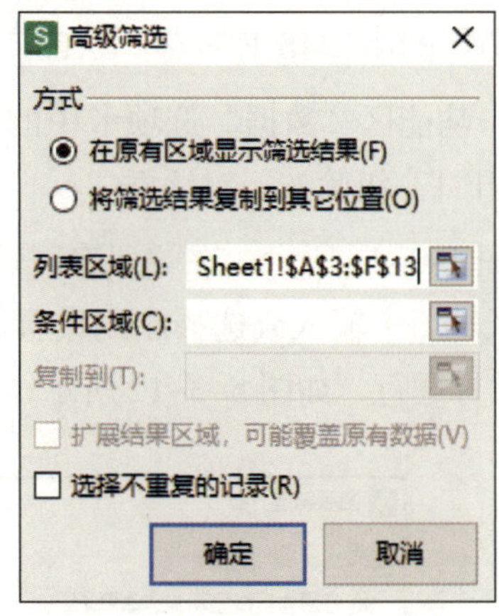

图 5-3-9　“高级筛选”对话框

在“列表区域”中输入或选择要进行筛选操作的数据区域，在“条件区域”中输入或选择刚刚设置的条件区域。需要注意的是，条件区域不要选择多余的空行，否则会导致筛选失败。

如果选中了“将筛选结果复制到其它位置”单选框，则要在“复制到”中输入或选择筛选结果放置的位置。在不确定筛选结果占据空间的情况下，可以勾选“扩展结果区域，可能覆盖原有数据”复选框，WPS 表格会自动扩展结果区域以满足筛选结果，但也可能覆盖相邻区域的内容。勾选“选择不重复的记录”复选框会将筛选结果中相同的数据合并，仅保留一份。

4. 单击“确定”按钮完成筛选操作。

四、高级筛选中公式的使用

在使用高级筛选功能进行筛选时，也可以使用公式和函数对数据设置筛选条件。使用公式进行高级筛选时，也需要先准备条件区域，但条件区域中公式列的列标题需要留空。以图 5-3-10 所示的数据为例，如果需要在数据中筛选出模块 A 大于模块 B 的数据，则可以进行如下设置。

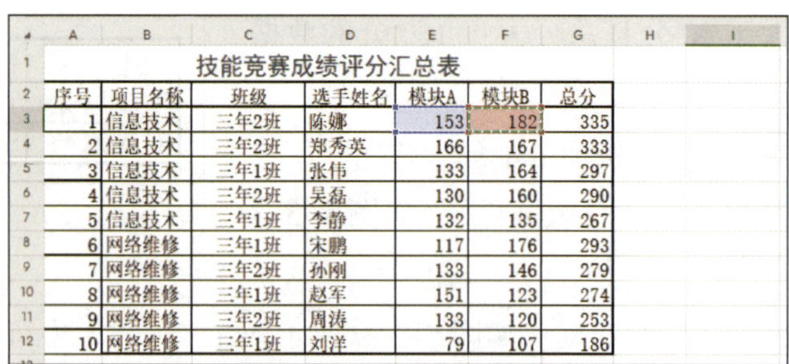

技能竞赛成绩评分汇总表						
序号	项目名称	班级	选手姓名	模块A	模块B	总分
1	信息技术	三年2班	陈娜	153	182	335
2	信息技术	三年2班	郑秀英	166	167	333
3	信息技术	三年1班	张伟	133	164	297
4	信息技术	三年2班	吴磊	130	160	290
5	信息技术	三年1班	李静	132	135	267
6	网络维修	三年1班	宋鹏	117	176	293
7	网络维修	三年2班	孙刚	133	146	279
8	网络维修	三年1班	赵军	151	123	274
9	网络维修	三年2班	周涛	133	120	253
10	网络维修	三年1班	刘洋	79	107	186

图 5-3-10　使用公式筛选

1. 将数据区域的第一条数据作为筛选公式，在条件区域中输入“=E3>F3”，确认后条件区域会显示“TRUE”或“FALSE”。

2. 单击功能区“数据”选项卡中的“筛选”下拉按钮，在下拉菜单中选择“高级筛选”，打开“高级筛选”对话框。

3. 如图 5-3-11 所示，在“列表区域”中输入或选择要进行筛选操作的数据区域，在“条件区域”中输入或选择刚刚设置的条件区域。需要注意的是选择条件区域时要包含空白的标题行，如图 5-3-12 所示，否则会导致筛选失败。

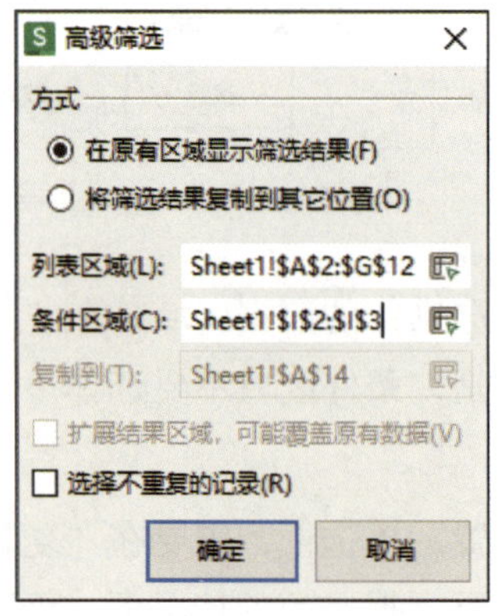

图 5-3-11　设置列表区域和条件区域

图 5-3-12　条件区域

4. 单击“确定”按钮完成筛选操作，此时数据区域中的每一行数据都会根据公式的运算结果进行筛选。

1. 准备数据

启动 WPS Office，新建一个空白表格，导入本项目任务 2 中制作的“项目五　任务 2”工作簿中的成绩排名结果，并调整数据顺序，添加表标题，设置表格格式，如图 5-3-13 所示，以“项目五　任务 3”为名保存此工作簿。

	A	B	C	D	E	F	G
1	技能竞赛成绩评分汇总表						
2	序号	项目名称	班级	选手姓名	模块A	模块B	总分
3	1	信息技术	三年2班	陈娜	153	182	335
4	2	信息技术	三年2班	郑秀英	166	167	333
5	3	信息技术	三年1班	张伟	133	164	297
6	4	信息技术	三年2班	吴磊	130	160	290
7	5	信息技术	三年1班	李静	132	135	267
8	6	网络维修	三年1班	宋鹏	117	176	293
9	7	网络维修	三年2班	孙刚	133	146	279
10	8	网络维修	三年1班	赵军	151	123	274
11	9	网络维修	三年2班	周涛	133	120	253
12	10	网络维修	三年1班	刘洋	79	107	186

图 5-3-13　技能竞赛成绩评分汇总表

2. 自动筛选

使用自动筛选功能筛选出总分大于 320 分的选手数据。

（1）选定 A2:G12 单元格区域，单击功能区“数据”选项卡中的“筛选”按钮，使用列标题“总分”的下拉按钮打开筛选详情面板，单击“数字筛选”按钮，选择“大于或等于”，如图 5-3-14 所示。

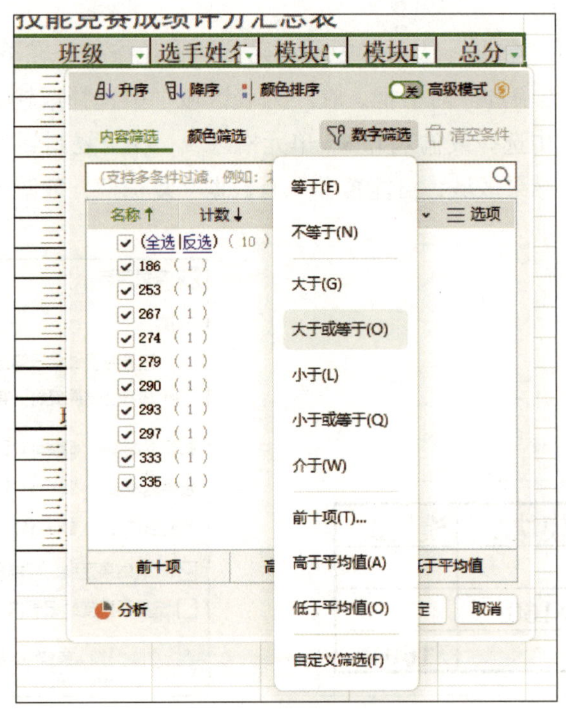

图 5-3-14　筛选详情面板

（2）打开“自定义自动筛选方式”对话框，在“大于或等于”中输入“320”，如图 5-3-15 所示。

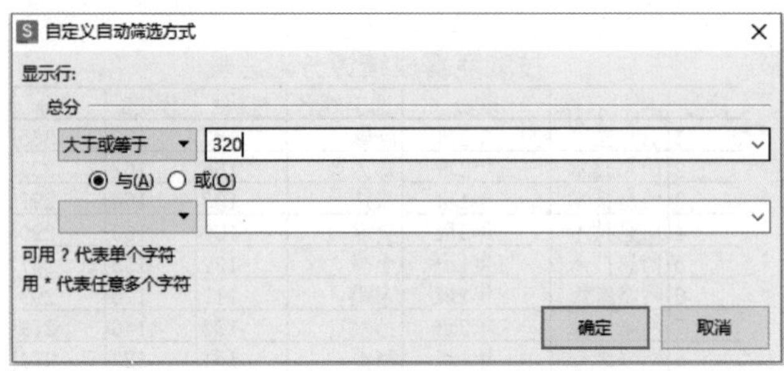

图 5-3-15 “自定义自动筛选方式”对话框

（3）单击“确定”按钮完成筛选，观察筛选结果是否符合预期。

3. 高级筛选

使用高级筛选功能筛选出总分大于 300 分或任意模块中得分大于 160 分的选手数据，并将结果保存到以 A14 单元格为起始的区域。

（1）使用高级筛选功能完成此任务需要先制作条件区域，由于总分、模块 A 和模块 B 的条件满足任意一个即可，所以需要在 I2:K5 单元格区域中分三行输入各列的条件，如图 5-3-16 所示。

（2）单击功能区“数据”选项卡中的“筛选”下拉按钮，在下拉菜单中选择“高级筛选”，弹出“高级筛选”对话框，在“列表区域”中选择或输入 A2:G12 单元格区域，在“条件区域”中选择或输入 I2:K5 单元格区域，在“复制到”中选择或输入 A14 单元格并勾选“扩展结果区域，可能覆盖原有数据”复选框，如图 5-3-17 所示。

总分	模块A	模块B
>300		
	>160	
		>160

图 5-3-16 筛选条件

图 5-3-17 设置高级筛选

（3）单击“确定”按钮，完成筛选。

4. 验证

观察筛选的结果是否如图 5-3-18 所示，验证所有操作是否正确。

	A	B	C	D	E	F	G
13							
14	序号	项目名称	班级	选手姓名	模块A	模块B	总分
15	1	信息技术	三年2班	陈娜	153	182	335
16	2	信息技术	三年2班	郑秀英	166	167	333
17	3	信息技术	三年1班	张伟	133	164	297
18	6	网络维修	三年1班	宋鹏	117	176	293
19							

图 5-3-18　筛选的结果

任务 4　创建分类汇总

1. 能够了解分类汇总的作用。
2. 能够掌握分类汇总的使用条件和数据预处理的方法。
3. 能够掌握分类汇总功能的操作方法。

分类汇总是指一种数据处理方式，对表格数据通过求和、计数等操作进行整理汇集得到数据的特征和结果。WPS 表格不仅能够对表格数据整体进行汇总计算，还可以在数据中指定多个类别，得到各个类别的汇总结果，帮助用户了解不同类别之间的数据差异，从而发现数据中的规律，为决策提供依据和参考，帮助用户做出更明智的决策。

本任务学习使用 WPS 表格的分类汇总功能对竞赛成绩进行分析，统计得到各项目的平均分、最高分和最低分以及参赛班级间的成绩差异。

一、数据的准备

和筛选功能类似，分类汇总的数据区域应当具有明确且唯一的列标题，每一列中的数据类型应当一致，数据区域中不应包含空白的行或列。在操作前应观察并改正以上错误，以保证汇总结果的正确性。

需要明确希望得到的汇总数据以确定分类字段、汇总项以及汇总方式。以图 5-4-1 所示的数据为例，当我们需要在数据中分析出每个项目的平均成绩时，设置分类字段为“项目名称”、汇总项为“模块 A”“模块 B”和“总分”、汇总方式为“平均值”。

	A	B	C	D	E	F	G
1	技能竞赛成绩评分汇总表						
2	序号	项目名称	班级	选手姓名	模块A	模块B	总分
3	1	信息技术	三年2班	陈娜	153	182	335
4	2	信息技术	三年2班	郑秀英	166	167	333
5	3	信息技术	三年1班	张伟	133	164	297
6	4	信息技术	三年2班	吴磊	130	160	290
7	5	信息技术	三年1班	李静	132	135	267
8	6	网络维修	三年1班	宋鹏	117	176	293
9	7	网络维修	三年2班	孙刚	133	146	279
10	8	网络维修	三年1班	赵军	151	123	274
11	9	网络维修	三年2班	周涛	133	120	253
12	10	网络维修	三年1班	刘洋	79	107	186
13							

图 5-4-1　技能竞赛成绩评分汇总表

二、数据的分类汇总

在准备数据后，即可按需求进行分类汇总操作，快速地组织和分析大量数据。

1. 根据汇总需求，按分类字段进行排序，如果分类字段有多个列，在排序时需要注意这些列的排序关键字顺序。

2. 选定要进行分类汇总的数据区域，单击功能区“数据”选项卡中的“分类汇总”按钮，打开如图 5-4-2 所示的“分类汇总”对话框。

3. 在“分类字段”下拉列表中选择进行过排序的数据分类字段。在“汇总方式”下拉列表中可以选择需要的汇总方式，例如，计算同一分类中所有数据的累加总分时，可以选择“求和”；计算同一分类中所有数据的平均分时，可以选择“平均值”；计算同一分类中的数据个数时，可以选择“计数”。在“选定汇总项”中可以选择要对哪一列的数据进行汇总。

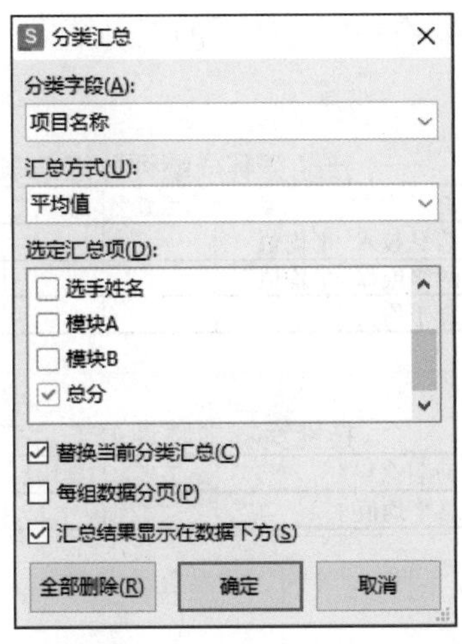

图 5-4-2 “分类汇总”对话框

4. 当勾选“替换当前分类汇总”复选框时，会删除当前数据区域中已有的汇总结果，如果需要对同一数据区域进行多种不同方式的汇总，则需要取消勾选此选项的复选框。当勾选“每组数据分页”复选框时，会在每组汇总数据间添加分页，在打印时每组汇总数据将打印在不同的纸张页面上。当勾选“汇总结果显示在数据下方”复选框时，会在每组分类数据的下方插入一个新行显示汇总结果，否则将在每组分类数据的上方插入新行显示汇总结果。

5. 单击“确定”按钮完成分类汇总操作。如图 5-4-3 所示，可在表格区域中每组分类数据上方或下方添加相应分类字段的汇总行并在相应的汇总项中显示汇总结果。

	A	B	C	D	E	F	G
1	技能竞赛成绩评分汇总表						
2	序号	项目名称	班级	选手姓名	模块A	模块B	总分
3	3	信息技术	三年1班	张伟	133	164	297
4	5	信息技术	三年1班	李静	132	135	267
5	1	信息技术	三年2班	陈娜	153	182	335
6	2	信息技术	三年2班	郑秀英	166	167	333
7	4	信息技术	三年2班	吴磊	130	160	290
8		**信息技术 平均值**					304.4
9	6	网络维修	三年1班	宋鹏	117	176	293
10	8	网络维修	三年1班	赵军	151	123	274
11	10	网络维修	三年1班	刘洋	79	107	186
12	7	网络维修	三年2班	孙刚	133	146	279
13	9	网络维修	三年2班	周涛	133	120	253
14		**网络维修 平均值**					257
15		**总平均值**					280.7

图 5-4-3 分类汇总结果

表格区域的左侧会显示如图 5-4-4 所示的分级显示符号区域，单击汇总数据行前的“-”或“+”按钮，可以将该汇总数据组中的数据折叠或展开。单击“1”“2”“3”按钮，可以折叠所有下面级别的数据，例如，若需要看到每一组分类的汇总结果，则可以单击“2”按钮；若只需要看到所有数据的汇总结果，则可以单击“1”按钮。

1 2 3		A	B	C	D	E	F	G
	1	技能竞赛成绩评分汇总表						
	2	序号	项目名称	班级	选手姓名	模块A	模块B	总分
+	8		**信息技术 平均值**					304.4
+	14		**网络维修 平均值**					257
-	15		**总平均值**					280.7

1 2 3		A	B	C	D	E	F	G
	1	技能竞赛成绩评分汇总表						
	2	序号	项目名称	班级	选手姓名	模块A	模块B	总分
+	15		**总平均值**					280.7

图 5-4-4　分级显示符号

如果需要取消表格中分类汇总的结果和状态，则可以选择相应数据区域并再次打开“分类汇总”对话框，单击“全部删除”按钮可以取消已经存在的分类汇总，并删除汇总数据行。

三、数据的多级分类汇总

WPS 表格可以在同一数据区域中按多种方式或多级分类的方式进行分类汇总。例如，在上文分类汇总结果的基础上可以再次统计出每个项目中各个模块的最高分，具体操作如下。

1. 选择要进行分类汇总的数据区域，单击功能区“数据”选项卡中的“分类汇总”按钮，打开“分类汇总”对话框。

2. 如图 5-4-5 所示，在“分类字段”中选择“项目名称”，在“汇总方式”中选择“最大值”，在“选定汇总项”中勾选“模块 A”“模块 B”“总分”复选框，取消勾选“替换当前分类汇总”复选框。

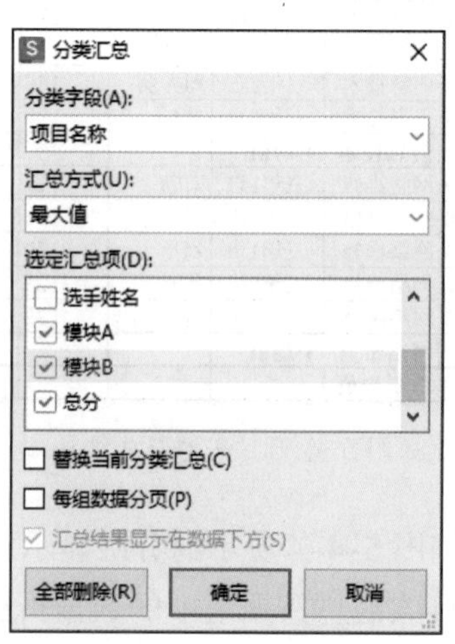

图 5-4-5　设置多级分类汇总

3. 单击“确定”按钮，此时在原有的分类汇总结果上会显示新的汇总数据，如图 5-4-6 所示。

技能竞赛成绩评分汇总表

序号	项目名称	班级	选手姓名	模块A	模块B	总分
3	信息技术	三年1班	张伟	133	164	297
5	信息技术	三年1班	李静	132	135	267
1	信息技术	三年2班	陈娜	153	182	335
2	信息技术	三年2班	郑秀英	166	167	333
4	信息技术	三年2班	吴磊	130	160	290
	信息技术 最大值			166	182	335
	信息技术 平均值					304.4
6	网络维修	三年1班	宋鹏	117	176	293
8	网络维修	三年1班	赵军	151	123	274
10	网络维修	三年1班	刘洋	79	107	186
7	网络维修	三年2班	孙刚	133	146	279
9	网络维修	三年2班	周涛	133	120	253
	网络维修 最大值			151	176	293
	网络维修 平均值					257
	总最大值			166	182	335
	总平均值					280.7

图 5-4-6　多级分类汇总结果

1. 准备数据

启动 WPS Office，打开“项目五　任务 3”工作簿。

2. 按分类字段进行排序

在对竞赛成绩进行分类汇总前，首先要按需要分类的字段进行排序，在本例中需要统计分析每个项目的成绩结果和其对应的班级，所以需要对“项目名称”和“班级”字段进行排序。

选定数据所在的 A2:G12 单元格区域，单击功能区“数据”选项卡中的“排序”下拉按钮，在下拉菜单中选择“自定义排序”，弹出“排序”对话框，如图 5-4-7 所示，在“主要关键字”中选择“项目名称”“数值”“降序”，在“次要关键字”中选择“班级”“数值”“升序”。

3. 分类汇总数据

要分析比赛项目的得分情况，一般需要得到所有选手在此项目中的平均分以及最高分和最低分等数据，通过这些数据可以分析出比赛项目的难度和选手的能力，同时也可以按照参赛选手的班级再次汇总总分的平均值，分析出班级间的差异。

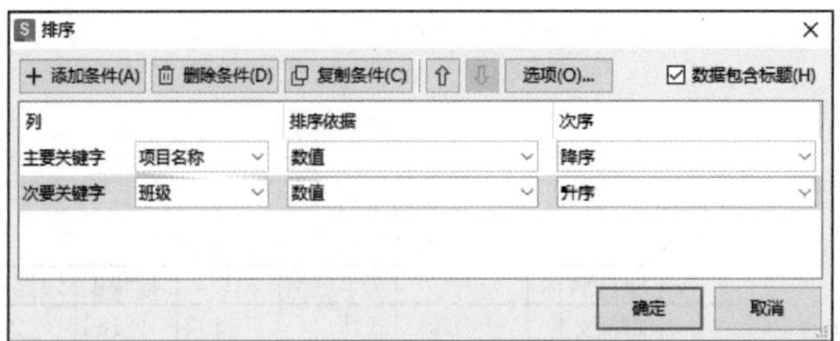

图 5-4-7　排序设置

（1）汇总各项目的平均分

选定 A2:G12 单元格区域，单击功能区“数据”选项卡中的“分类汇总”按钮，弹出“分类汇总”对话框，在“分类字段”中选择“项目名称”，在“汇总方式”中选择“平均值”，在“选定汇总项”中勾选“模块 A”“模块 B”“总分”复选框，如图 5-4-8 所示，单击“确定”按钮完成汇总，得到如图 5-4-9 所示的结果。

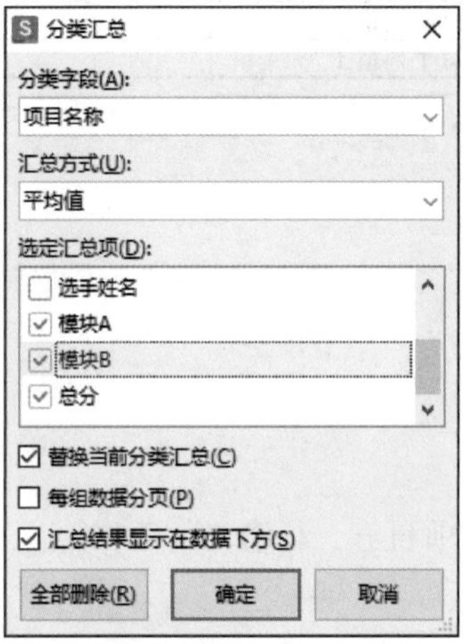

图 5-4-8　设置平均分的分类汇总

技能竞赛成绩评分汇总表						
序号	项目名称	班级	选手姓名	模块A	模块B	总分
3	信息技术	三年1班	张伟	133	164	297
5	信息技术	三年1班	李静	132	135	267
1	信息技术	三年2班	陈娜	153	182	335
2	信息技术	三年2班	郑秀英	166	167	333
4	信息技术	三年2班	吴磊	130	160	290
	信息技术 平均值			142.8	161.6	304.4
6	网络维修	三年1班	宋鹏	117	176	293
8	网络维修	三年1班	赵军	151	123	274
10	网络维修	三年1班	刘洋	79	107	186
7	网络维修	三年2班	孙刚	133	146	279
9	网络维修	三年2班	周涛	133	120	253
	网络维修 平均值			122.6	134.4	257
	总平均值			132.7	148	280.7

图 5-4-9　平均分的分类汇总结果

（2）汇总各项目的最高分和最低分

重复以上操作，使用相同的分类字段和汇总项设置，如图 5–4–10 所示，依次完成“最大值”和“最小值”的汇总，注意在多次对同一数据区域进行分类汇总时，需要取消勾选“替换当前分类汇总”复选框，完成后得到如图 5–4–11 所示的结果。

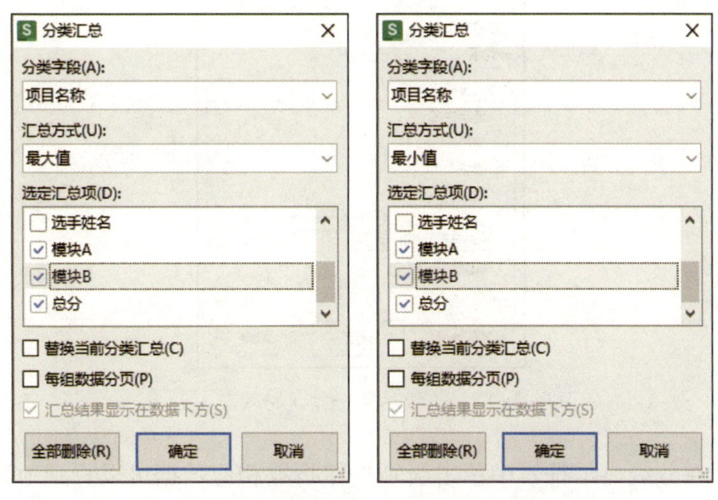

图 5–4–10　设置最高分和最低分的分类汇总

技能竞赛成绩评分汇总表

序号	项目名称	班级	选手姓名	模块A	模块B	总分
3	信息技术	三年1班	张伟	133	164	297
5	信息技术	三年1班	李静	132	135	267
1	信息技术	三年2班	陈娜	153	182	335
2	信息技术	三年2班	郑秀英	166	167	333
4	信息技术	三年2班	吴磊	130	160	290
	信息技术 最小值			130	135	267
	信息技术 最大值			166	182	335
	信息技术 平均值			142.8	161.6	304.4
6	网络维修	三年1班	宋鹏	117	176	293
8	网络维修	三年1班	赵军	151	123	274
10	网络维修	三年1班	刘洋	79	107	186
7	网络维修	三年2班	孙刚	133	146	279
9	网络维修	三年2班	周涛	133	120	253
	网络维修 最小值			79	107	186
	网络维修 最大值			151	176	293
	网络维修 平均值			122.6	134.4	257
	总最小值			79	107	186
	总最大值			166	182	335
	总平均值			132.7	148	280.7

图 5–4–11　最高分和最低分的分类汇总结果

（3）汇总各项目中班级的得分情况

再次选定数据区域并打开“分类汇总”对话框，在“分类字段”中选择“班级”，在“汇总方式”中选择“平均值”，在“选定汇总项”中勾选“总分”复选框，如

图 5-4-12 所示，单击“确定”按钮完成汇总。由于数据区域中已经存在其他的分类汇总数据，所以需要取消勾选“替换当前分类汇总”复选框。

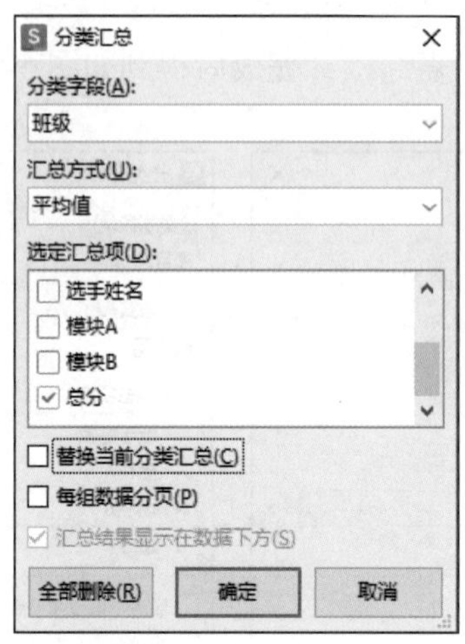

图 5-4-12　班级的得分情况分类汇总设置

此时通过在分级显示符号中单击级别按钮折叠相应数据可以直观地看到每个项目中班级间的平均成绩对比，如图 5-4-13 所示。

	A	B	C	D	E	F	G
1	技能竞赛成绩评分汇总表						
2	序号	项目名称	班级	选手姓名	模块A	模块B	总分
3	3	信息技术	三年1班	张伟	133	164	297
4	5	信息技术	三年1班	李静	132	135	267
5		三年1班 平均值					282
6	1	信息技术	三年2班	陈娜	153	182	335
7	2	信息技术	三年2班	郑秀英	166	167	333
8	4	信息技术	三年2班	吴磊	130	160	290
9		三年2班 平均值					319.33
10		信息技术 最小值			130	135	267
11		信息技术 最大值			166	182	335
12		信息技术 平均值			142.8	161.6	304.4
13	6	网络维修	三年1班	宋鹏	117	176	293
14	8	网络维修	三年1班	赵军	151	123	274
15	10	网络维修	三年1班	刘洋	79	107	186
16		三年1班 平均值					251
17	7	网络维修	三年2班	孙刚	133	146	279
18	9	网络维修	三年2班	周涛	133	120	253
19		三年2班 平均值					266
20		网络维修 最小值			79	107	186
21		网络维修 最大值			151	176	293
22		网络维修 平均值			122.6	134.4	257
23			总平均值				280.7
24		总最小值			79	107	186
25		总最大值			166	182	335
26		总平均值			132.7	148	280.7

图 5-4-13　班级的得分情况分类汇总操作结果

4. 验证数据和保存

观察数据并验证所有操作正确后，以“项目五　任务 4”为文件名保存此工作簿。

项目六

分析企业销售数据——制作数据透视表与透视图

数据透视表是 WPS 表格中一种强大的数据处理与分析工具，其主要作用包括汇总数据、快速分析、过滤数据、生成图表以及处理数据五个方面。具体而言，数据透视表可以轻松地对大量数据进行汇总，从而使用户更好地理解数据的总体情况；通过拖放字段可以迅速实现对数据的多维分析，轻松反映出复杂的业务问题；提供筛选功能，允许用户快速筛选出关键信息，便于重点分析；支持生成各种图表和可视化数据，使结果更直观、易懂；允许用户在分析过程中根据需要调整字段的位置，灵活地定制报表。

本项目通过制作数据透视表与透视图，对企业运营的相关数据进行具体分析，详细介绍数据处理、分类汇总、分析、筛选和排序方法以及数据透视表与透视图的美化方法等。

任务 1　创建数据透视表

1. 能够了解数据透视表的概念及特点。
2. 能够掌握数据透视表的创建方法。
3. 能够通过数据透视表快速分析产品的销售情况。
4. 能够通过数据透视表处理原始数据。

在实际工作中，一个企业需要对日常的各种业务及其费用进行记录。为了更好地了解企业运营收入，使数据发挥最大效用，本任务通过对某小型电子产品销售公司一年内各类产品的销售情况进行分析，创建数据透视表，快速查看每种产品类型在不同日期、销售人员分类下的销售情况汇总数据，并练习将二维表转换为一维表的操作。

一、数据透视表的概念及特点

数据透视表是一种建立在 WPS 表格数据的基础之上，用于对复杂的数据进行分类汇总和交互分析、交叉制表的强大数据处理分析工具。数据透视表可以通过不同的视角显示数据并对数据进行比较、揭示和分析，从而将数据转换成有意义的信息。与使用传统的公式和函数进行数据处理相比，数据透视表有自己的特点，它们的区别见表 6–1–1。

表 6–1–1　数据透视表与公式、函数的区别

特性 / 方面	数据透视表	公式、函数
适用场景	大量数据的汇总、分析、报告	特定计算、条件处理、复杂运算
操作方式	拖放字段，简便易用	编写公式，需要一定的函数知识
动态性	可以动态调整表格布局，实时展示不同的数据汇总方式	静态计算，需要手动调整公式或复制公式

续表

特性 / 方面	数据透视表	公式、函数
数据更新	自动更新，当原始数据变化时无须手动调整	静态，需要手动刷新或调整公式
精准度	相对较简单的汇总和分析，适用于快速获取与洞察	精确控制，适用于复杂的数学和逻辑运算
自定义计算	有限的自定义计算选项，通常适用于常见函数	可以编写自定义公式，适用于特定业务逻辑
图表整合	可以轻松与图表整合，通过图表直观地展示数据分析结果	可以与图表整合，需要手动创建和更新图表

总体来说，数据透视表更适用于大量数据的汇总、分析和动态展示，同时不需要记忆复杂的公式及函数的用法，而公式和函数更适用于具体的计算和特定的任务要求。在实际使用中，根据任务的性质和需求，可以选择合适的工具或结合各自的优势进行数据处理。

二、处理原始数据时可能存在的问题

1. 数据源（即原始数据所在的表格）中包含空行和空列

如果数据源中包含空行或者空列，那么在选择数据区域时，系统会自动以空行或者空列作为分割线，忽略空行下方或空列右侧的数据区域，进而影响所生成数据透视表的数据完整性。有空行时，数据透视表会自动选中空行上方数据区域，即 1 ~ 8 行，空行下方从第九行起所有行区域不会被选中，如图 6-1-1 所示；有空列时，数据透视表会自动选中空列左方数据区域，即 A ~ E 列，空列右方从第六列起所有列区域不会被选中，如图 6-1-2 所示。

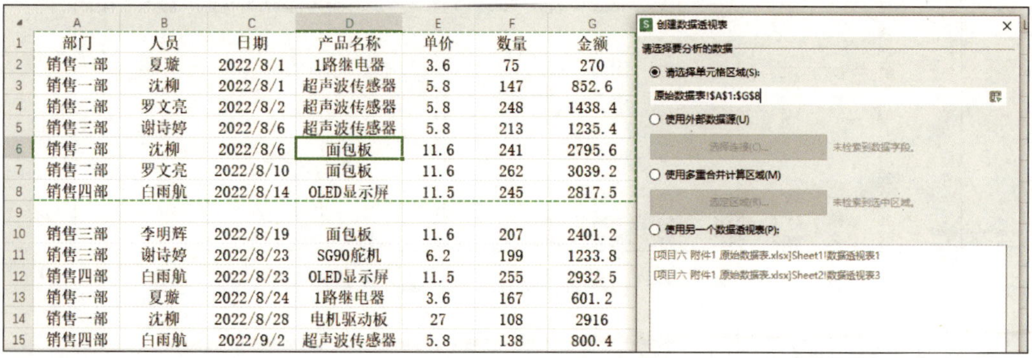

	A	B	C	D	E	F	G
1	部门	人员	日期	产品名称	单价	数量	金额
2	销售一部	夏璇	2022/8/1	1路继电器	3.6	75	270
3	销售一部	沈柳	2022/8/1	超声波传感器	5.8	147	852.6
4	销售二部	罗文亮	2022/8/2	超声波传感器	5.8	248	1438.4
5	销售三部	谢诗婷	2022/8/6	超声波传感器	5.8	213	1235.4
6	销售一部	沈柳	2022/8/6	面包板	11.6	241	2795.6
7	销售二部	罗文亮	2022/8/10	面包板	11.6	262	3039.2
8	销售四部	白雨航	2022/8/14	OLED显示屏	11.5	245	2817.5
9							
10	销售三部	李明辉	2022/8/19	面包板	11.6	207	2401.2
11	销售三部	谢诗婷	2022/8/23	SG90舵机	6.2	199	1233.8
12	销售四部	白雨航	2022/8/23	OLED显示屏	11.5	255	2932.5
13	销售一部	夏璇	2022/8/24	1路继电器	3.6	167	601.2
14	销售一部	沈柳	2022/8/28	电机驱动板	27	108	2916
15	销售四部	白雨航	2022/9/2	超声波传感器	5.8	138	800.4

图 6-1-1　自动选择 1 ~ 8 行数据区域（空行上方）

	A	B	C	D	E	F	G	H
1	部门	人员	日期	产品名称	单价		数量	金额
2	销售一部	夏璇	2022/8/1	1路继电器	3.6		75	270
3	销售一部	沈柳	2022/8/1	超声波传感器	5.8		147	852.6
4	销售二部	罗文亮	2022/8/2	超声波传感器	5.8		248	1438.4
5	销售三部	谢诗婷	2022/8/6	超声波传感器	5.8		213	1235.4
6	销售一部	沈柳	2022/8/6	面包板	11.6		241	2795.6
7	销售二部	罗文亮	2022/8/10	面包板	11.6		262	3039.2
8	销售四部	白雨航	2022/8/14	OLED显示屏	11.5		245	2817.5
9	销售三部	李明辉	2022/8/19	面包板	11.6		207	2401.2
10	销售三部	谢诗婷	2022/8/23	SG90舵机	6.2		199	1233.8
11	销售四部	白雨航	2022/8/23	OLED显示屏	11.5		255	2932.5
12	销售一部	夏璇	2022/8/24	1路继电器	3.6		167	601.2
13	销售一部	沈柳	2022/8/28	电机驱动板	27		108	2916
14	销售四部	白雨航	2022/9/2	超声波传感器	5.8		138	800.4
15	销售一部	沈柳	2022/9/3	面包板	11.6		71	823.6
16	销售二部	韩若雅	2022/9/8	面包板	11.6		297	3445.2

创建数据透视表
请选择要分析的数据
请选择单元格区域(S):
原始数据表!$A$1:$E$291
使用外部数据源(U)
选择连接(C)... 未检索到数据字段。
使用多重合并计算区域(M)
选定区域(R)... 未检索到选中区域。
使用另一个数据透视表(P):
[项目六 附件1 原始数据表.xlsx]Sheet1!数据透视表1
[项目六 附件1 原始数据表.xlsx]Sheet2!数据透视表3

图 6-1-2　自动选择 A~E 列数据区域（空列左方）

解决方法如下：

空行或空列较少时，可使用 Shift 键或 Ctrl 键进行连续或不连续多选后将其删除。空行较多且手动选择比较麻烦时，可在数据左侧建立辅助列并进行序号填充，之后按任意数据列排序后删除多余空行，最后再按辅助列排序还原数据原始顺序，如图 6-1-3 和图 6-1-4 所示，并删除辅助列。

	A	B	C	D	E	F	G
1							
2	辅助列	地区	2019年	2020年	2021年	2022年	2023年
3	1	黑龙江	6523	6456	8789	8784	5421
4	2	吉林	3575	5554	7428	8734	8961
5	3	辽宁	3488	6487	7642	6867	4453
6	4						
7	5	黑龙江	6523	6456	8789	8784	5421
8	6	吉林	3575	5554	7428	8734	8961
9	7	辽宁	3488	6487	7642	6867	4453
10	8						
11	9						
12	10						
13	11	黑龙江	6523	6456	8789	8784	5421
14	12	吉林	3575	5554	7428	8734	8961
15	13	辽宁	3488	6487	7642	6867	4453
16	14						
17	15						
18	16	黑龙江	6523	6456	8789	8784	5421
19	17	吉林	3575	5554	7428	8734	8961
20	18	辽宁	3488	6487	7642	6867	4453
21	19						
22	20						
23	21	黑龙江	6523	6456	8789	8784	5421
24	22	吉林	3575	5554	7428	8734	8961
25	23	辽宁	3488	6487	7642	6867	4453
26	24						
27	25						
28	26						
29	27	黑龙江	6523	6456	8789	8784	5421
30	28	吉林	3575	5554	7428	8734	8961
31	29	辽宁	3488	6487	7642	6867	4453

	A	B	C	D	E	F	G
1							
2	辅助列	地区	2019年	2020年	2021年	2022年	2023年
3	1	黑龙江	6523	6456	8789	8784	5421
4	5	黑龙江	6523	6456	8789	8784	5421
5	11	黑龙江	6523	6456	8789	8784	5421
6	16	黑龙江	6523	6456	8789	8784	5421
7	21	黑龙江	6523	6456	8789	8784	5421
8	27	黑龙江	6523	6456	8789	8784	5421
9	2	吉林	3575	5554	7428	8734	8961
10	6	吉林	3575	5554	7428	8734	8961
11	12	吉林	3575	5554	7428	8734	8961
12	17	吉林	3575	5554	7428	8734	8961
13	22	吉林	3575	5554	7428	8734	8961
14	28	吉林	3575	5554	7428	8734	8961
15	3	辽宁	3488	6487	7642	6867	4453
16	7	辽宁	3488	6487	7642	6867	4453
17	13	辽宁	3488	6487	7642	6867	4453
18	18	辽宁	3488	6487	7642	6867	4453
19	23	辽宁	3488	6487	7642	6867	4453
20	29	辽宁	3488	6487	7642	6867	4453
21	4						
22	8						
23	9						
24	10						
25	14						
26	15						
27	19						
28	20						
29	24						
30	25						
31	26						

图 6-1-3　建立辅助列 A 列，按 B 列排序

2. 数据源中包含空单元格

如果数据源中含有空单元格，那么在创建数据透视表时不会有任何错误提示，也

能够包含完整数据区域，但之后的数据分析处理很容易出现问题，且不易被发现。

	A	B	C	D	E	F	G
1							
2	辅助列	地区	2019年	2020年	2021年	2022年	2023年
3	1	黑龙江	6523	6456	8789	8784	5421
4	2	吉林	3575	5554	7428	8734	8961
5	3	辽宁	3488	6487	7642	6867	4453
6	5	黑龙江	6523	6456	8789	8784	5421
7	6	吉林	3575	5554	7428	8734	8961
8	7	辽宁	3488	6487	7642	6867	4453
9	11	黑龙江	6523	6456	8789	8784	5421
10	12	吉林	3575	5554	7428	8734	8961
11	13	辽宁	3488	6487	7642	6867	4453
12	16	黑龙江	6523	6456	8789	8784	5421
13	17	吉林	3575	5554	7428	8734	8961
14	18	辽宁	3488	6487	7642	6867	4453
15	21	黑龙江	6523	6456	8789	8784	5421
16	22	吉林	3575	5554	7428	8734	8961
17	23	辽宁	3488	6487	7642	6867	4453
18	27	黑龙江	6523	6456	8789	8784	5421
19	28	吉林	3575	5554	7428	8734	8961
20	29	辽宁	3488	6487	7642	6867	4453

图 6-1-4　按辅助列 A 列排序

解决方法如下：

对于数据源中的少量空单元格，可以通过手动输入“0”的方式进行填充，避免空单元格影响统计结果，出现错误。如果数据源中空单元格较多，则可以使用定位空值的方法，在“查找”下拉菜单中选择“定位”，打开“定位”对话框，选中“空值”单选框，单击“定位”按钮，手动输入一个“0”后按 Ctrl+Enter 组合键在所有空单元格中填充数字“0”，过程如图 6-1-5 至图 6-1-7 所示。

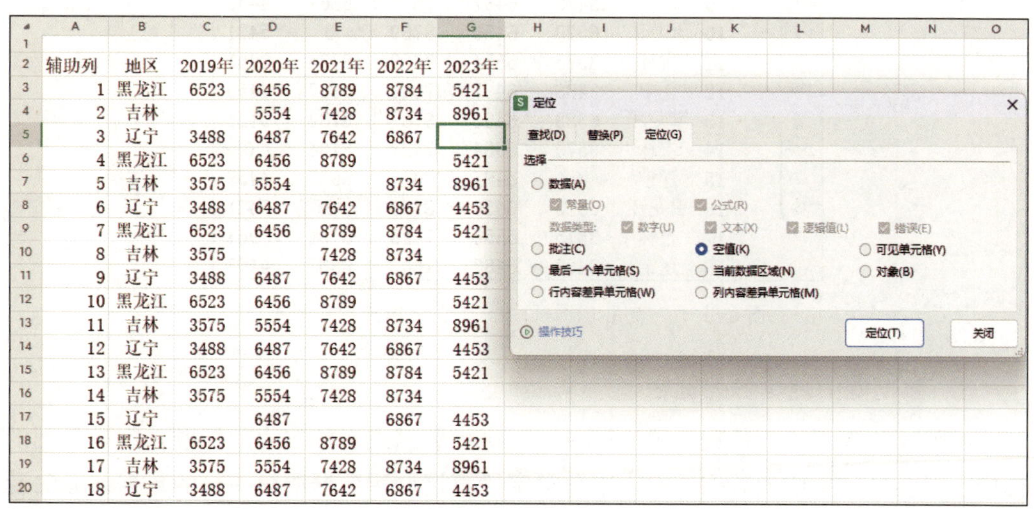

	A	B	C	D	E	F	G
1							
2	辅助列	地区	2019年	2020年	2021年	2022年	2023年
3	1	黑龙江	6523	6456	8789	8784	5421
4	2	吉林		5554	7428	8734	8961
5	3	辽宁	3488	6487	7642	6867	
6	4	黑龙江	6523	6456	8789		5421
7	5	吉林	3575	5554		8734	8961
8	6	辽宁	3488	6487	7642	6867	4453
9	7	黑龙江	6523	6456	8789	8784	5421
10	8	吉林	3575		7428	8734	
11	9	辽宁	3488	6487	7642	6867	4453
12	10	黑龙江	6523	6456	8789		5421
13	11	吉林	3575	5554	7428	8734	8961
14	12	辽宁	3488	6487	7642	6867	4453
15	13	黑龙江	6523	6456	8789	8784	5421
16	14	吉林	3575	5554	7428	8734	
17	15	辽宁		6487		6867	4453
18	16	黑龙江	6523	6456	8789		5421
19	17	吉林	3575	5554	7428	8734	8961
20	18	辽宁	3488	6487	7642	6867	4453

图 6-1-5　选中“空值”单选框

	A	B	C	D	E	F	G
1							
2	辅助列	地区	2019年	2020年	2021年	2022年	2023年
3	1	黑龙江	6523	6456	8789	8784	5421
4	2	吉林	0	5554	7428	8734	8961
5	3	辽宁	2019年	6487	7642	6867	
6	4	黑龙江		6456	8789		5421
7	5	吉林	3575	5554		8734	8961
8	6	辽宁	3488	6487	7642	6867	4453
9	7	黑龙江	6523	6456	8789	8784	5421
10	8	吉林	3575		7428	8734	
11	9	辽宁	3488	6487	7642	6867	4453
12	10	黑龙江	6523	6456	8789		5421
13	11	吉林	3575	5554	7428	8734	8961
14	12	辽宁	3488	6487	7642	6867	4453
15	13	黑龙江	6523	6456	8789	8784	5421
16	14	吉林	3575	5554	7428	8734	
17	15	辽宁		6487		6867	4453
18	16	黑龙江	6523	6456	8789		5421
19	17	吉林	3575	5554	7428	8734	8961
20	18	辽宁	3488	6487	7642	6867	4453

图 6-1-6 定位“空值”并手动输入一个“0”的效果

	A	B	C	D	E	F	G
1							
2	辅助列	地区	2019年	2020年	2021年	2022年	2023年
3	1	黑龙江	6523	6456	8789	8784	5421
4	2	吉林	0	5554	7428	8734	8961
5	3	辽宁	3488	6487	7642	6867	0
6	4	黑龙江	6523	6456	8789	0	5421
7	5	吉林	3575	5554	0	8734	8961
8	6	辽宁	3488	6487	7642	6867	4453
9	7	黑龙江	6523	6456	8789	8784	5421
10	8	吉林	3575	0	7428	8734	0
11	9	辽宁	3488	6487	7642	6867	4453
12	10	黑龙江	6523	6456	8789	0	5421
13	11	吉林	3575	5554	7428	8734	8961
14	12	辽宁	3488	6487	7642	6867	4453
15	13	黑龙江	6523	6456	8789	8784	5421
16	14	吉林	3575	5554	7428	8734	0
17	15	辽宁	0	6487	0	6867	4453
18	16	黑龙江	6523	6456	8789	0	5421
19	17	吉林	3575	5554	7428	8734	8961
20	18	辽宁	3488	6487	7642	6867	4453

图 6-1-7 使用 Ctrl+Enter 组合键填充后的效果

3. 数据源中缺少各列标题

如图 6-1-8 所示，若数据源的第一行直接为数据或者数据表的标题，不是各列的标题，则会导致生成的数据透视表中分类字段直接调用数据源第一行的数据，无法看出各列数据的含义，对后续操作产生影响，如图 6-1-9 所示。

	A	B	C	D	E	F	G	H
1	销售一部	夏璇	2022/8/1	1路继电器	3.6		75	270
2	销售一部	沈柳	2022/8/1	超声波传感器	5.8		147	852.6
3	销售二部	罗文亮	2022/8/2	超声波传感器	5.8		248	1438.4
4	销售三部	谢诗婷	2022/8/6	超声波传感器	5.8		213	1235.4
5	销售一部	沈柳	2022/8/6	面包板	11.6		241	2795.6
6	销售二部	罗文亮	2022/8/10	面包板	11.6		262	3039.2
7	销售四部	白雨航	2022/8/14	OLED显示屏	11.5		245	2817.5
8	销售三部	李明辉	2022/8/19	面包板	11.6		207	2401.2

图 6-1-8　第一行不是各列的标题

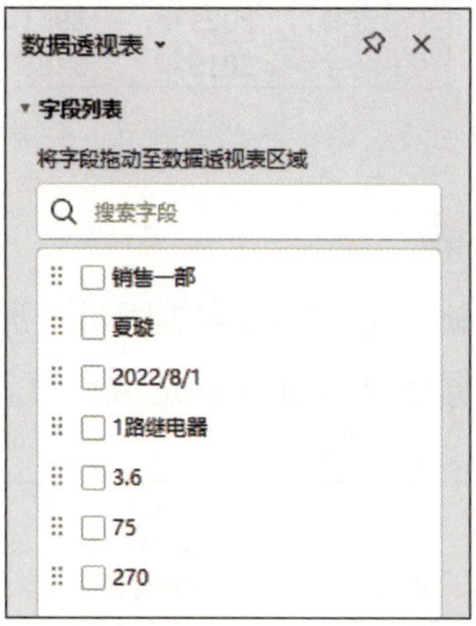

数据透视表
字段列表
将字段拖动至数据透视表区域
搜索字段
- 销售一部
- 夏璇
- 2022/8/1
- 1路继电器
- 3.6
- 75
- 270

图 6-1-9　数据透视表中无法得到正确字段

解决方法如下：

在第一行数据上方补充合理的各列标题后进行数据透视表的创建。

4. 数据源的不同列中包含同类字段

如图 6-1-10 所示的数据表称为二维表，即数据源的不同列中包含类型相同的数据（同类字段），数据区域的值代表的含义需要同时通过行与列来确定，如“黑龙江”与“2019 年”对应的销售额数据为“6 523”。这种表格在日常记录中较为常见，然而数据透视表更适合处理一维表，即每一行都是一条独立、完整的记录，每一列都有固定的属性（列标题），如图 6-1-11 所示。

解决方法如下：

使用公式或数据透视表整理数据源，将二维表转换为一维表，具体操作步骤参见“任务实施”部分。

	A	B	C	D	E	F
1	地区	2019年	2020年	2021年	2022年	2023年
2	黑龙江	6523	6456	8789	8784	5421
3	吉林	3575	5554	7428	8734	8961
4	辽宁	3488	6487	7642	6867	4453

图 6-1-10　通过表格的行与列同时确定对应值的含义

	A	B	C
1	地区	年份	销售额
2	黑龙江	2019年	6523
3	黑龙江	2020年	6456
4	黑龙江	2021年	8789
5	黑龙江	2022年	8784
6	黑龙江	2023年	5421
7	吉林	2019年	3575
8	吉林	2020年	5554
9	吉林	2021年	7428
10	吉林	2022年	8734
11	吉林	2023年	8961
12	辽宁	2019年	3488

图 6-1-11　每一行均为独立、完整的记录

5. 数据源中有合并单元格

如果数据源中有合并单元格，如图 6-1-12 所示，那么在处理数据时，合并单元格对应的各列数据中仅有部分数据会纳入计算，造成计算错误。

	A	B	C	D	E	F	G	H
1	销售一部	夏璇	2022/8/1	1路继电器	3.6		75	270
2	销售一部		2022/8/1	超声波传感器	5.8		147	852.6
3	销售二部	罗文亮	2022/8/2	超声波传感器	5.8		248	1438.4
4	销售三部	谢诗婷	2022/8/6	超声波传感器	5.8		213	1235.4
5	销售一部	沈柳	2022/8/6	面包板	11.6		241	2795.6
6	销售二部	罗文亮	2022/8/10	面包板	11.6		262	3039.2
7	销售四部	白雨航	2022/8/14	OLED显示屏	11.5		245	2817.5
8	销售三部	李明辉	2022/8/19	面包板	11.6		207	2401.2

图 6-1-12　数据源中有合并单元格

解决方法如下：

单击功能区“开始”选项卡中的“合并”下拉按钮，在下拉菜单中选择“拆分并填充内容”，如图 6-1-13 所示，快速拆分合并单元格并将其内容填充至各个单元格。

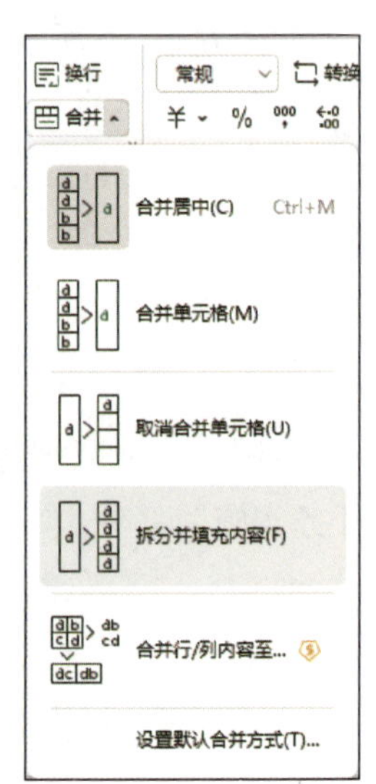

图 6-1-13　选择“拆分并填充内容”

6. 数据源中有小计或合计信息

数据源中含有小计或合计信息时，在生成数据透视表后，该行也会被识别为一条正常记录并参与计算与统计，得出错误结果。

解决方法如下：

预先检查并删除小计或合计信息的相关数据行。

三、数据透视表中数据的更新

在数据源发生变化后，已生成的数据透视表中的数据不

会自动刷新，需要在数据透视表中任意位置单击鼠标右键，在弹出的快捷菜单中选择“刷新”进行手动刷新，如图 6-1-14 所示。

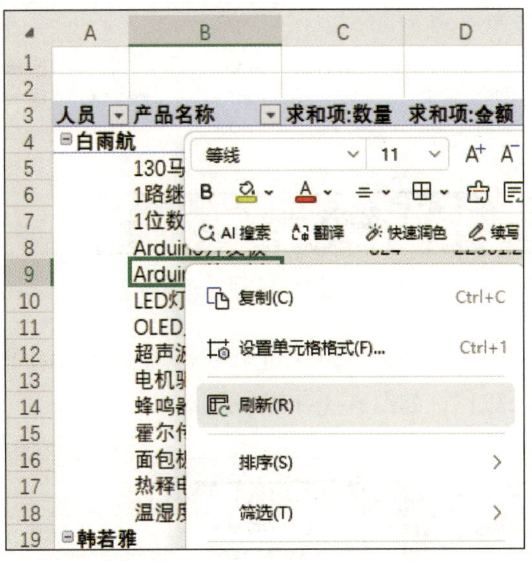

图 6-1-14　数据更改后需要手动刷新

四、动态数据透视表的创建

在使用数据透视表进行数据分析时，常常会由于时间的推移要输入新的数据，而默认建立数据透视表的范围是固定的，无法将新增数据纳入统计范围。因此，可以通过 WPS 表格的自动扩展功能创建动态数据透视表，即时查看最新数据。

1. 选定数据区域中的任意单元格，单击功能区“插入”选项卡中的“表格”按钮，弹出“创建表”对话框，保持默认选项，如图 6-1-15 所示，单击“确定”按钮。

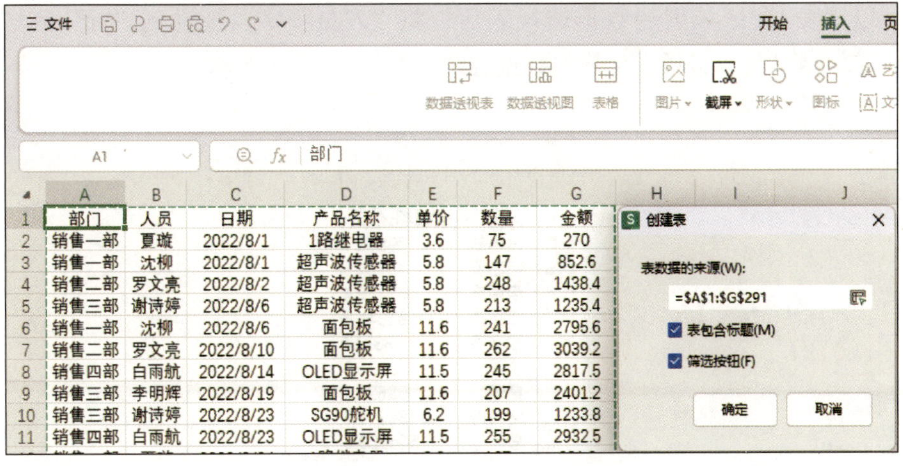

图 6-1-15　“创建表”对话框

2. 创建表后，在功能区“表格工具”选项卡最左端即可看到“表名称”默认为“表 1”，如图 6–1–16 所示。

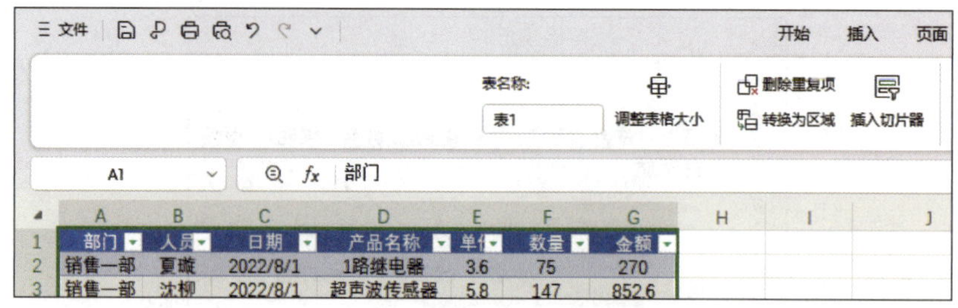

图 6-1-16　核对“表名称”

3. 选定“表 1”中任意单元格，再次进行数据透视表的创建，此时“请选择单元格区域”中自动填充“表 1”，如图 6–1–17 所示。

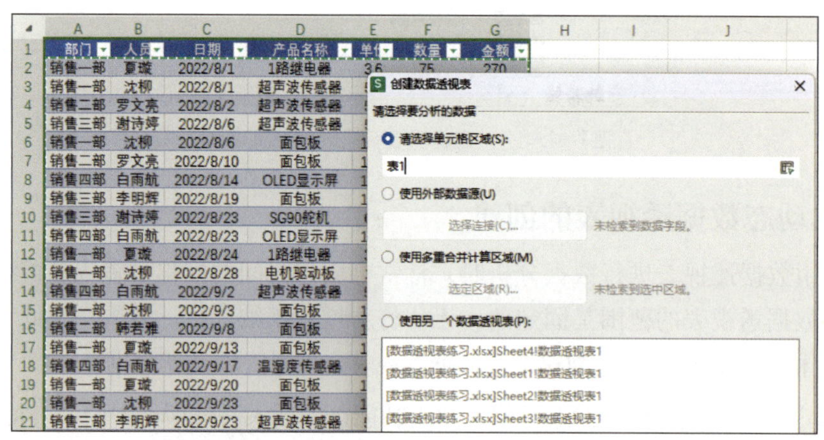

图 6-1-17　“请选择单元格区域”中自动填充“表 1”

4. 以“表 1”区域创建数据透视表后，将“人员”字段拖动到“行”区域，将“金额”拖动到“值”区域，生成的数据透视表如图 6–1–18 所示。

人员	求和项:金额
白雨航	79868.9
韩若雅	48764.6
李明辉	65429.4
陆英杰	81841.8
罗文亮	83314
沈柳	53016.9
夏璇	52623.4
谢诗婷	81371.5
总计	546230.5

图 6-1-18　生成的数据透视表

5. 在数据区域下方空行中新增一条数据记录进行检验，输入“人员”为“测试”、“产品名称”为“测试”、“金额”为“10 000”，此时新增数据自动并入数据区域，如图 6–1–19 所示。

	A	B	C	D	E	F	G
286	销售一部	夏璇	2024/3/8	LED灯珠	3.2	128	409.6
287	销售四部	白雨航	2024/3/12	1位数码管	1.5	216	324
288	销售三部	谢诗婷	2024/3/13	SG90舵机	6.2	114	706.8
289	销售四部	陆英杰	2024/3/14	Adruino开发板	43.8	133	5825.4
290	销售四部	白雨航	2024/3/15	130马达	2	275	550
291	销售三部	谢诗婷	2024/3/15	Adruino开发板	43.8	227	9942.6
292		测试		测试			10000

图 6–1–19　新增数据自动并入数据区域

6. 在已创建的数据透视表中的任意位置单击鼠标右键，在弹出的快捷菜单中选择“刷新”，即可在数据透视表中看到新增的“测试”相关数据，如图 6–1–20 所示。

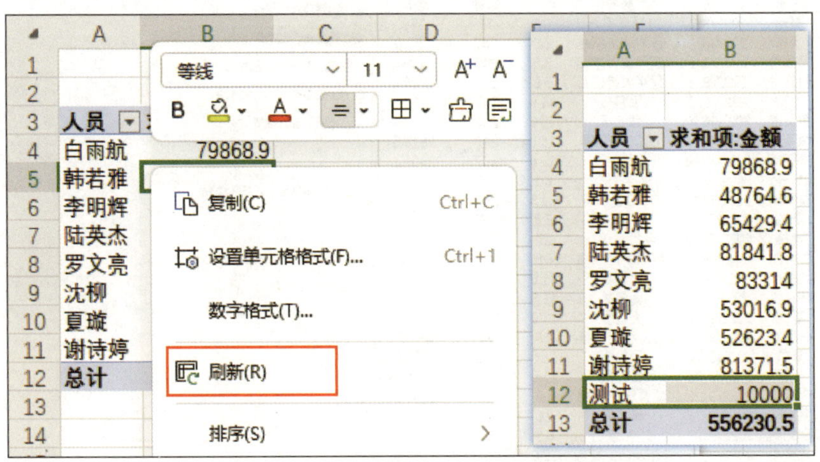

图 6–1–20　刷新后自动出现新增数据

1. 使用原始数据创建数据透视表

（1）启动 WPS Office，打开素材文档“原始数据表”，部分数据如图 6–1–21 所示。

（2）在数据中单击任意单元格（如 A1 单元格），单击功能区“插入”选项卡中的“数据透视表”按钮（或单击功能区“数据”选项卡中的“数据透视表”按钮），弹出“创建数据透视表”对话框，此时该表的全部数据被自动选定，如图 6–1–22 所示。

	A	B	C	D	E	F	G
1	部门	人员	日期	产品名称	单价	数量	金额
2	销售一部	夏璇	2022/8/1	1路继电器	3.6	75	270
3	销售一部	沈柳	2022/8/1	超声波传感器	5.8	147	852.6
4	销售二部	罗文亮	2022/8/2	超声波传感器	5.8	248	1438.4
5	销售三部	谢诗婷	2022/8/6	超声波传感器	5.8	213	1235.4
6	销售一部	沈柳	2022/8/6	面包板	11.6	241	2795.6
7	销售二部	罗文亮	2022/8/10	面包板	11.6	262	3039.2
8	销售四部	白雨航	2022/8/14	OLED显示屏	11.5	245	2817.5
9	销售三部	李明辉	2022/8/19	面包板	11.6	207	2401.2
10	销售三部	谢诗婷	2022/8/23	SG90舵机	6.2	199	1233.8
11	销售四部	白雨航	2022/8/23	OLED显示屏	11.5	255	2932.5
12	销售一部	夏璇	2022/8/24	1路继电器	3.6	167	601.2
13	销售一部	沈柳	2022/8/28	电机驱动板	27	108	2916
14	销售四部	白雨航	2022/9/2	超声波传感器	5.8	138	800.4
15	销售一部	沈柳	2022/9/3	面包板	11.6	71	823.6
16	销售二部	韩若雅	2022/9/8	面包板	11.6	297	3445.2

图 6-1-21 “原始数据表”的部分数据

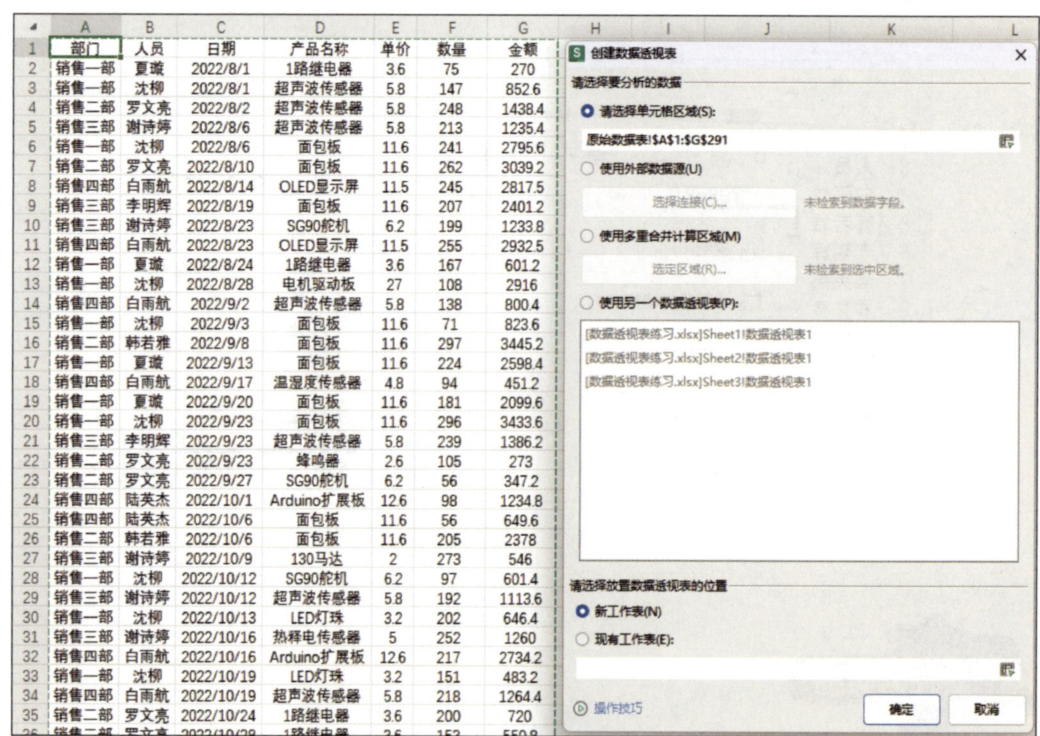

	A	B	C	D	E	F	G
1	部门	人员	日期	产品名称	单价	数量	金额
2	销售一部	夏璇	2022/8/1	1路继电器	3.6	75	270
3	销售一部	沈柳	2022/8/1	超声波传感器	5.8	147	852.6
4	销售二部	罗文亮	2022/8/2	超声波传感器	5.8	248	1438.4
5	销售三部	谢诗婷	2022/8/6	超声波传感器	5.8	213	1235.4
6	销售一部	沈柳	2022/8/6	面包板	11.6	241	2795.6
7	销售二部	罗文亮	2022/8/10	面包板	11.6	262	3039.2
8	销售四部	白雨航	2022/8/14	OLED显示屏	11.5	245	2817.5
9	销售三部	李明辉	2022/8/19	面包板	11.6	207	2401.2
10	销售三部	谢诗婷	2022/8/23	SG90舵机	6.2	199	1233.8
11	销售四部	白雨航	2022/8/23	OLED显示屏	11.5	255	2932.5
12	销售一部	夏璇	2022/8/24	1路继电器	3.6	167	601.2
13	销售一部	沈柳	2022/8/28	电机驱动板	27	108	2916
14	销售四部	白雨航	2022/9/2	超声波传感器	5.8	138	800.4
15	销售一部	沈柳	2022/9/3	面包板	11.6	71	823.6
16	销售二部	韩若雅	2022/9/8	面包板	11.6	297	3445.2
17	销售一部	夏璇	2022/9/13	面包板	11.6	224	2598.4
18	销售四部	白雨航	2022/9/17	温湿度传感器	4.8	94	451.2
19	销售一部	夏璇	2022/9/20	面包板	11.6	181	2099.6
20	销售一部	沈柳	2022/9/23	面包板	11.6	296	3433.6
21	销售三部	李明辉	2022/9/23	超声波传感器	5.8	239	1386.2
22	销售二部	罗文亮	2022/9/23	蜂鸣器	2.6	105	273
23	销售二部	罗文亮	2022/9/27	SG90舵机	6.2	56	347.2
24	销售四部	陆英杰	2022/10/1	Arduino扩展板	12.6	98	1234.8
25	销售四部	陆英杰	2022/10/6	面包板	11.6	56	649.6
26	销售二部	韩若雅	2022/10/6	面包板	11.6	205	2378
27	销售三部	谢诗婷	2022/10/9	130马达	2	273	546
28	销售一部	沈柳	2022/10/12	SG90舵机	6.2	97	601.4
29	销售三部	谢诗婷	2022/10/12	超声波传感器	5.8	192	1113.6
30	销售一部	沈柳	2022/10/13	LED灯珠	3.2	202	646.4
31	销售三部	谢诗婷	2022/10/16	热释电传感器	5	252	1260
32	销售四部	白雨航	2022/10/16	Arduino扩展板	12.6	217	2734.2
33	销售一部	沈柳	2022/10/19	LED灯珠	3.2	151	483.2
34	销售四部	白雨航	2022/10/19	超声波传感器	5.8	218	1264.4
35	销售二部	罗文亮	2022/10/24	1路继电器	3.6	200	720

图 6-1-22 “创建数据透视表”对话框

（3）保持“创建数据透视表”对话框中的默认设置，单击“确定”按钮，即可在新工作表中插入一张数据透视表（用户也可以根据实际要求，选定不同的单元格区域以及放置数据透视表的位置），如图 6-1-23 所示。

图 6-1-23　在新工作表中插入一张数据透视表

2. 使用数据透视表进行数据分析

（1）将销售数据按照部门及人员进行汇总求和。

在工作界面右侧的任务窗格中将“部门”与“人员”字段依次拖动到下方“行”区域，将“金额”拖动到下方“值”区域，此时，数据透视表会自动将销售金额根据部门与所属人员进行分类汇总，如图 6-1-24 所示。

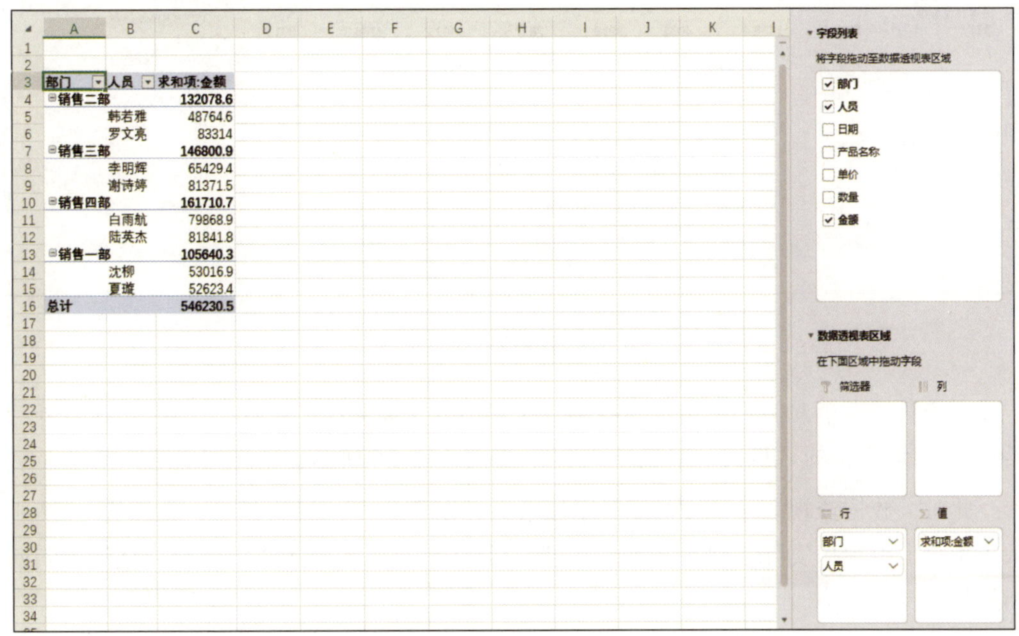

图 6-1-24　将销售金额根据部门与所属人员进行分类汇总

提示

数据透视表的布局与字段拖动的先后顺序有关，需要看清“数据透视表区域”中的“行”“列”“值”区域中的字段顺序。

（2）将各类产品销售金额按照时间进行汇总求和，查看各类产品在不同年份的销售情况。

新建一张数据透视表，在工作界面右侧的任务窗格中将“产品名称”字段拖动到“行”区域，将“日期”字段拖动到“列”区域，将“金额”字段拖动到“值”区域，如图 6-1-25 所示。

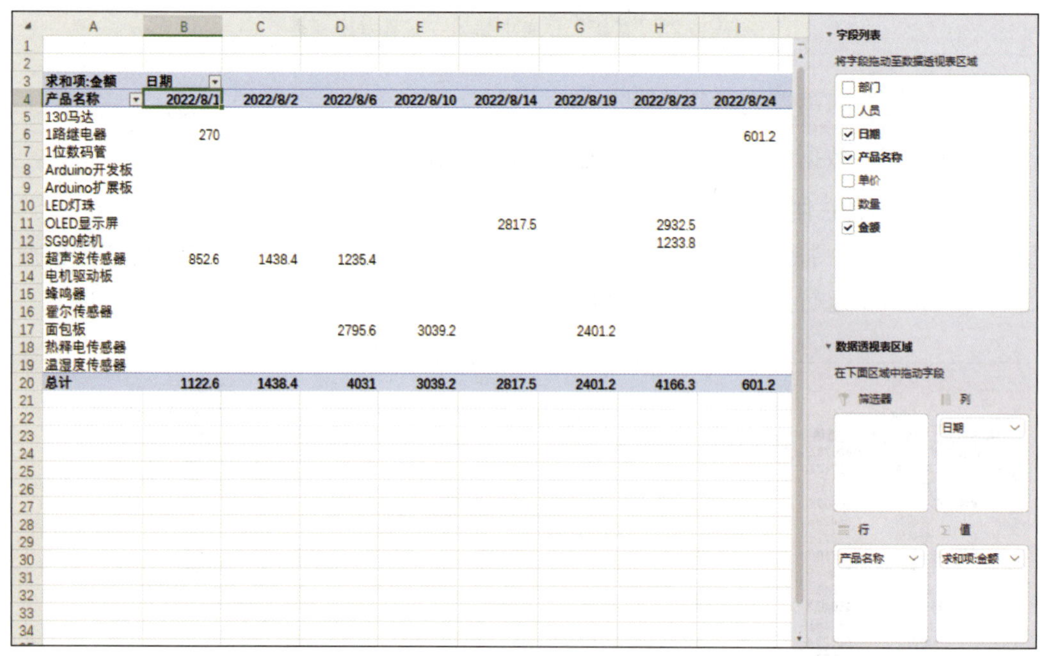

求和项:金额	日期							
产品名称	2022/8/1	2022/8/2	2022/8/6	2022/8/10	2022/8/14	2022/8/19	2022/8/23	2022/8/24
130马达								
1路继电器	270							601.2
1位数码管								
Arduino开发板								
Arduino扩展板								
LED灯珠								
OLED显示屏					2817.5		2932.5	
SG90舵机							1233.8	
超声波传感器	852.6	1438.4	1235.4					
电机驱动板								
蜂鸣器								
霍尔传感器								
面包板			2795.6	3039.2		2401.2		
热释电传感器								
温湿度传感器								
总计	1122.6	1438.4	4031	3039.2	2817.5	2401.2	4166.3	601.2

图 6-1-25　在“行”“列”“值”区域添加字段

在任意日期单元格上单击鼠标右键，在弹出的快捷菜单中选择“组合”，在打开的“组合”对话框中的“步长”中选择“年”，如图 6-1-26 所示，单击“确定”按钮。

此时，数据透视表中的“日期”字段会自动以年为单位进行组合，如图 6-1-27 所示。用户也可根据实际需要，选择“季度”“月”等（可多选）进行组合，查看不同期间的数据。

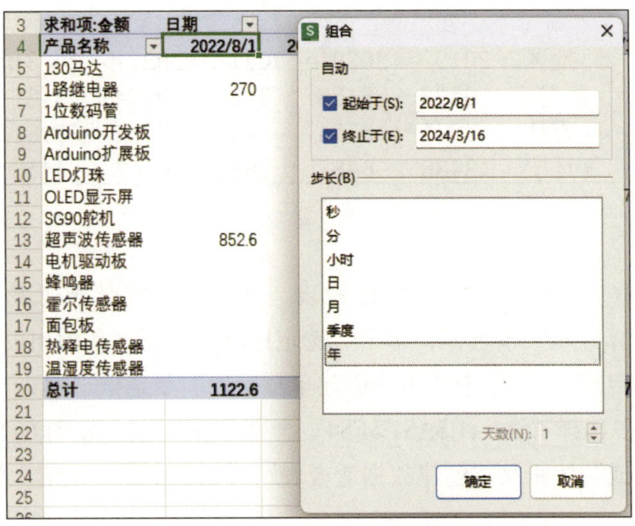

图 6-1-26　在“步长”中选择“年”

3	求和项:金额	日期			
4	产品名称	2022年	2023年	2024年	总计
5	130马达	962	4216	702	5880
6	1路继电器	4662	6955.2	1958.4	13575.6
7	1位数码管	352.5	3673.5	1159.5	5185.5
8	Arduino开发板	11125.2	150672	35127.6	196924.8
9	Arduino扩展板	9450	51622.2	9399.6	70471.8
10	LED灯珠	4572.8	5628.8	1856	12057.6
11	OLED显示屏	9142.5	13018	5692.5	27853
12	SG90舵机	5344.4	14464.6	4904.2	24713.2
13	超声波传感器	8091	2708.6		10799.6
14	电机驱动板	12555	25083	4428	42066
15	蜂鸣器	1783.6	6830.2		8613.8
16	霍尔传感器	523.8	1776.6	399.6	2700
17	面包板	33918.4	57988.4	8734.8	100641.6
18	热释电传感器	1570	12505	1745	15820
19	温湿度传感器	1248	6518.4	1161.6	8928
20	总计	105301.2	363660.5	77268.8	546230.5

图 6-1-27　以年为单位组合数据

3. 将二维表转换为一维表

在制作数据透视表进行有效数据处理时，原始数据的格式对结果有着很大的影响，对于上文在“相关知识”中提到的不同列含有同类数据的情况，可以通过公式或者数据透视表进行二维表到一维表的转换。

相比于输入复杂的公式，通过数据透视表进行转换的方法更为方便直观。将转换好的数据处理为标准格式后，再次创建新的数据透视表即可进行灵活、有效的分析。

（1）打开素材文档“原始数据表 2”，原始二维表如图 6-1-28 所示，B ~ F 列的列标题均为具体年份。

	A	B	C	D	E	F
1	地区	2019年	2020年	2021年	2022年	2023年
2	黑龙江	6523	6456	8789	8784	5421
3	吉林	3575	5554	7428	8734	8961
4	辽宁	3488	6487	7642	6867	4453

图 6-1-28 原始二维表

（2）选定任意单元格，创建数据透视表，在“创建数据透视表”对话框中选中“使用多重合并计算区域”单选框，单击“选定区域”按钮，在弹出的“数据透视表向导 - 第 1 步，共 2 步”对话框中选中“创建单页字段”单选框，单击“下一步”按钮，在下一个对话框中选择“Sheet1!$A$1:$F$4”全部数据区域，如图 6-1-29 所示，依次单击“添加”“完成”按钮及“创建数据透视表”对话框中的“确定”按钮。

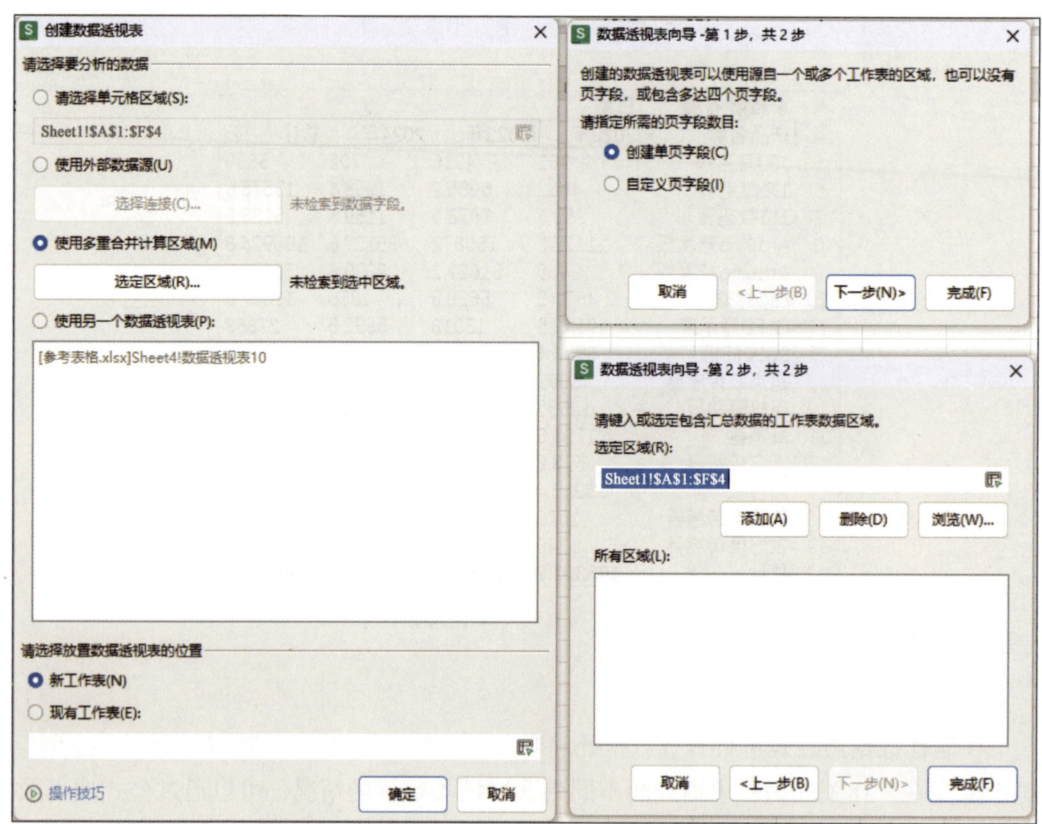

图 6-1-29 使用多重合并计算区域创建数据透视表

（3）在新创建的数据透视表中，双击右下角行、列总计所在的 G8 单元格，系统在新工作表中生成以一维表形式统计的明细数据，如图 6-1-30 所示。

页1	(全部)					
求和项:值	列					
行	2019年	2020年	2021年	2022年	2023年	总计
黑龙江	6523	6456	8789	8784	5421	35973
吉林	3575	5554	7428	8734	8961	34252
辽宁	3488	6487	7642	6867	4453	28937
总计	13586	18497	23859	24385	18835	99162

Sheet2　二维表　9万9162

行	列	值	页1
黑龙江	2019年	6523	项1
黑龙江	2020年	6456	项1
黑龙江	2021年	8789	项1
黑龙江	2022年	8784	项1
黑龙江	2023年	5421	项1
吉林	2019年	3575	项1
吉林	2020年	5554	项1
吉林	2021年	7428	项1
吉林	2022年	8734	项1
吉林	2023年	8961	项1
辽宁	2019年	3488	项1
辽宁	2020年	6487	项1
辽宁	2021年	7642	项1
辽宁	2022年	6867	项1
辽宁	2023年	4453	项1

Sheet3　Sheet2　二维表

图 6-1-30　将二维表转换为一维表

将前三列数据复制到新工作表中，分别修改 A1、B1、C1 单元格中的数据为“地区”“年度”“销售额”并保存，完成从二维表到一维表的转换。

任务 2　筛选报表数据

1. 能够在数据透视表中使用筛选功能进行数据筛选。
2. 能够使用筛选器生成报表筛选页。
3. 能够使用切片器进行数据的快速筛选。

通过数据透视表了解数据时，很多情况下并不需要同时查看所有项目中的所有数

据，而是仅查看某一部门、某一期间的相关数据，因此可以通过数据透视表的相关筛选功能进行布局调整与数据筛选。

本任务以查看不同人员对应的不同产品销售额为目的，通过基本筛选功能以及数据透视表中的筛选器和切片器的相关功能快速进行数据的筛选。

一、筛选器的使用方法

筛选器是数据处理时常用的工具，能够根据筛选条件快速生成多页单独的工作表，方便在不同情况下对数据进行查阅。如图 6–2–1 所示，通过筛选器将销售数据按照不同部门生成单独工作表，每张工作表中均为该部门产品销售数据的数据透视表。

部门	销售一部	
人员	产品名称	求和项:金额
沈柳		53016.9
	130马达	1328
	1路继电器	291.6
	1位数码管	291
	Adruino开发板	9855
	Adruino扩展板	4158
	LED灯珠	1692.8
	OLED显示屏	3461.5
	SG90舵机	7973.2
	超声波传感器	852.6
	电机驱动板	7506
	蜂鸣器	923
	面包板	13142.8
	热释电传感器	495
	温湿度传感器	1046.4
夏璇		52623.4
	130马达	630
	1路继电器	3697.2
	1位数码管	171
	Adruino开发板	6351
	Adruino扩展板	7018.2
	LED灯珠	646.4
	OLED显示屏	3864

图 6–2–1　销售一部人员销售数据

二、切片器的使用方法

切片器是数据透视表中一种非常实用的工具，可以快速过滤数据透视表中的数据。通过切片器用户可以轻松实现对数据透视表的操作，相对于筛选功能，只需单击切片器中的不同选项按钮如“销售三部”“李明辉”“1 路继电器”等就可以快速查看所需数据，实现数据的动态展示，三个不同字段的切片器如图 6–2–2 所示。

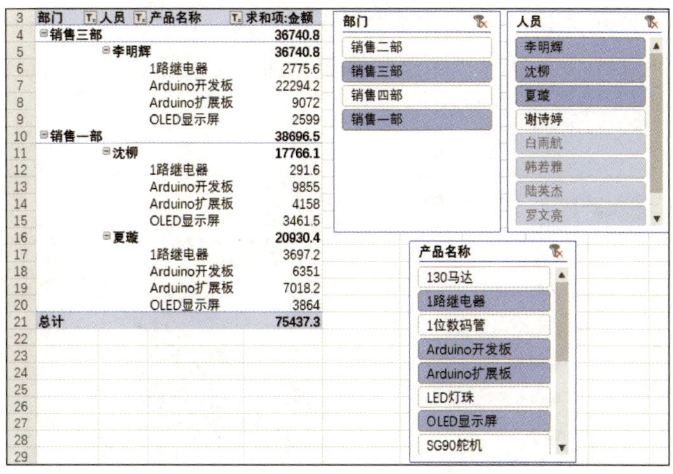

部门	人员	产品名称	求和项:金额
销售三部			36740.8
	李明辉		36740.8
		1路继电器	2775.6
		Arduino开发板	22294.2
		Arduino扩展板	9072
		OLED显示屏	2599
销售一部			38696.5
	沈柳		17766.1
		1路继电器	291.6
		Arduino开发板	9855
		Arduino扩展板	4158
		OLED显示屏	3461.5
	夏璇		20930.4
		1路继电器	3697.2
		Arduino开发板	6351
		Arduino扩展板	7018.2
		OLED显示屏	3864
总计			75437.3

图 6-2-2　三个不同字段的切片器

1．使用数据透视表中的筛选功能进行数据筛选

（1）打开素材文档“原始数据表”，新建一张数据透视表，“行”区域中的字段为“人员”“产品名称”，“列”区域中的字段为空，“值”区域中的字段为“金额”，如图 6-2-3 所示。

人员	产品名称	求和项:金额
白雨航		79868.9
	130马达	1594
	1路继电器	702
	1位数码管	876
	Adruino开发板	22951.2
	Adruino扩展板	19467
	LED灯珠	1411.2
	OLED显示屏	8763
	超声波传感器	2064.8
	电机驱动板	8316
	蜂鸣器	455
	霍尔传感器	240.3
	面包板	11750.8
	热释电传感器	260
	温湿度传感器	1017.6
韩若雅		48764.6
	130马达	160
	1路继电器	1476
	1位数码管	192
	Adruino开发板	19096.8
	Adruino扩展板	2293.2
	LED灯珠	1472
	OLED显示屏	3151
	蜂鸣器	1352
	霍尔传感器	469.8
	面包板	12586
	热释电传感器	2815
	温湿度传感器	3700.8
李明辉		65429.4

图 6-2-3　初始数据透视表

（2）在 A3、B3 单元格中已经自动生成下拉按钮，在“人员”下拉菜单中勾选“白雨航”“罗文亮”复选框，单击“确定”按钮，即可筛选出这两名人员的销售情况，如图 6-2-4 所示。

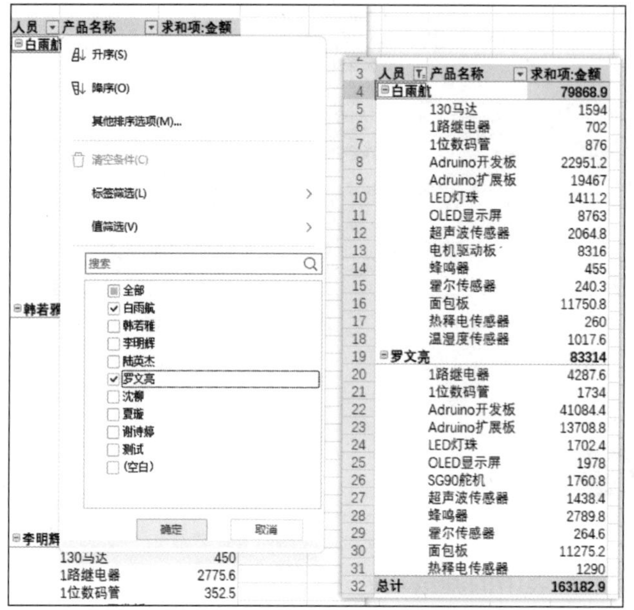

图 6-2-4 手动筛选所需字段

（3）与普通筛选功能类似，数据透视表中的筛选也可以在多列中同时进行。如果需查看三名人员某三种产品的销售情况，则可先取消上一步的筛选，并在“人员”下拉菜单中勾选“白雨航”“韩若雅”“李明辉”复选框，在“产品名称”下拉菜单中勾选“1 位数码管”“Adruino 开发板”“LED 灯珠”复选框，结果如图 6-2-5 所示。

3	人员	产品名称	求和项:金额
4	白雨航		25238.4
5		1位数码管	876
6		Adruino开发板	22951.2
7		LED灯珠	1411.2
8	韩若雅		20760.8
9		1位数码管	192
10		Adruino开发板	19096.8
11		LED灯珠	1472
12	李明辉		26361.9
13		1位数码管	352.5
14		Adruino开发板	22294.2
15		LED灯珠	3715.2
16	总计		72361.1

图 6-2-5 多个字段同时筛选的结果

（4）可以按照条件进行筛选。

1）如需在上一步的基础上查看销售额在 1 000 元及以上的产品，则先单击“求和项:金额”右侧的 D1 单元格，再单击功能区“数据”选项卡中的“筛选”按钮，C3 单元格中出现下拉按钮，如图 6-2-6 所示。

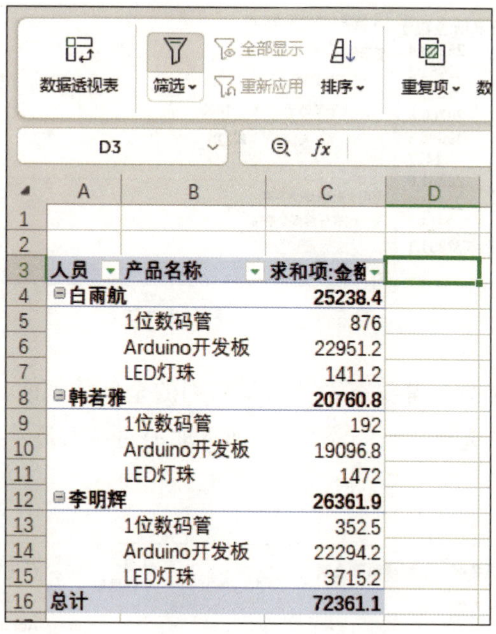

图 6-2-6　C3 单元格中出现下拉按钮

2）单击“求和项:金额”下拉按钮，单击“数字筛选”按钮，选择“大于或等于”，如图 6-2-7 所示。

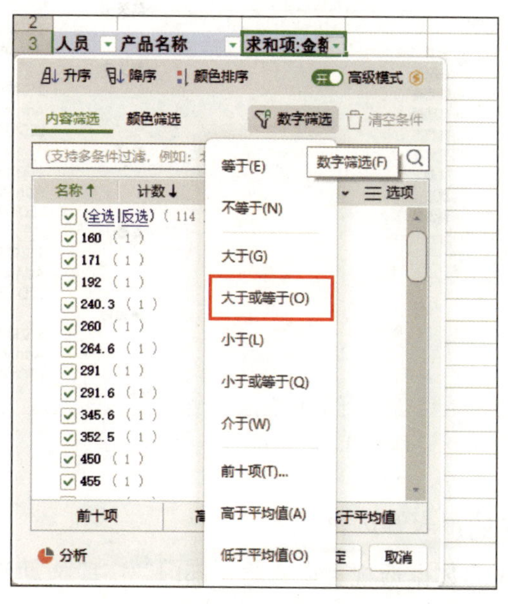

图 6-2-7　使用“数字筛选”

3）在弹出的对话框中的“大于或等于”中输入“1 000”，单击“确定”按钮，小于 1 000 的数据即被隐藏，如图 6-2-8 所示。

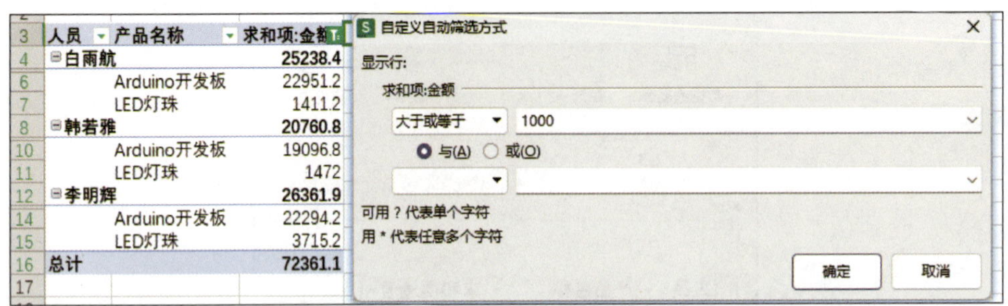

图 6-2-8　部分数据隐藏

（5）取消某列的筛选。需要查看“人员”列的全部数据时，先单击该列的筛选按钮，再在弹出的菜单中选择“清空条件”，即可取消对“人员”列的筛选，如图 6-2-9 所示。

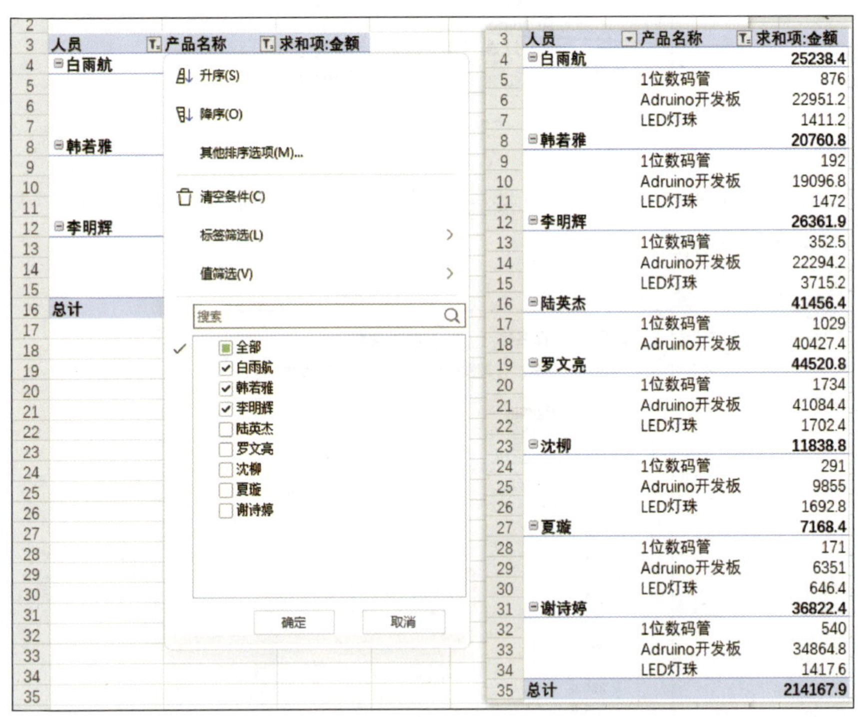

图 6-2-9　取消对“人员”列的筛选

2. 使用筛选器生成报表筛选页

（1）在上一步创建的数据透视表中，将“部门”字段拖动到“筛选器”区域，如图 6-2-10 所示。

	A	B	C
1	部门	(全部)	
2			
3	人员	产品名称	求和项:金额
4	白雨航		25238.4
5		1位数码管	876
6		Adruino开发板	22951.2
7		LED灯珠	1411.2
8	韩若雅		20760.8
9		1位数码管	192
10		Adruino开发板	19096.8
11		LED灯珠	1472
12	李明辉		26361.9
13		1位数码管	352.5
14		Adruino开发板	22294.2
15		LED灯珠	3715.2
16	陆英杰		41456.4
17		1位数码管	1029
18		Adruino开发板	40427.4
19	罗文亮		44520.8
20		1位数码管	1734
21		Adruino开发板	41084.4
22		LED灯珠	1702.4
23	沈柳		11838.8
24		1位数码管	291
25		Adruino开发板	9855
26		LED灯珠	1692.8
27	夏璇		7168.4
28		1位数码管	171
29		Adruino开发板	6351
30		LED灯珠	646.4
31	谢诗婷		36822.4
32		1位数码管	540
33		Adruino开发板	34864.8
34		LED灯珠	1417.6

图 6-2-10　将“部门”字段拖动到“筛选器”区域

（2）单击 B1 单元格的下拉按钮，选择全部部门（勾选“选择多项”复选框），如图 6-2-11 所示。

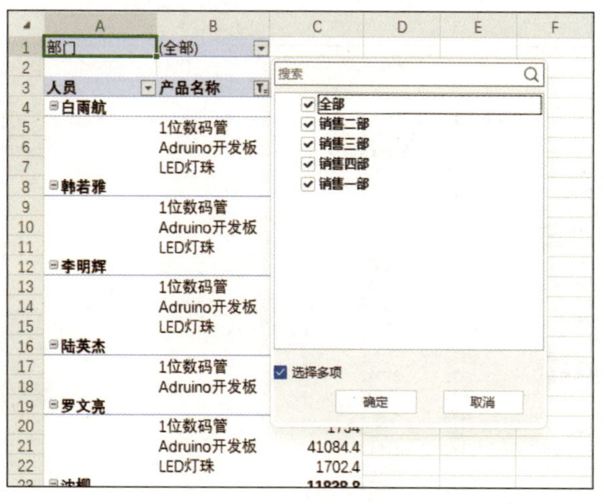

图 6-2-11　选择全部部门

（3）选定数据透视表中任意位置，单击功能区“分析”选项卡中的“选项”下拉按钮，在下拉菜单中选择“显示报表筛选页”，在弹出的对话框中保持默认设置，单击“确定”按钮后生成四张不同部门的工作表，以部门为单位显示不同人员对应的产品销售情况，且同样为数据透视表的形式，如图 6-2-12 所示。

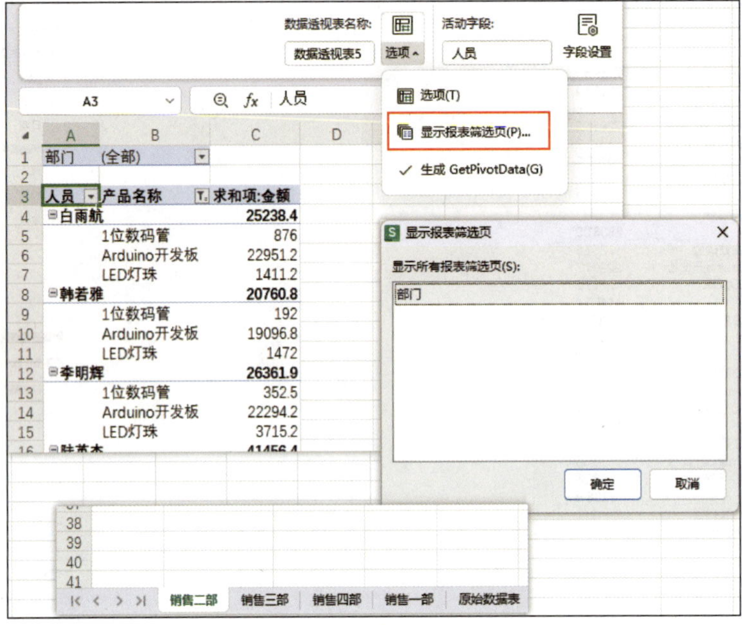

图 6-2-12 生成多张报表筛选页

3. 使用切片器进行数据筛选

（1）打开素材文档“原始数据表”，新建一张数据透视表，“行”区域中的字段为“部门”“人员”“产品名称”，“值”区域中的字段为“数量”“金额”，如图 6-2-13 所示。

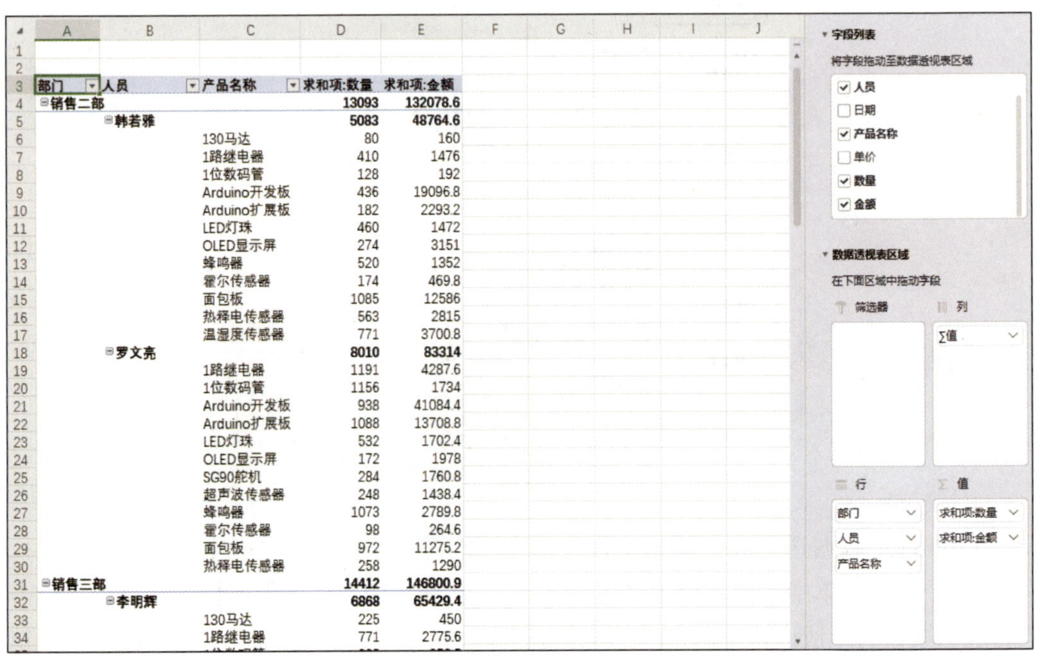

图 6-2-13 初始数据透视表

（2）选定数据透视表中任意位置，单击功能区“分析”选项卡中的“插入切片器”按钮，弹出“插入切片器”对话框，依次勾选“部门”“人员”“产品名称”复选框，如图 6–2–14 所示。

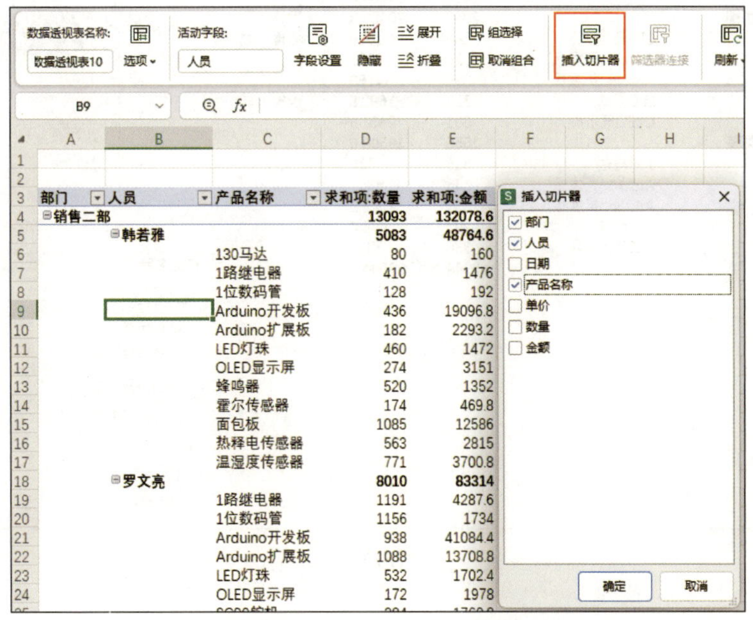

图 6–2–14　插入所需要的切片器字段

（3）单击“确定”按钮，即可看到新生成的三个切片器，如图 6–2–15 所示。

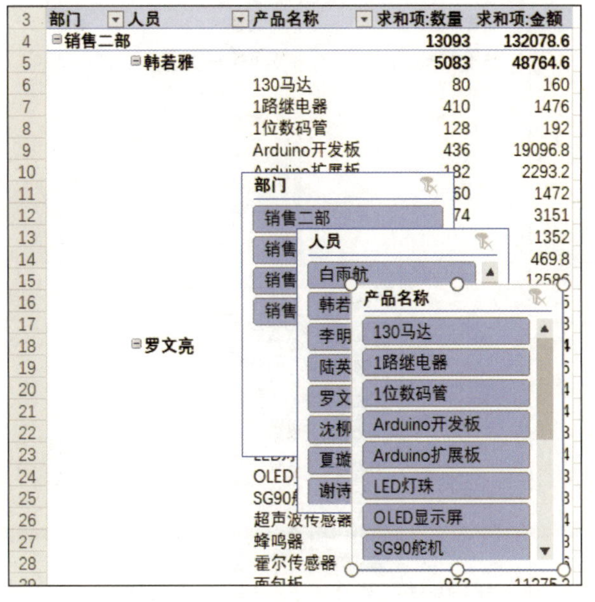

图 6–2–15　新生成的三个切片器

（4）将生成的三个切片器拖动到合适的位置后，通过单击切片器的选项按钮以查看所需数据，也可使用 Ctrl 键在某一切片器中实现多重选择，如图 6-2-16 所示。

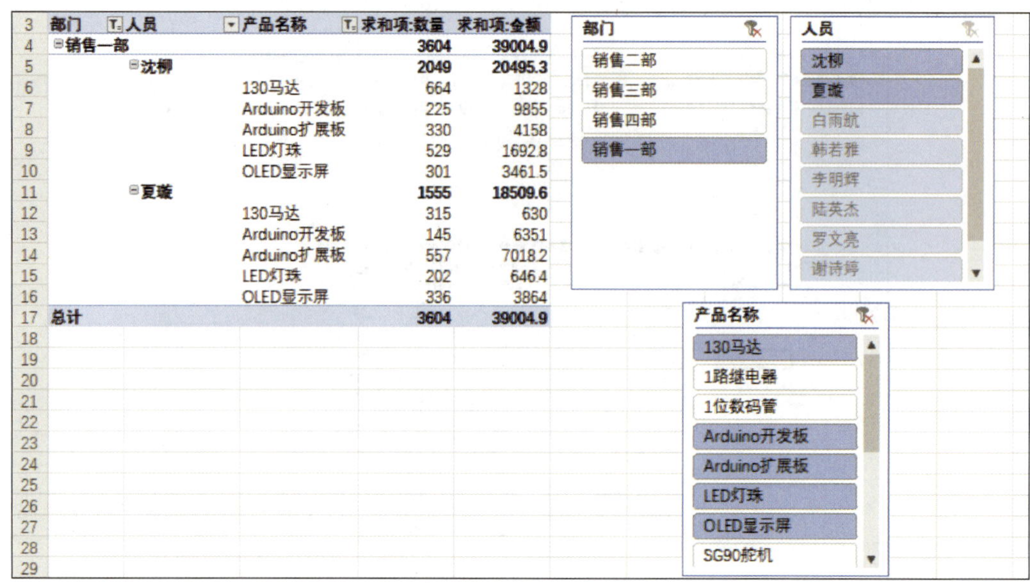

部门	人员	产品名称	求和项:数量	求和项:金额
销售一部			3604	39004.9
	沈柳		2049	20495.3
		130马达	664	1328
		Arduino开发板	225	9855
		Arduino扩展板	330	4158
		LED灯珠	529	1692.8
		OLED显示屏	301	3461.5
	夏璇		1555	18509.6
		130马达	315	630
		Arduino开发板	145	6351
		Arduino扩展板	557	7018.2
		LED灯珠	202	646.4
		OLED显示屏	336	3864
总计			3604	39004.9

图 6-2-16　使用 Ctrl 键在切片器中多选

（5）单击“产品名称”切片器右上角的“清除筛选器”按钮（默认该按钮变为灰色），清除切片器的筛选，如图 6-2-17 所示。

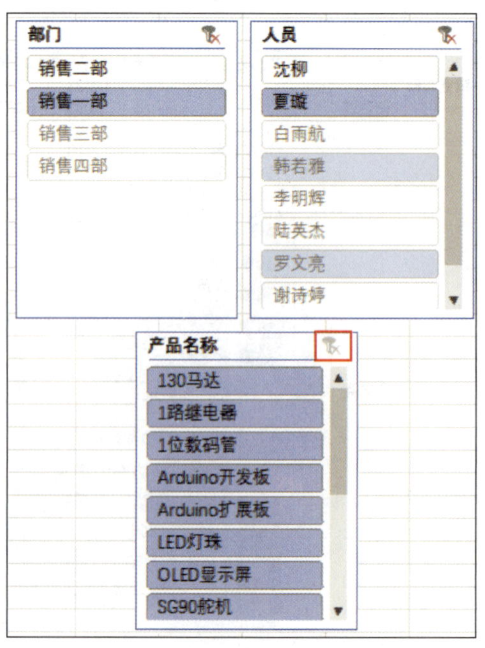

图 6-2-17　清除切片器的筛选

任务 3　使用计算项和计算字段分析数据

1. 能够了解计算字段与计算项的意义与作用。
2. 能够使用计算字段功能计算年度奖金提成。
3. 能够使用计算项功能计算产品销售数量差异。

在使用数据透视表分析企业销售数据时，往往会在年末进行不同销售部门之间的比较，以及按照年度总销售额给相关销售人员进行业绩提成。本任务通过数据透视表中的计算字段与计算项功能进行所需数据的自动计算与字段生成，避免重复地输入大量公式进行计算。

在制作数据透视表时，经常需要统计数据源中并不存在的字段，这些信息可以通过数据源中存在的数据自动计算得出，需要借助数据透视表中的计算字段或计算项功能，结合简单的公式实现新字段的生成。在生成自定义字段后，可以在数据透视表中使用这些自定义的字段，就像使用数据源中真实存在的数据一样。该功能位于选定数据透视表中某一位置后出现的功能区“分析”选项卡中，“字段和项”下拉菜单如图 6-3-1 所示。

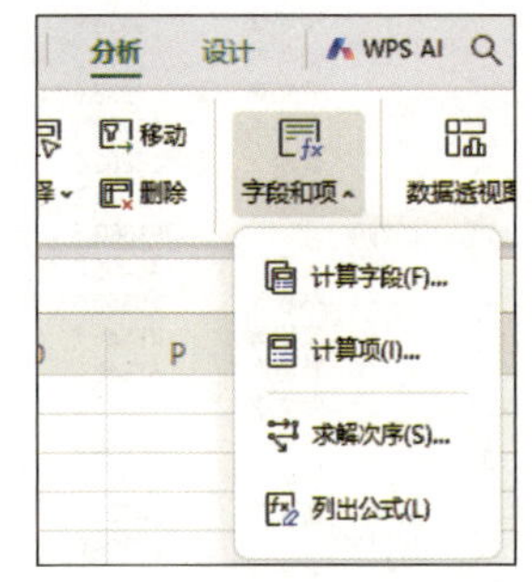

图 6-3-1　“字段和项”下拉菜单

一、计算字段

计算字段是指通过对数据透视表中现有字段进行计算后得到的新字段，在数据透视表中可以通过函数、公式等构建一个新的字段。计算字段的名称不能跟原有字段冲突。

二、计算项

计算项是指在数据透视表中的现有字段中插入的新项，通过给该字段的其他项执行计算后得到该项的值。创建计算项的时候，只能在行区域或者列区域中单击单元格进行创建。

计算字段和计算项都是虚拟数据，不会改变数据源中实际的数值。二者区别为：通过计算字段可以创建出一个字段，可以将其理解为列标题；而通过计算项则可以在某一字段下创建出一个项。

在实际使用中，可以根据需要计算内容所在的位置以确定使用哪种功能。通过计算字段和计算项的综合运用可以对数据透视表进行多维度、多层次的计算，使原始数据发挥更大的作用。

1. 使用计算字段计算年度奖金提成

（1）打开素材文档“原始数据表”，根据其数据新建初始数据透视表，“行”区域中的字段为“日期”“人员”，“值”区域中的字段为“金额”，同时将“日期”以“年”为单位进行合并，如图 6-3-2 所示。

日期	人员	求和项:金额
⊟2022年		105301.2
	白雨航	21062.2
	韩若雅	15705.4
	李明辉	9620.9
	陆英杰	3774.2
	罗文亮	10238.6
	沈柳	17550.4
	夏璇	17801.5
	谢诗婷	9548
⊟2023年		363660.5
	白雨航	48405.4
	韩若雅	28652.6
	李明辉	49546.5
	陆英杰	67846.2
	罗文亮	73075.4
	沈柳	20872.8
	夏璇	30937.5
	谢诗婷	44324.1
⊟2024年		77268.8
	白雨航	10401.3
	韩若雅	4406.6
	李明辉	6262
	陆英杰	10221.4

图 6-3-2　初始数据透视表

（2）选定数据透视表中的任意单元格，单击功能区“分析”选项卡中的“字段和项”下拉按钮，在下拉菜单中选择“计算字段”，弹出“插入计算字段”对话框，如图 6-3-3 所示。

图 6-3-3　“插入计算字段”对话框

（3）在“插入计算字段”对话框中将“名称”改为“奖金”，双击“字段”中的“金额”以在“公式”中快速插入该字段，将公式继续补充完整，即“= 金额*0.005”（年度奖金按照当年销售额的 0.5% 计算），单击“确定”按钮，数据透视表新增“求和项:奖金”列，并自动通过公式计算出奖金数值，如图 6-3-4 所示。

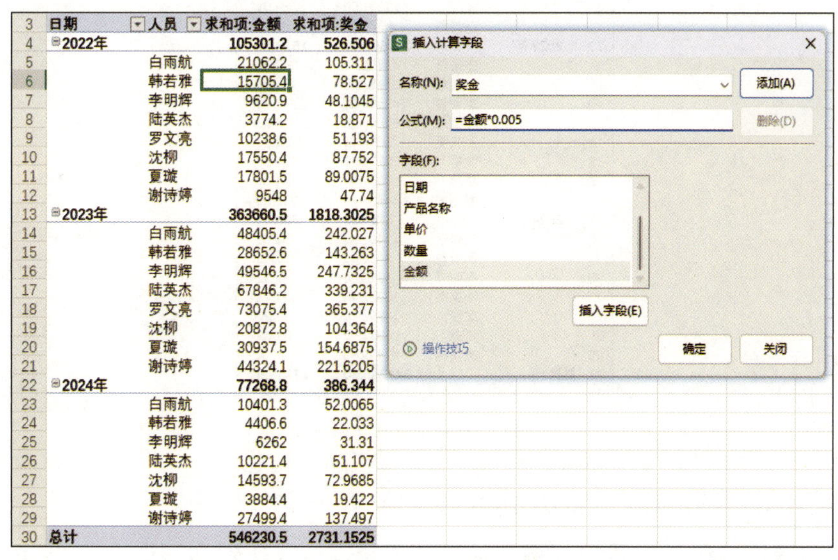

	日期	人员	求和项:金额	求和项:奖金
3	日期	人员	求和项:金额	求和项:奖金
4	2022年		105301.2	526.506
5		白雨航	21062.2	105.311
6		韩若雅	15705.4	78.527
7		李明辉	9620.9	48.1045
8		陆英杰	3774.2	18.871
9		罗文亮	10238.6	51.193
10		沈柳	17550.4	87.752
11		夏璇	17801.5	89.0075
12		谢诗婷	9548	47.74
13	2023年		363660.5	1818.3025
14		白雨航	48405.4	242.027
15		韩若雅	28652.6	143.263
16		李明辉	49546.5	247.7325
17		陆英杰	67846.2	339.231
18		罗文亮	73075.4	365.377
19		沈柳	20872.8	104.364
20		夏璇	30937.5	154.6875
21		谢诗婷	44324.1	221.6205
22	2024年		77268.8	386.344
23		白雨航	10401.3	52.0065
24		韩若雅	4406.6	22.033
25		李明辉	6262	31.31
26		陆英杰	10221.4	51.107
27		沈柳	14593.7	72.9685
28		夏璇	3884.4	19.422
29		谢诗婷	27499.4	137.497
30	总计		546230.5	2731.1525

图 6-3-4　插入计算字段

（4）双击“值”区域中的“求和项:奖金”，在“值字段设置”对话框中修改“自定义名称”为“奖金提成”，单击左下角“数字格式”按钮，在“单元格格式”对话框中的“分类”中选择“数值”，提高可读性，如图 6-3-5 所示，单击“确定”按钮。

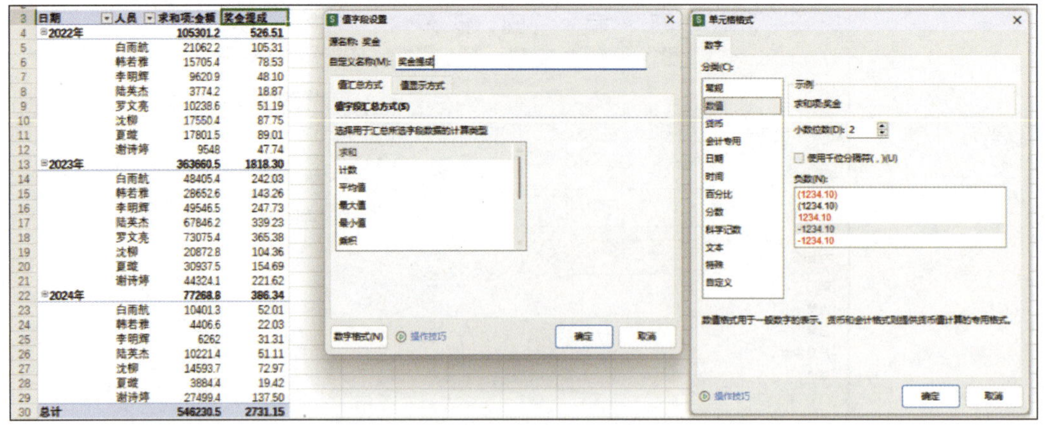

图 6-3-5 设置值字段名称及格式

（5）同样将“求和项:金额”改为“年度销售额”，在“单元格格式”对话框中的“分类”中选择“数值”，单击“确定”按钮，如图 6-3-6 所示。

	日期	人员	年度销售额	奖金提成
2				
3	日期	人员	年度销售额	奖金提成
4	2022年		105301.20	526.51
5		白雨航	21062.20	105.31
6		韩若雅	15705.40	78.53
7		李明辉	9620.90	48.10
8		陆英杰	3774.20	18.87
9		罗文亮	10238.60	51.19
10		沈柳	17550.40	87.75
11		夏璇	17801.50	89.01
12		谢诗婷	9548.00	47.74
13	2023年		363660.50	1818.30
14		白雨航	48405.40	242.03
15		韩若雅	28652.60	143.26
16		李明辉	49546.50	247.73
17		陆英杰	67846.20	339.23
18		罗文亮	73075.40	365.38
19		沈柳	20872.80	104.36
20		夏璇	30937.50	154.69
21		谢诗婷	44324.10	221.62
22	2024年		77268.80	386.34
23		白雨航	10401.30	52.01
24		韩若雅	4406.60	22.03
25		李明辉	6262.00	31.31
26		陆英杰	10221.40	51.11
27		沈柳	14593.70	72.97
28		夏璇	3884.40	19.42
29		谢诗婷	27499.40	137.50
30	总计		546230.50	2731.15

图 6-3-6 修改后的效果

2. 使用计算项计算产品的销售数量差异

在产品销售过程中，通常可将几种产品配套销售以达到利润最大化，为了判断套件可能的销售情况，需要计算开发板与扩展板销售数量的差异，以便制定销售策略。

（1）根据“原始数据表”新建初始数据透视表，“行”区域中的字段为“产品名称”，“列”区域中的字段为“人员”，“值”区域中的字段为“数量”，并将“产品名称”进行筛选，只保留“Arduino 开发板”和“Arduino 扩展板”，如图 6-3-7 所示。

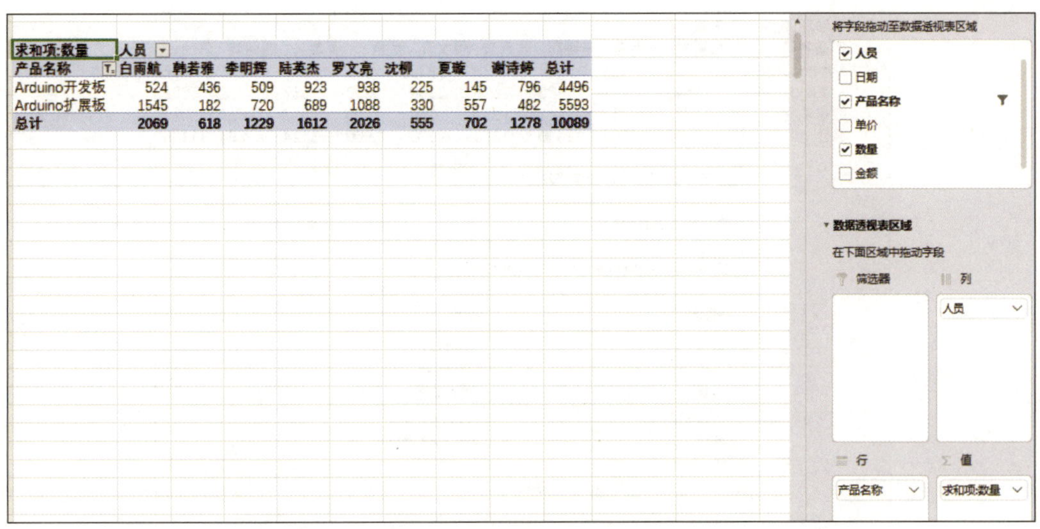

图 6-3-7　初始数据透视表

（2）选定数据透视表中“产品名称”所在的单元格（需要选定正确的单元格，否则计算项功能不可用），单击功能区“分析”选项卡中的“字段和项”下拉按钮，在下拉菜单中选择“计算项”，弹出“在‘产品名称’中插入计算字段”对话框，如图 6-3-8 所示。

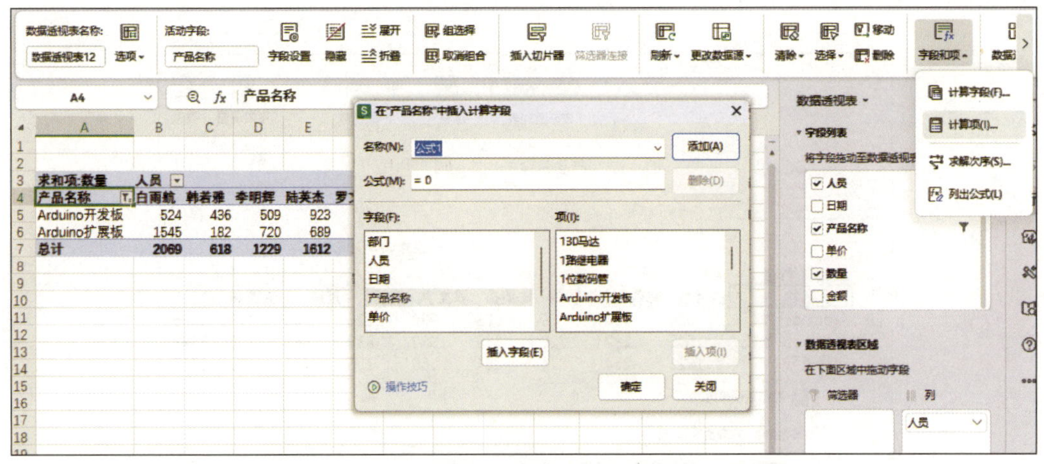

图 6-3-8　“在‘产品名称’中插入计算字段”对话框

（3）在“在‘产品名称’中插入计算字段”对话框中将“名称”修改为“数量差异”，选择“字段”中的“产品名称”后，双击“项”中的名称向公式中添加字段，完成公式“=Arduino 扩展板 -Arduino 开发板”，单击“确定”按钮，即可在数据透视表中新增一行“数量差异”数据，可直接看出两种产品销售数量的差异，如图 6-3-9 所示。

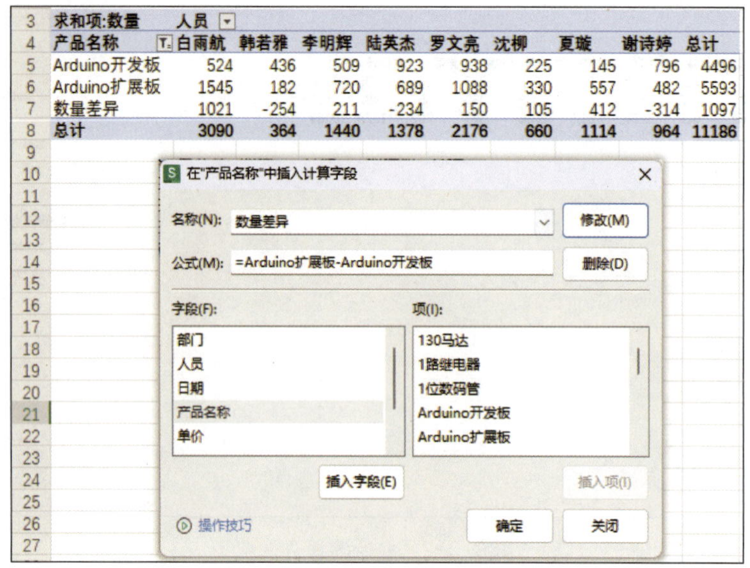

图 6-3-9 新增一行“数量差异”数据

注意：此时的“总计”会将“数量差异”纳入计算，使结果失去意义，可以通过单击功能区“分析”选项卡中的“选项”下拉按钮，在下拉菜单中选择“选项”，在弹出的“数据透视表选项”对话框中的“汇总和筛选”选项卡中取消勾选“显示列总计”复选框，如图 6-3-10 所示。

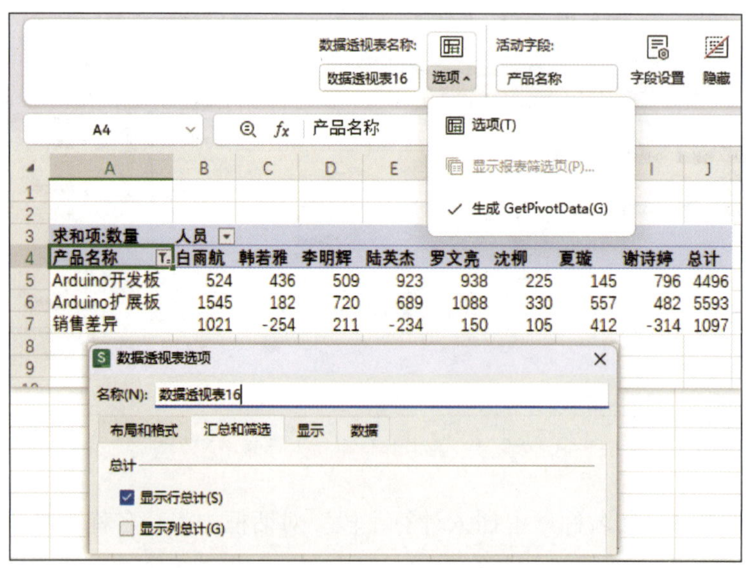

图 6-3-10 取消勾选“显示列总计”复选框

任务 4　进行数据排序

1. 能够了解数据透视表中字段的基本排序方式。
2. 能够在数据透视表中使用指定字段进行数据排序。
3. 能够在数据透视表中结合筛选功能筛选出指定数据进行排序。

在使用数据透视表分析数据之后，各类数据会以 WPS 表格默认的顺序进行排列，然而在实际使用中，有些字段的顺序需要人为定义，因此，这些字段的排序就需要后期进行调整。不仅如此，很多时候查看数据时只需要某几种数据而非全部数据，这就需要灵活使用数据透视表中的筛选及排序功能，减少操作步骤，快速完成数据的排序。本任务通过将排序功能与之前学习的筛选功能相结合，将产品的销售数据按照不同方式进行排序。

一、字段的基本排序方式

建立数据透视表之后，系统会自动在不同字段的单元格中生成下拉按钮，可以在对其单击后进行基本的数据排序操作——升序、降序以及其他排序选项，如图 6-4-1 所示。

二、字段位置的手动调整方法

选中数据透视表中需要调整位置的某一字段，如“销售一部”，将鼠标光标移至 A7 单元格边缘，待鼠标光标变为交叉箭头样式后按住鼠标左键将其拖动到 A3 与 A4 单元格交界处（移动时可看到黑色锯齿状线条，为移动后所在位置的预览），松开鼠标左键，即可看到整条记录被移动到“部门”正下方，如图 6-4-2 所示。

三、字段排序前的筛选方式

在阅读数据透视表中的相关内容时，经常需要在仅保留必要数据的前提下进行数据排序，这就需要通过数据透视表相关字段的下拉按钮进行条件筛选，包括基本筛选（复选框）、标签筛选以及值筛选，如图 6-4-3 所示。

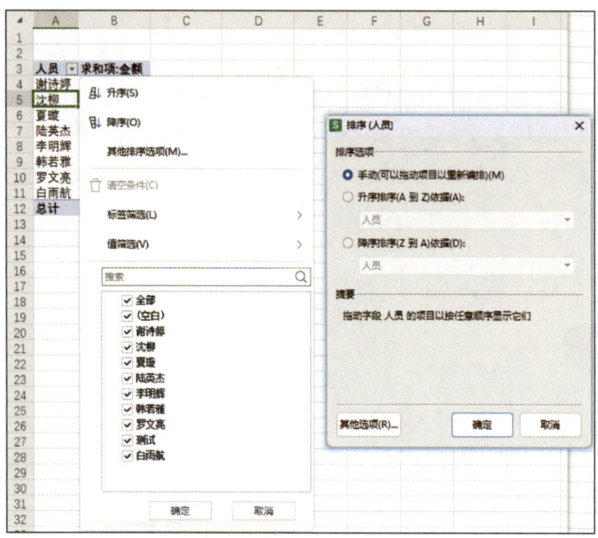

图 6-4-1　字段的基本排序方式

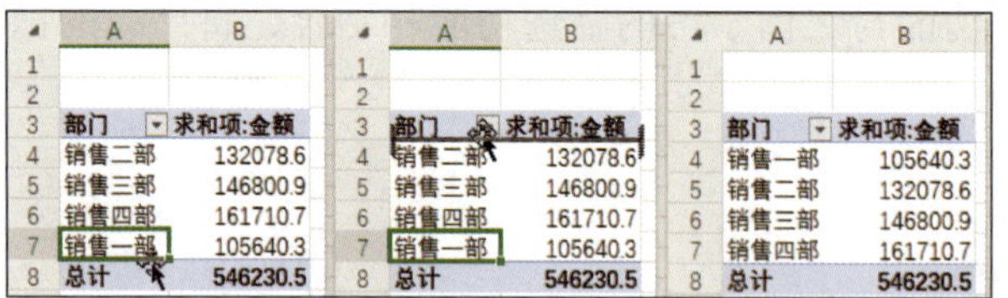

图 6-4-2　手动拖动字段位置

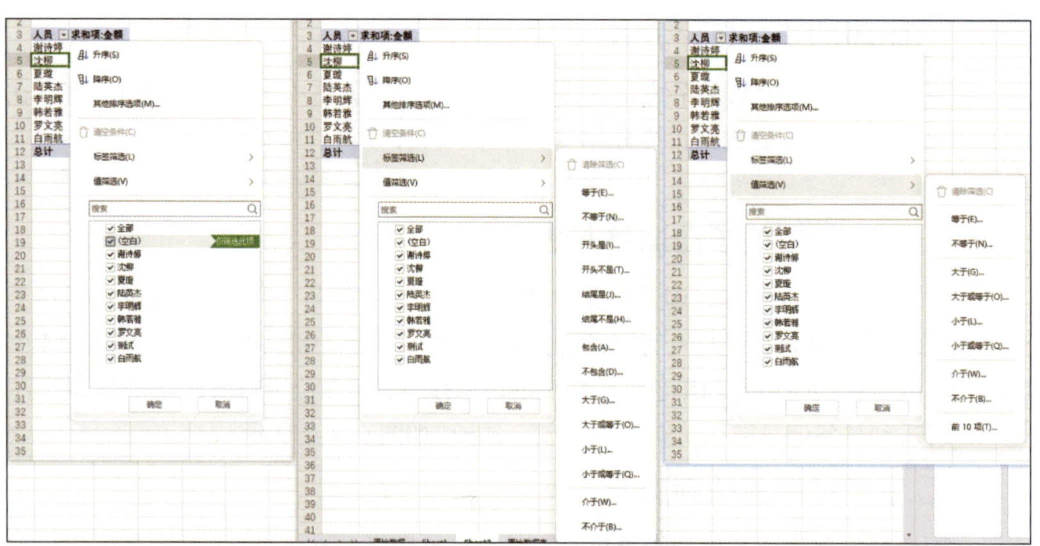

图 6-4-3　字段排序前的筛选方式

1. 使用排序功能进行产品的销售额排序

（1）打开素材文档“原始数据表”，根据其数据建立初始数据透视表，“行”区域中的字段为“部门”“产品名称”，“列”区域中的字段为空，“值”区域中的字段为“金额”，如图 6-4-4 所示。

部门	产品名称	求和项:金额
⊟销售一部		105640.3
	1位数码管	462
	霍尔传感器	523.8
	超声波传感器	852.6
	蜂鸣器	1588.6
	130马达	1958
	LED灯珠	2339.2
	温湿度传感器	2817.6
	热释电传感器	3945
	1路继电器	3988.8
	OLED显示屏	7325.5
	SG90舵机	9101.6
	Adruino扩展板	11176.2
	电机驱动板	11583
	Adruino开发板	16206
	面包板	31772.4
⊟销售二部		132078.6
	130马达	160
	霍尔传感器	734.4
	超声波传感器	1438.4
	SG90舵机	1760.8
	1位数码管	1926
	LED灯珠	3174.4
	温湿度传感器	3700.8
	热释电传感器	4105

图 6-4-4　初始数据透视表

（2）单击“产品名称”字段的下拉按钮，在弹出的快捷菜单中选择“其他排序选项”，在打开的“排序（产品名称）”对话框中选中“降序排序（Z 到 A）依据”单选框，并在其下拉列表中选择“求和项:金额”字段，如图 6-4-5 所示。

（3）单击“确定”按钮，“产品名称”字段按照销售额即“求和项:金额”字段进行降序排序，效果如图 6-4-6 所示。

2. 使用排序功能快速进行各年度人员的销售排名

（1）打开素材文档“原始数据表”，根据其数据建立初始数据透视表，“行”区域中的字段为“日期”“人员”，“值”区域中的字段为两个“金额”，显示为“求和项:金额”及“求和项:金额 2”，如图 6-4-7 所示。

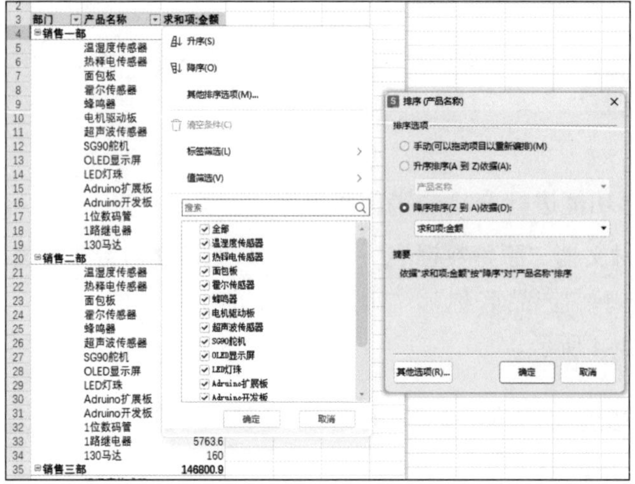

图 6-4-5　按照"求和项:金额"字段进行降序排序

部门	产品名称	求和项:金额
销售一部		105640.3
	面包板	31772.4
	Adruino开发板	16206
	电机驱动板	11583
	Adruino扩展板	11176.2
	SG90舵机	9101.6
	OLED显示屏	7325.5
	1路继电器	3988.8
	热释电传感器	3945
	温湿度传感器	2817.6
	LED灯珠	2339.2
	130马达	1958
	蜂鸣器	1588.6
	超声波传感器	852.6
	霍尔传感器	523.8
	1位数码管	462

图 6-4-6　按照"求和项:金额"字段排序后的效果

日期	人员	求和项:金额	求和项:金额2
2022/8/1		1122.6	1122.6
	沈柳	852.6	852.6
	夏璇	270	270
2022/8/2		1438.4	1438.4
	罗文亮	1438.4	1438.4
2022/8/6		4031	4031
	沈柳	2795.6	2795.6
	谢诗婷	1235.4	1235.4
2022/8/10		3039.2	3039.2
	罗文亮	3039.2	3039.2
2022/8/14		2817.5	2817.5
	白雨航	2817.5	2817.5
2022/8/19		2401.2	2401.2
	李明辉	2401.2	2401.2
2022/8/23		4166.3	4166.3
	白雨航	2932.5	2932.5
	谢诗婷	1233.8	1233.8
2022/8/24		601.2	601.2
	夏璇	601.2	601.2
2022/8/28		2916	2916
	沈柳	2916	2916
2022/9/2		800.4	800.4
	白雨航	800.4	800.4
2022/9/3		823.6	823.6
	沈柳	823.6	823.6

字段列表
将字段拖动至数据透视表区域
部门
人员
日期
产品名称
单价
数据透视表区域
在下面区域中拖动字段
筛选器
列
∑值
行
值
日期
人员
求和项:金额
求和项:金额2

图 6-4-7　初始数据透视表

（2）在“日期”字段上单击鼠标右键，在弹出的快捷菜单中选择“组合”，在弹出的对话框中的“步长”中选择“年”。双击“求和项:金额 2”字段，将“自定义名称”修改为“销售排名”，如图 6-4-8 所示。

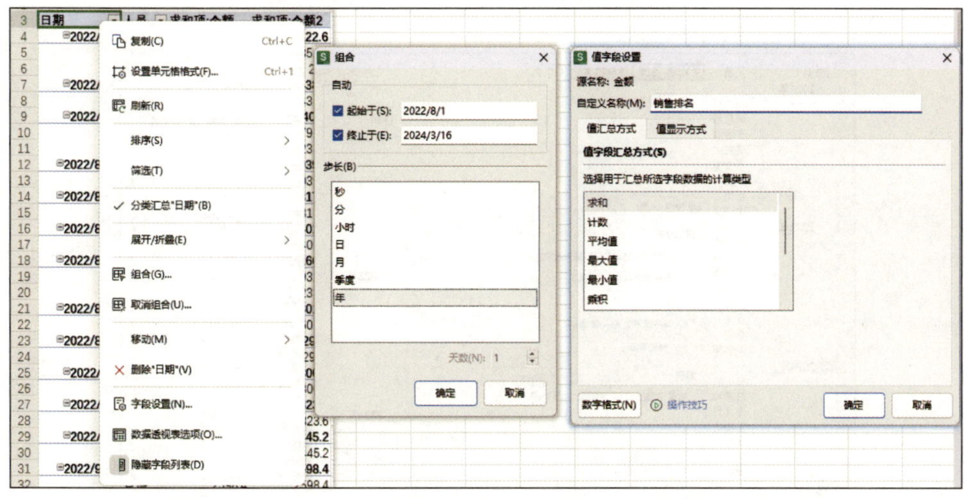

图 6-4-8 组合“日期”列并修改“求和项:金额 2”字段名称

（3）右键单击“销售排名”字段数据的任意单元格，在弹出的快捷菜单中依次选择“值显示方式”→“降序”，在弹出的“值显示方式（销售排名）”对话框中保持默认设置，单击“确定”按钮，销售排名变为数字序号，如图 6-4-9 所示。

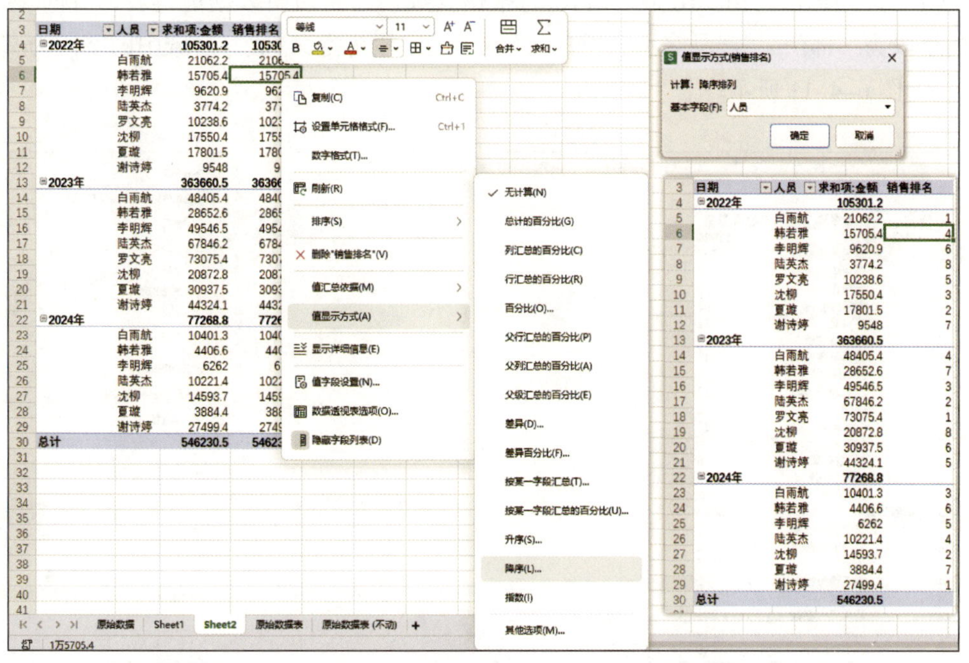

图 6-4-9 改变“销售排名”字段数据的显示方式

（4）单击“人员”字段的下拉按钮，在弹出的快捷菜单中选择“其他排序选项”，在弹出的“排序（人员）”对话框中选中“降序排序（Z 到 A）依据”单选框，并在其下拉列表中选择“销售排名”字段，单击“确定”按钮后，原有“人员”字段数据即按照各年度销售额由高至低排序，如图 6-4-10 所示。

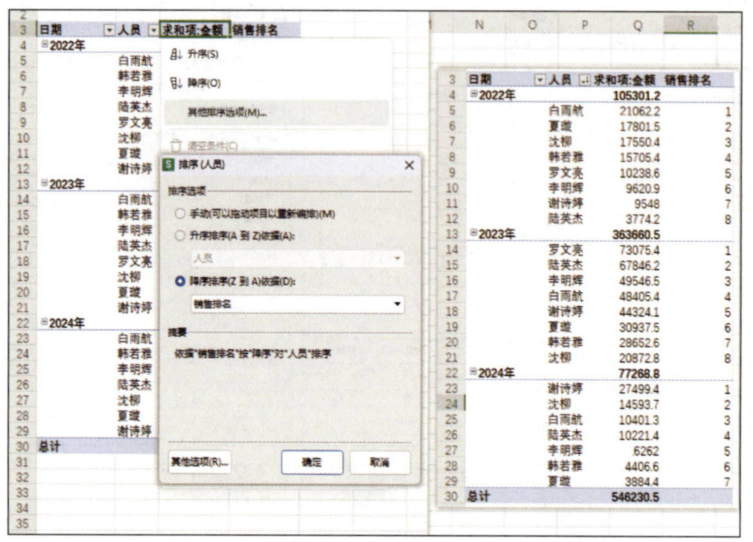

图 6-4-10 “人员”字段数据按照年度销售额排序

3. 使用筛选功能将每个部门销量前三名的产品进行排序

（1）打开素材文档“初始数据表”，根据其数据建立初始数据透视表，“行”区域中的字段为“部门”“产品名称，“列”区域中的字段为空，“值”区域中的字段为“数量”，如图 6-4-11 所示。

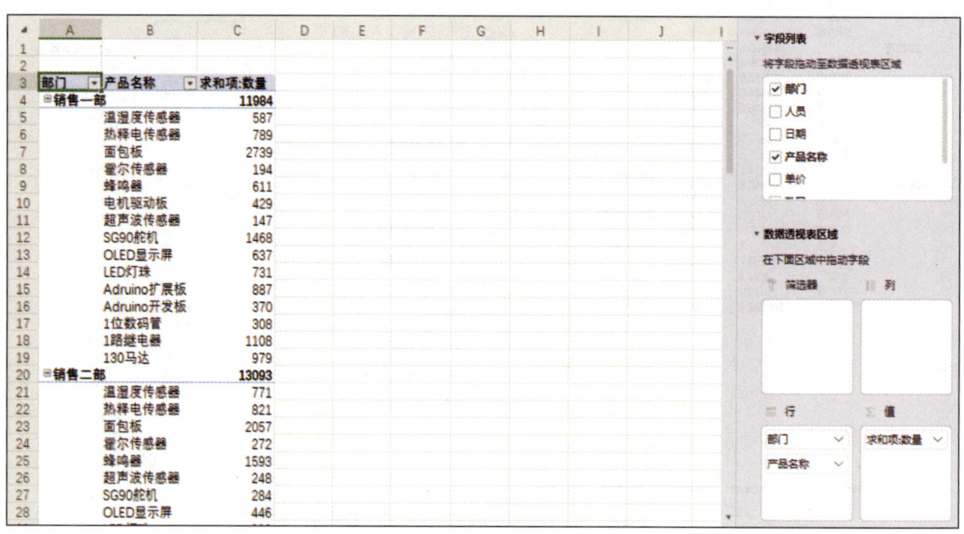

图 6-4-11 初始数据透视表

（2）单击“产品名称”字段的下拉按钮，在弹出的快捷菜单中选择“值筛选”→“前 10 项”，弹出“前 10 个筛选（产品名称）”对话框，如图 6-4-12 所示。

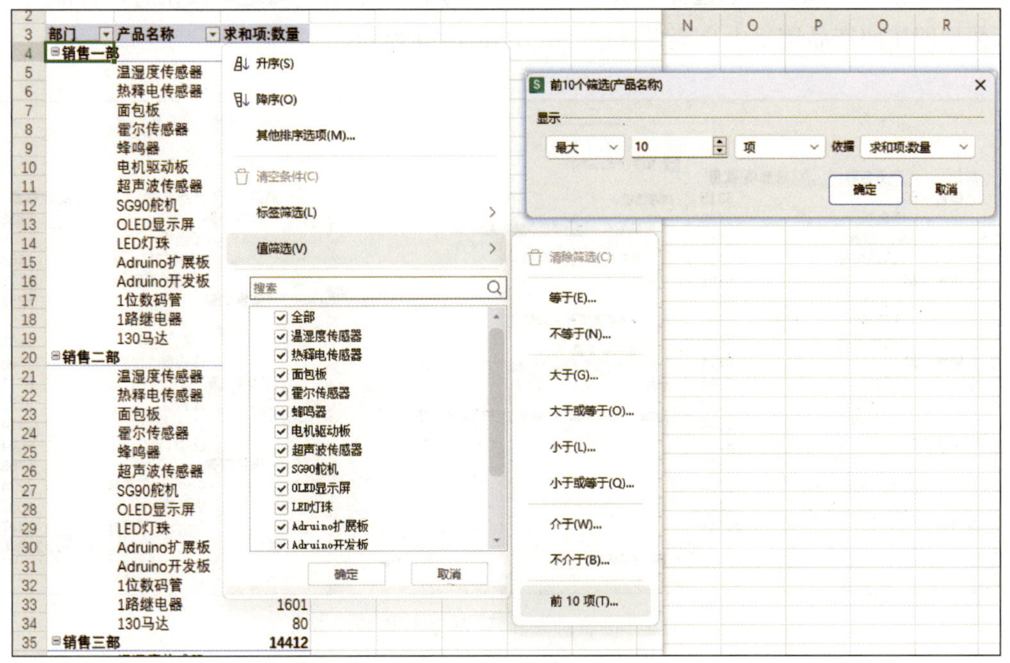

图 6-4-12 “前 10 个筛选（产品名称）”对话框

（3）将数字“10”改为“3”，其他保持默认设置，单击“确定”按钮，筛选出每个部门销量前三名的产品数据，如图 6-4-13 所示。

部门	产品名称	求和项:数量
销售一部		5315
	面包板	2739
	SG90舵机	1468
	1路继电器	1108
销售二部		5251
	面包板	2057
	蜂鸣器	1593
	1路继电器	1601
销售三部		5711
	面包板	2193
	SG90舵机	1914
	LED灯珠	1604
销售四部		5368
	面包板	1687
	Adruino扩展板	2234
	Adruino开发板	1447
总计		21645

图 6-4-13 筛选出每个部门销量前三名的产品数据

（4）再次单击“产品名称”字段的下拉按钮，在弹出的快捷菜单中选择“其他排序选项”，在弹出的“排序（产品名称）”对话框中选中“降序排序（Z 到 A）依据”单选框，并在其下拉列表中选择“求和项:数量”字段，单击“确定”按钮后，各部门原有数据即按照产品销量由高至低排序，如图 6-4-14 所示。

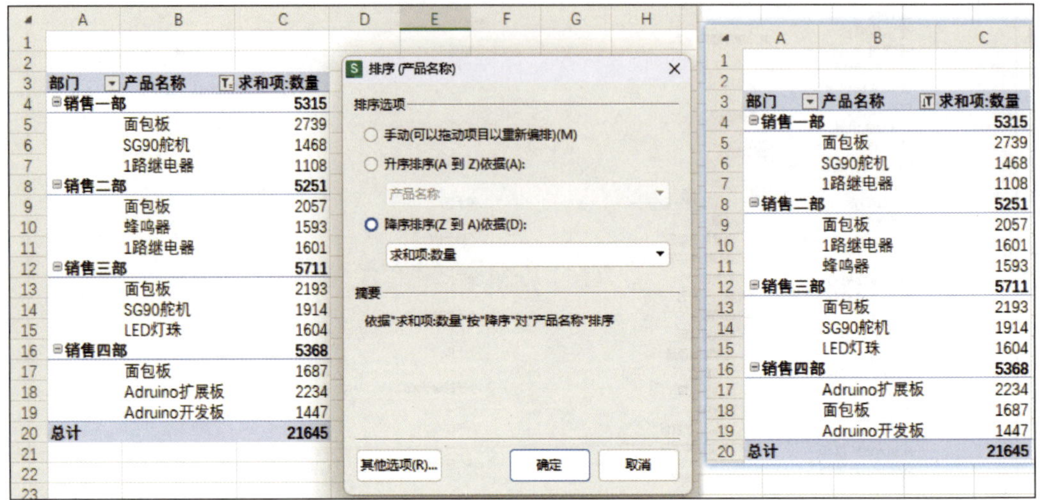

图 6-4-14　按照“求和项:数量”字段降序排序

任务 5　美化数据透视表

1. 能够了解美化数据透视表的方法。
2. 能够更改数据透视表的样式。
3. 能够调整数据透视表的显示效果。
4. 能够美化切片器。

在数据透视表的数据符合要求的基础上，表格的显示效果决定了数据能否被有效阅读，因此需要将数据透视表进行一定程度的美化，以达到强调和突出重点内容、增强展示效果的目的。

本任务通过对已有数据透视表进行美化，修改数据透视表及切片器的样式，增强其美观性与可读性。

一、数据透视表样式的更改

选中数据透视表中的任意单元格，在功能区“设计”选项卡中的“其他”下拉菜单中查看并选择预设样式及其主题颜色，如图 6-5-1 所示。

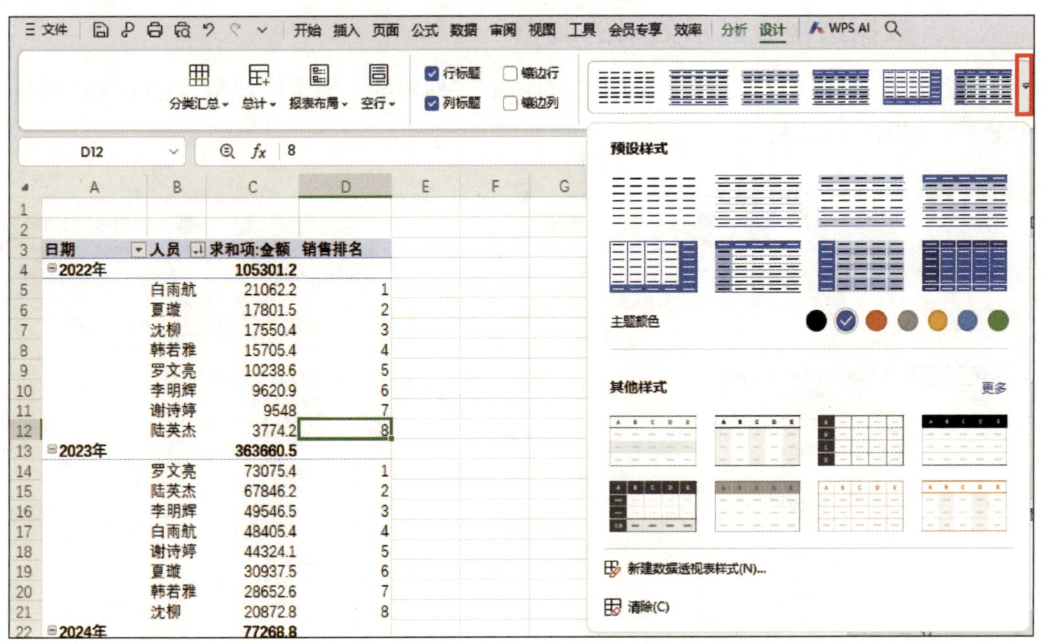

图 6-5-1　数据透视表的预设样式及其主题颜色

在功能区“设计”选项卡中的“其他”下拉菜单中选择“新建数据透视表样式”，可以自定义数据透视表样式，如图 6-5-2 所示。

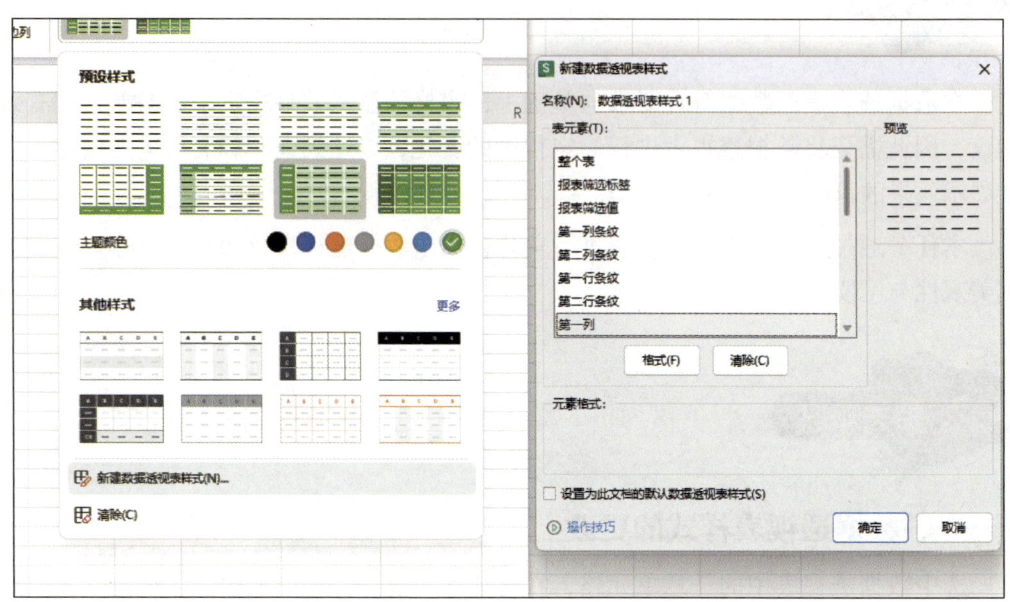

图 6-5-2　自定义数据透视表样式

二、数据透视表显示效果的调整

通过功能区“设计”选项卡中的“行标题”“列标题”复选框调整数据透视表的显示效果，如图 6-5-3 所示。

日期	人员	求和项:金额	销售排名
⊟2022年		105301.2	
	白雨航	21062.2	1
	夏璇	17801.5	2
	沈柳	17550.4	3
	韩若雅	15705.4	4
	罗文亮	10238.6	5
	李明辉	9620.9	6
	谢诗婷	9548	7
	陆英杰	3774.2	8
⊟2023年		363660.5	
	罗文亮	73075.4	1
	陆英杰	67846.2	2

图 6-5-3　调整“行标题”“列标题”的显示效果

通过功能区“设计”选项卡中的“镶边行”“镶边列”复选框调整数据透视表的显示效果，如图 6-5-4 所示。

求和项:金额		产品名称				
日期	人员	130马达	1路继电器	1位数码管	Arduino开发板	总计
⊟2022年		962	4662	352.5	11125.2	17101.7
	白雨航				3328.8	3328.8
	韩若雅	160	1476		7796.4	9432.4
	李明辉			352.5		352.5
	罗文亮		2314.8			2314.8
	夏璇		871.2			871.2
	谢诗婷	802				802
总计		962	4662	352.5	11125.2	17101.7

求和项:金额		产品名称				
日期	人员	130马达	1路继电器	1位数码管	Arduino开发板	总计
⊟2022年		962	4662	352.5	11125.2	17101.7
	白雨航				3328.8	3328.8
	韩若雅	160	1476		7796.4	9432.4
	李明辉			352.5		352.5
	罗文亮		2314.8			2314.8
	夏璇		871.2			871.2
	谢诗婷	802				802
总计		962	4662	352.5	11125.2	17101.7

图 6-5-4　调整“镶边行”“镶边列”的显示效果

通过功能区“设计”选项卡中的“分类汇总”“总计”“报表布局”“空行”下拉菜单中的选项调整数据透视表的显示效果，如图 6-5-5 所示。

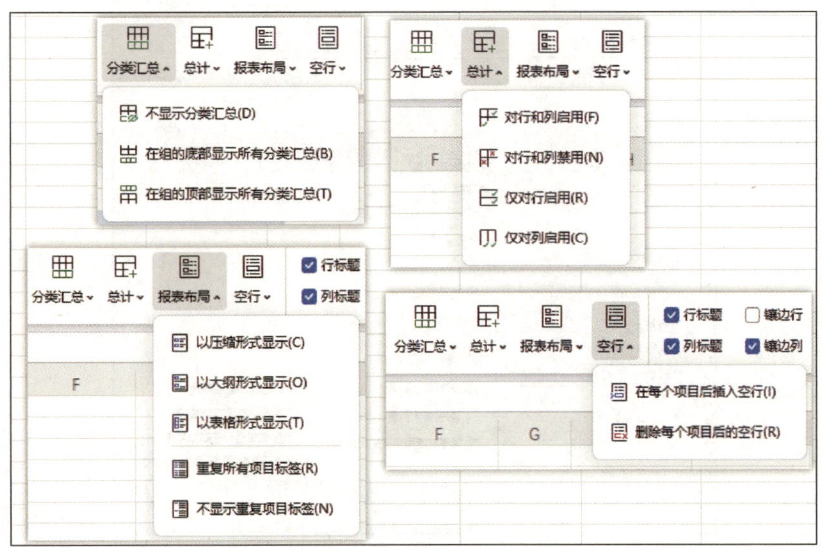

图 6-5-5　调整其他显示效果

三、切片器的美化

1. 选中已有的切片器，单击“其他”下拉按钮，在下拉菜单中选择切片器的样式，或者选择“新建切片器样式”，在“新建切片器样式”对话框中调整不同元素的格式，如图 6-5-6 所示。

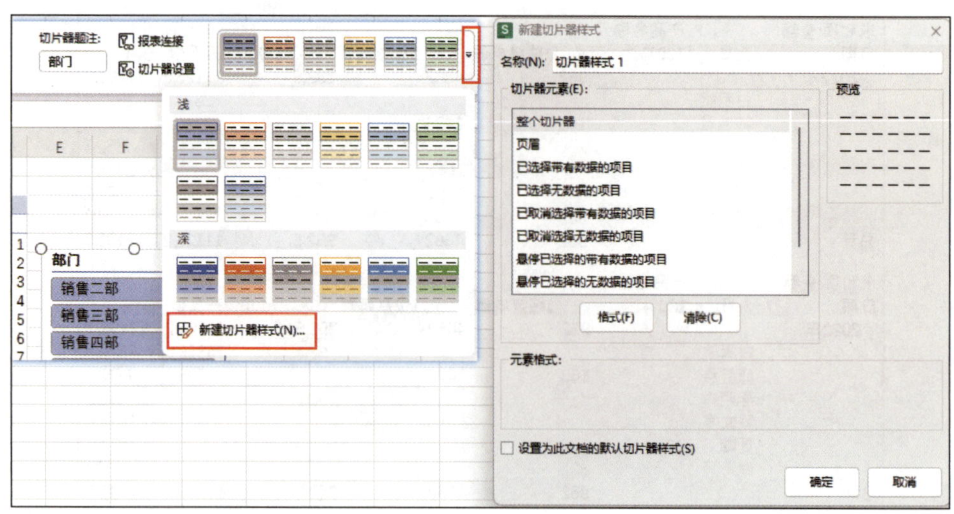

图 6-5-6　新建切片器样式

2. 单击功能区“选项”选项卡中的“切片器设置”按钮，在弹出的“切片器设置”对话框中进行切片器“名称”“页眉”“项目排序和筛选”的相关调整，如图 6-5-7 所示。

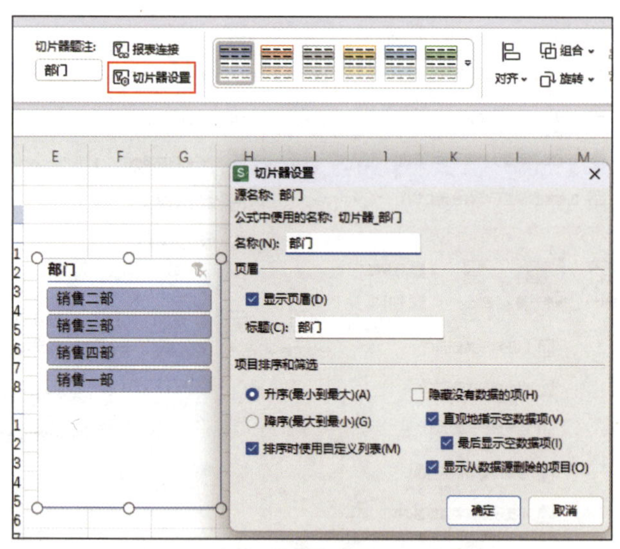

图 6-5-7　“切片器设置”对话框

1. 使用预设样式美化数据透视表

（1）打开素材文档“原始数据表”，根据其数据建立初始数据透视表，“行”区域中的字段为“产品名称”，“列”区域中的字段为“人员”，“值”区域中的字段为“金额”，初始数据透视表如图 6-5-8 所示。

求和项:金额	人员								
产品名称	白雨航	韩若雅	李明辉	陆英杰	罗文亮	沈柳	夏璇	谢诗婷	总计
130马达	1594	160	450	554		1328	630	1164	5880
1路继电器	702	1476	2775.6	345.6	4287.6	291.6	3697.2		13575.6
1位数码管	876	192	352.5	1029	1734	291	171	540	5185.5
Arduino开发板	22951.2	19096.8	22294.2	40427.4	41084.4	9855	6351	34864.8	196924.8
Arduino扩展板	19467	2293.2	9072	8681.4	13708.8	4158	7018.2	6073.2	70471.8
LED灯珠	1411.2	1472	3715.2		1702.4	1692.8	646.4	1417.6	12057.6
OLED显示屏	8763	3151	2599	1150	1978	3461.5	3864	2886.5	27853
SG90舵机			5263.8	1984	1760.8	7973.2	1128.4	6603	24713.2
超声波传感器	2064.8		2157.6		1438.4	852.6		4286.2	10799.6
电机驱动板	8316		5859	16308		7506	4077		42066
蜂鸣器	455	1352	735.8	764.4	2789.8	923	665.6	928.2	8613.8
霍尔传感器	240.3	469.8	623.7	577.8	264.6		523.8		2700
面包板	11750.8	12586	7400.8	7818.4	11275.2	13142.8	18629.6	18038	100641.6
热释电传感器	260	2815	1535	1405	1290	495	3450	4570	15820
温湿度传感器	1017.6	3700.8	595.2	796.8		1046.4	1771.2		8928
总计	79868.9	48764.6	65429.4	81841.8	83314	53016.9	52623.4	81371.5	546230.5

图 6-5-8　初始数据透视表

（2）选定数据透视表中的任意单元格，单击功能区“设计”选项卡中的“其他”下拉按钮，在下拉菜单中选择预设样式及其主题颜色（数据透视表样式 5，绿色），如图 6-5-9 所示。

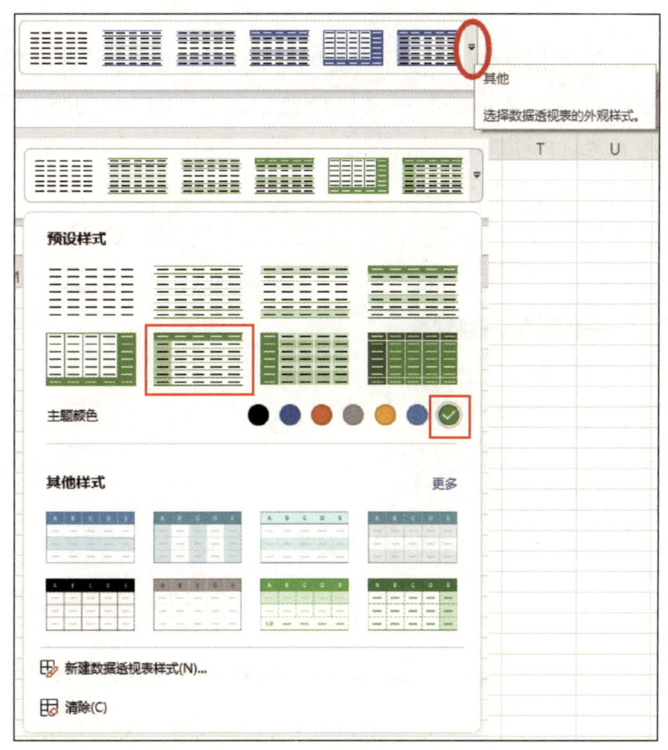

图 6-5-9　选择预设样式及其主题颜色

2. 使用条件格式美化数据单元格

（1）单击功能区“设计”选项卡中的“总计”下拉按钮，在下拉菜单中选择“仅对行启用”，如图 6-5-10 所示。

分类汇总 总计 报表布局 空行

I8 34864.8

对行和列启用(F)
对行和列禁用(N)
仅对行启用(R)
仅对列启用(C)

	A	B	C	D	E	F	G	H	I	J
1										
2										
3	求和项:金额	人员								
4	产品名称	白雨航	韩若雅	李明辉	陆英杰	罗文亮	沈柳	夏璇		
5	130马达	1594	160	450	554		1328	630	1164	5880
6	1路继电器	702	1476	2775.6	345.6	4287.6	291.6	3697.2		13575.6
7	1位数码管	876	192	352.5	1029	1734	291	171	540	5185.5
8	Adruino开发板	22951.2	19096.8	22294.2	40427.4	41084.4	9855	6351	34864.8	196924.8
9	Adruino扩展板	19467	2293.2	9072	8681.4	13708.8	4158	7018.2	6073.2	70471.8
10	LED灯珠	1411.2	1472	3715.2		1702.4	1692.8	646.4	1417.6	12057.6
11	OLED显示屏	8763	3151	2599	1150	1978	3461.5	3864	2886.5	27853
12	SG90舵机			5263.8	1984	1760.8	7973.2	1128.4	6603	24713.2
13	超声波传感器	2064.8		2157.6		1438.4	852.6		4286.2	10799.6
14	电机驱动板	8316		5859	16308		7506	4077		42066
15	蜂鸣器	455	1352	735.8	764.4	2789.8	923	665.6	928.2	8613.8
16	霍尔传感器	240.3	469.8	623.7	577.8	264.6		523.8		2700
17	面包板	11750.8	12586	7400.8	7818.4	11275.2	13142.8	18629.6	18038	100641.6
18	热释电传感器	260	2815	1535	1405	1290	495	3450	4570	15820

图 6-5-10 调整显示总计的区域

（2）选定 J5:J19 单元格区域，单击功能区“开始”选项卡中的“条件格式”下拉按钮，在下拉菜单中选择“数据条”→“橙色数据条”，可以直观看到显示数值的大小差异数据条，如图 6-5-11 所示。

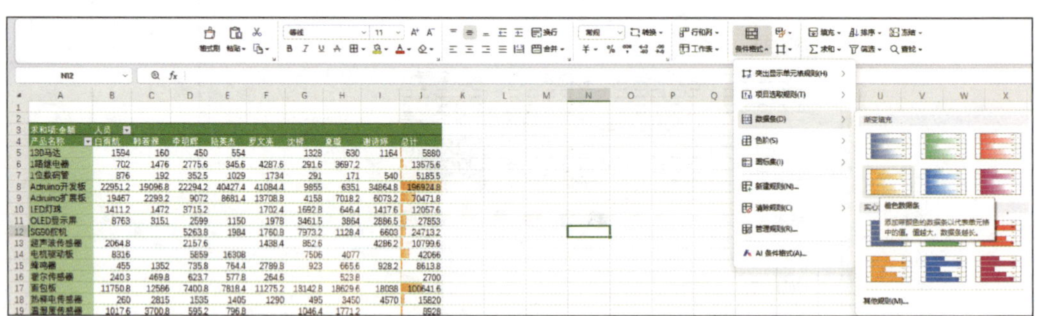

图 6-5-11 使用数据条直观展示数值的大小差异

3. 美化切片器

（1）插入“部门”“人员”切片器，此时切片器与美化过的数据透视表的样式不同，如图 6-5-12 所示。

求和项:金额	人员								
产品名称	白雨航	韩若雅	李明辉	陆英杰	罗文亮	沈柳	夏璇	谢诗婷	总计
130马达	1594	160	450	554		1328	630	1164	5880
1路继电器	702	1476	2775.6	345.6	4287.6	291.6	3697.2		13575.6
1位数码管	876	192	352.5	1029	1734	291	171	540	5185.5
Adruino开发板	22951.2	19096.8	22294.2	40427.4	41084.4	9855	6351	34864.8	196924.8
Adruino扩展板	19467	2293.2	9072	8681.4	13708.8	4158	7018.2	6073.2	70471.8
LED灯珠	1411.2	1472	3715.2		1702.4	1692.8	646.4	1417.6	12057.6
OLED显示屏	8763	3151	2599	1150	1978	3461.5	3864	2886.5	27853
SG90舵机			5263.8	1984	1760.8	7973.2	1128.4	6603	24713.2
超声波传感器	2064.8		2157.6		1438.4	852.6		4286.2	10799.6
电机驱动板	8316		5859	16308		7506	4077		42066
蜂鸣器	455	1352	735.8	764.4	2789.8	923	665.6	928.2	8613.8
霍尔传感器	240.3	469.8	623.7	577.8	264.6		523.8		2700
面包板	11750.8	12586	7400.8	7818.4	11275.2	13142.8	18629.6	18038	100641.6
热释电传感器	260	2815	1535	1405	1290	495	3450	4570	15820
温湿度传感器	1017.6	3700.8	595.2	796.8		1046.4	1771.2		8928

部门：销售二部　销售三部　销售四部　销售一部

人员：白雨航　韩若雅　李明辉　陆英杰　罗文亮　沈柳　夏璇

图 6-5-12　切片器与数据透视表的样式不同

（2）使用 Ctrl 键依次选中“部门”“人员”切片器后，单击功能区“选项”选项卡中的“其他”下拉按钮，在下拉菜单中选择合适的样式（如“切片器样式浅色 6”），如图 6-5-13 所示。

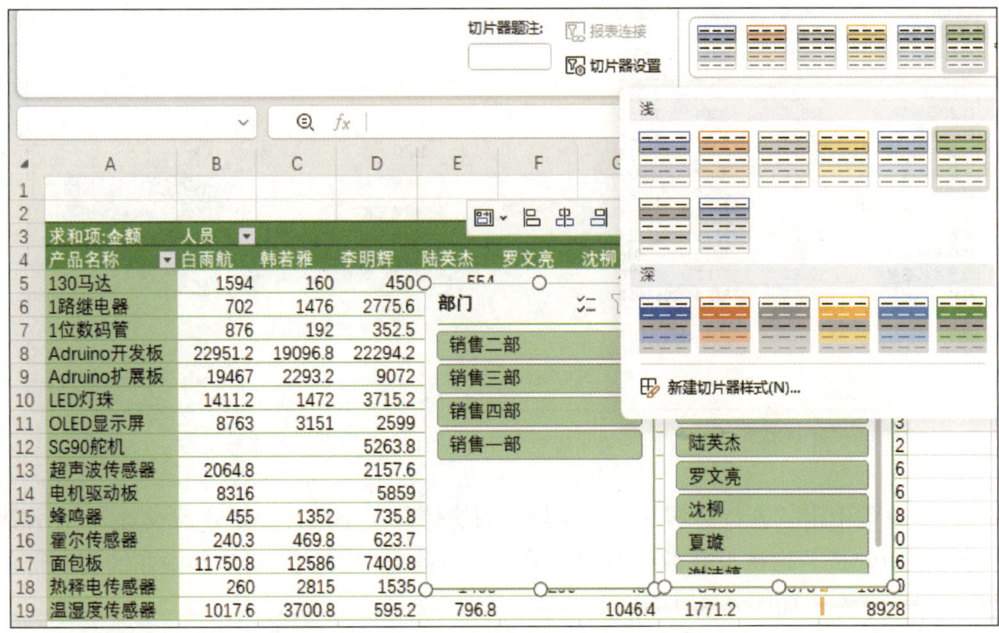

图 6-5-13　切片器与数据透视表统一样式

4. 隐藏切片器中的无效数据

（1）打开素材文档“原始数据表”，根据其数据建立初始数据透视表，“行”区域中的字段为“产品名称”，“列”区域中的字段为“部门”“人员”，“值”区域中的字段为“金额”，并插入“部门”“人员”切片器，如图 6-5-14 所示。

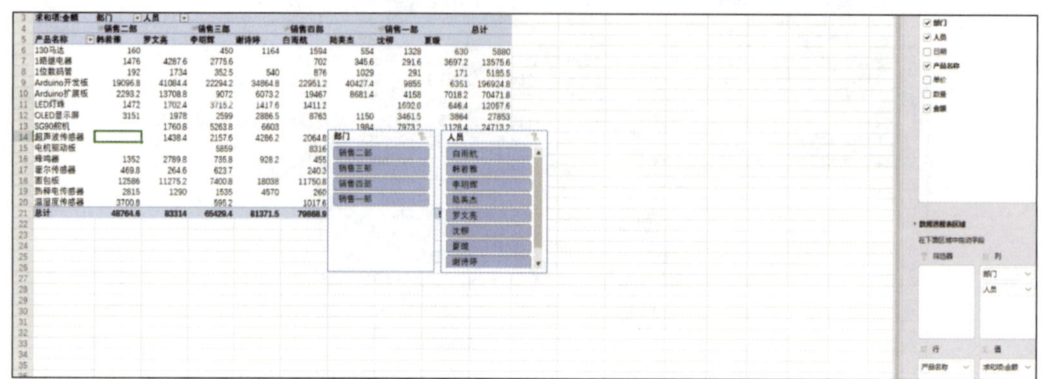

图 6-5-14　初始数据透视表

（2）单击“部门”切片器中的“销售一部”，此时“人员”切片器中非销售一部的人员为不可选择状态，影响切片器的美观，如图 6-5-15 所示。

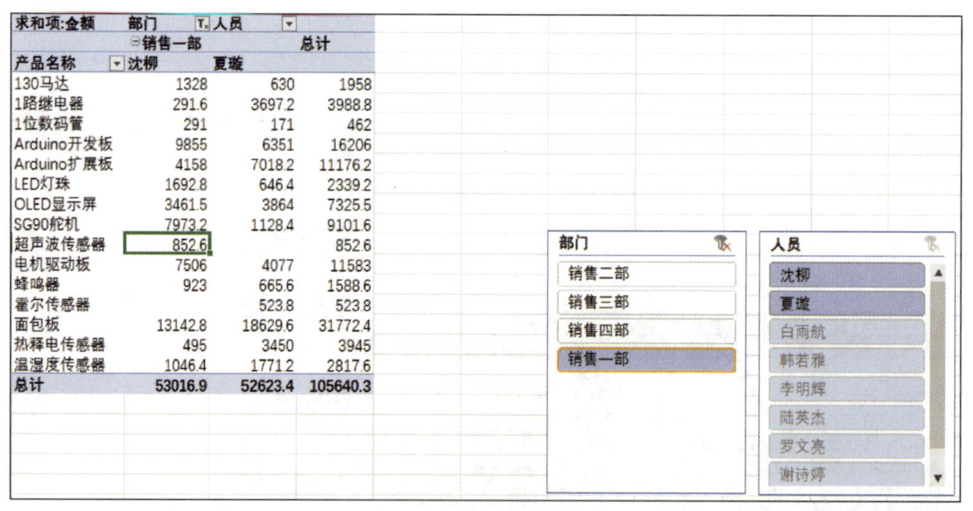

求和项:金额	部门	人员	
	销售一部		总计
产品名称	沈柳	夏璇	
130马达	1328	630	1958
1路继电器	291.6	3697.2	3988.8
1位数码管	291	171	462
Arduino开发板	9855	6351	16206
Arduino扩展板	4158	7018.2	11176.2
LED灯珠	1692.8	646.4	2339.2
OLED显示屏	3461.5	3864	7325.5
SG90舵机	7973.2	1128.4	9101.6
超声波传感器	852.6		852.6
电机驱动板	7506	4077	11583
蜂鸣器	923	665.6	1588.6
霍尔传感器		523.8	523.8
面包板	13142.8	18629.6	31772.4
热释电传感器	495	3450	3945
温湿度传感器	1046.4	1771.2	2817.6
总计	53016.9	52623.4	105640.3

图 6-5-15　“人员”切片器中非销售一部的人员为不可选择状态

（3）右键单击“人员”切片器，在弹出的快捷菜单中选择“切片器设置”，在弹出的对话框中勾选“隐藏没有数据的项”复选框，此时“人员”切片器中非销售一部的人员呈隐藏状态，如图 6-5-16 所示。

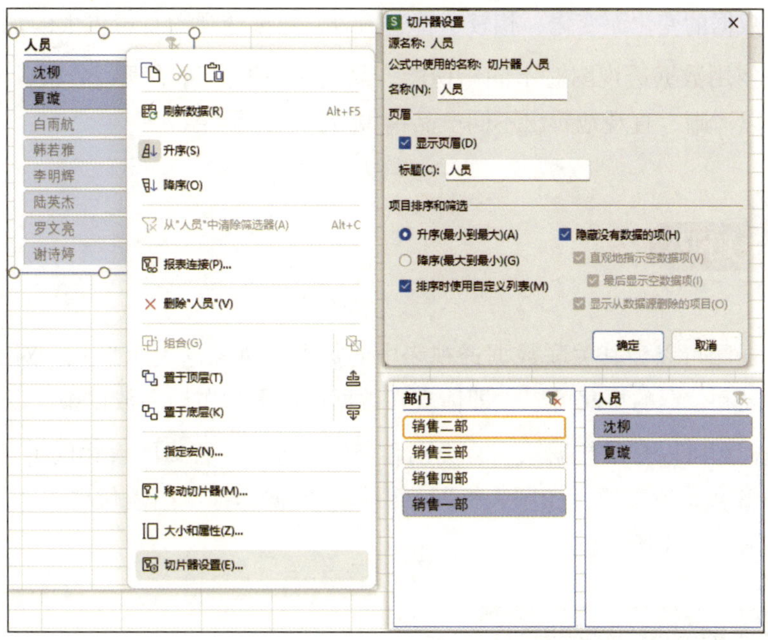

图 6-5-16　在切片器中隐藏没有数据的项

任务 6　制作与修饰数据透视图

1. 能够了解数据透视图以及其与普通图表的区别。
2. 能够根据数据透视表生成数据透视图。
3. 能够修饰数据透视图。

数据透视表给用户提供了灵活、快捷的数据计算工具，数据透视图可以更直观、动态地展现大批量数据的变化规律和趋势。数据透视图依据数据透视表建立，根据数

据透视表中数据的变化而变化，相较于普通图表，数据透视图有着更大的优势。

本任务使用数据透视图对不同年份的产品销售情况进行整理、分析，并进行图表的修饰，可以清晰、直观地看出不同产品销售情况的差异。

数据透视图可以为其关联数据透视表中的数据提供图形表示形式。对关联数据透视表中的布局和数据的更改可以立即体现在数据透视图的布局和数据中，反之亦然。

数据透视图可以显示数据系列、类别和坐标轴等（与普通图表相同），用户也可以更改图表类型和其他选项，如图表标题、图例、数据标签、图表位置等，基本数据透视图示例如图 6-6-1 所示。

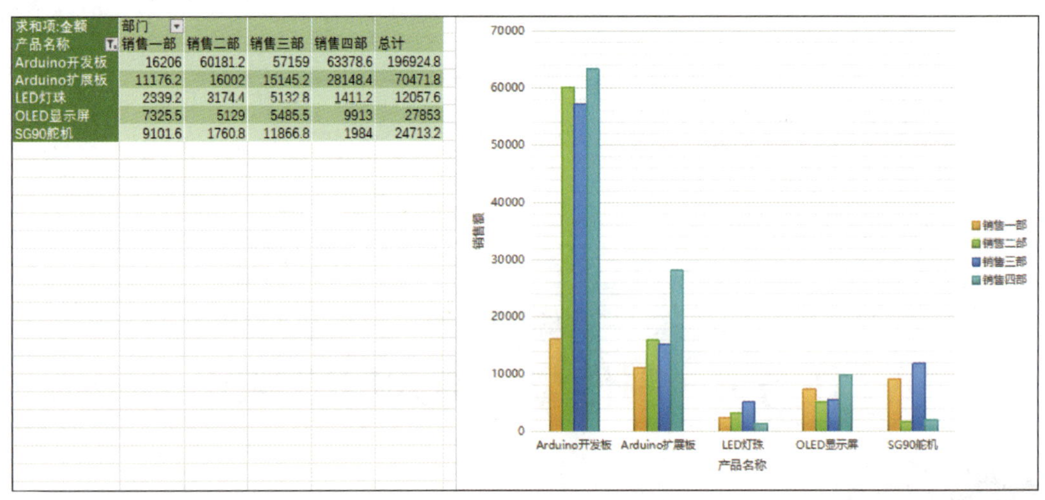

求和项:金额	部门				
产品名称	销售一部	销售二部	销售三部	销售四部	总计
Arduino开发板	16206	60181.2	57159	63378.6	196924.8
Arduino扩展板	11176.2	16002	15145.2	28148.4	70471.8
LED灯珠	2339.2	3174.4	5132.8	1411.2	12057.6
OLED显示屏	7325.5	5129	5485.5	9913	27853
SG90舵机	9101.6	1760.8	11866.8	1984	24713.2

图 6-6-1　基本数据透视图示例

一、数据透视图与普通图表的区别

数据透视图和通过原始数据创建的普通图表有相似之处，也有很多不同，二者区别见表 6-6-1。

表 6-6-1　数据透视图与普通图表的区别

特性	数据透视图	普通图表
用途	汇总和分析大量数据，生成交互式报表	直观地展示数据趋势、关系或对比
数据源	通常用于处理大型数据集，原始数据可以在同一工作表中或外部数据源中	通常用于相对小型的数据集，原始数据通常在同一工作表中

续表

特性	数据透视图	普通图表
汇总能力	非常强大，可以按行和列进行多层级的数据汇总	较为有限，通常只能在图表的坐标轴上进行简单的汇总
灵活性	非常灵活，可以轻松改变数据透视图的布局	较为有限，改变图表的结构和样式可能需要进行手动调整
自动更新	自动更新，当原始数据变化时，数据透视图可以自动更新	静态，通常需要手动刷新或重新创建图表

二、数据透视图的修饰方法

生成数据透视图之后，可以在功能区“图表工具”选项卡中为图表进行添加元素、更改类型、设置格式等操作，如图 6–6–2所示。

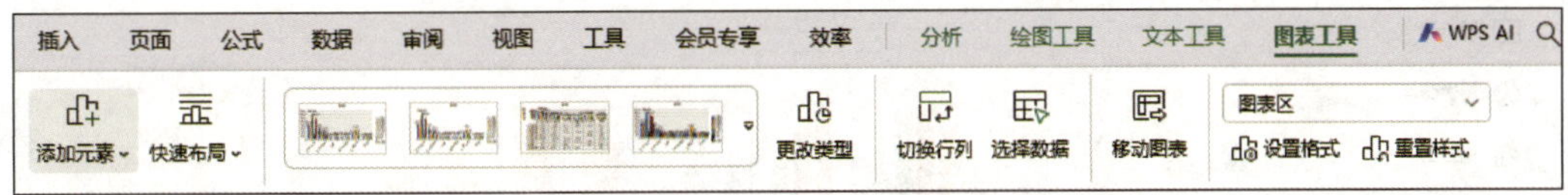

图 6–6–2　功能区“图表工具”选项卡

1. 创建数据透视图

（1）打开素材文档“原始数据表”，根据其数据建立初始数据透视表，“行”区域中的字段为“产品名称”，“列”区域中的字段为“日期”，并将其以年为单位进行组合，“值”区域中的字段为“金额”，初始数据透视表如图 6–6–3 所示。

求和项:金额	日期			
产品名称	2022年	2023年	2024年	总计
130马达	962	4216	702	5880
1路继电器	4662	6955.2	1958.4	13575.6
1位数码管	352.5	3673.5	1159.5	5185.5
Arduino开发板	11125.2	150672	35127.6	196924.8
Arduino扩展板	9450	51622.2	9399.6	70471.8
LED灯珠	4572.8	5628.8	1856	12057.6
OLED显示屏	9142.5	13018	5692.5	27853
SG90舵机	5344.4	14464.6	4904.2	24713.2
超声波传感器	8091	2708.6		10799.6
电机驱动板	12555	25083	4428	42066
蜂鸣器	1783.6	6830.2		8613.8
霍尔传感器	523.8	1776.6	399.6	2700
面包板	33918.4	57988.4	8734.8	100641.6
热释电传感器	1570	12505	1745	15820
温湿度传感器	1248	6518.4	1161.6	8928
总计	105301.2	363660.5	77268.8	546230.5

图 6–6–3　初始数据透视表

（2）使用筛选功能保留需要查看的产品名称，单击数据透视表中的任意单元格，单击功能区“插入”选项卡中的“数据透视图”按钮（或单击功能区“分析”选项卡中的“数据透视图”按钮），弹出“图表”对话框，如图 6–6–4 所示。

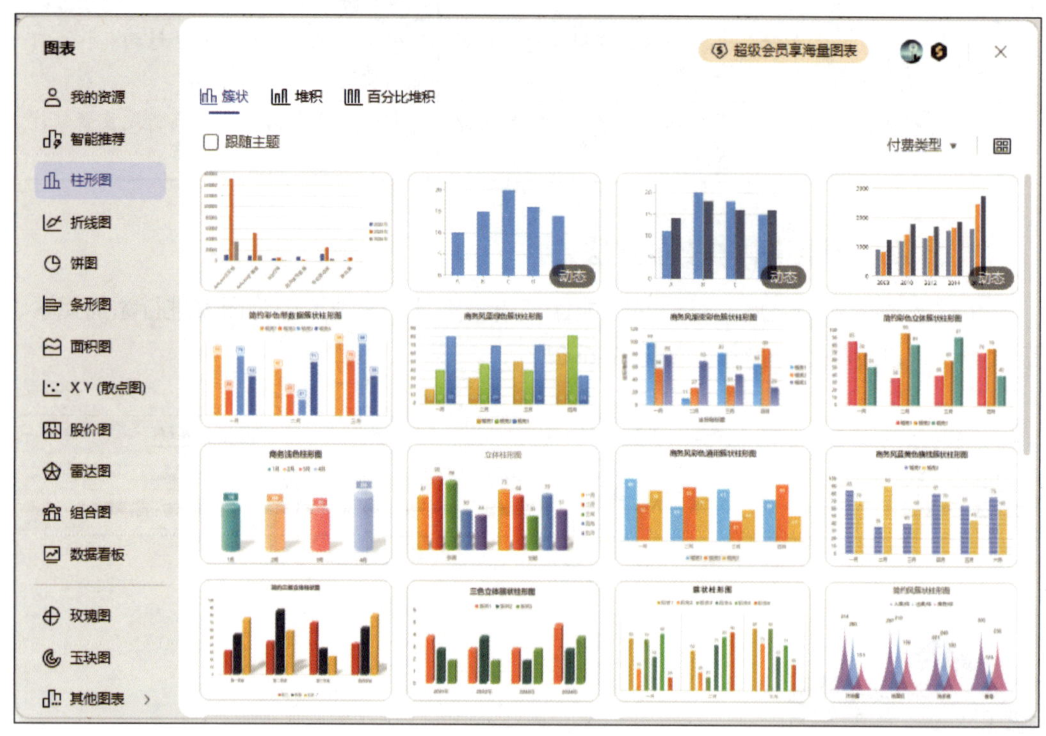

图 6–6–4 “图表”对话框

（3）选择“柱形图”中的第一种数据透视图样式，创建的数据透视图如图 6–6–5 所示。

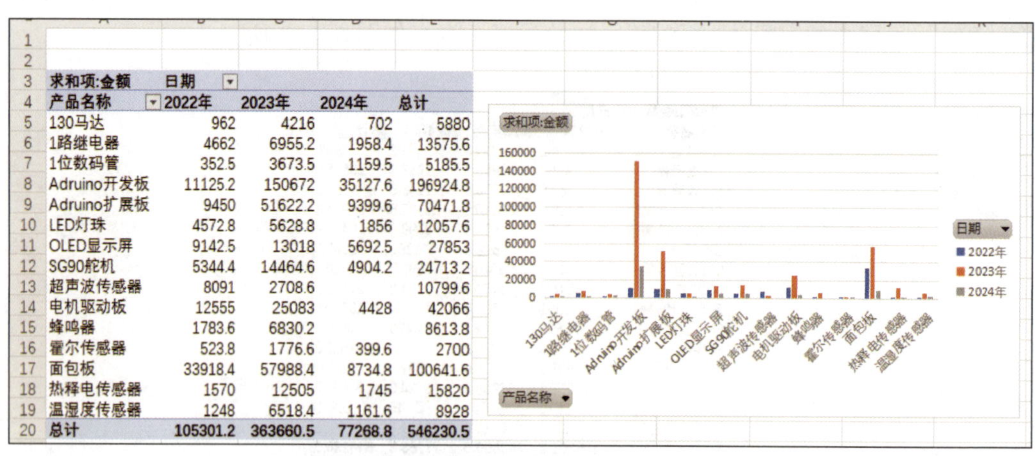

求和项:金额	日期			
产品名称	2022年	2023年	2024年	总计
130马达	962	4216	702	5880
1路继电器	4662	6955.2	1958.4	13575.6
1位数码管	352.5	3673.5	1159.5	5185.5
Adruino开发板	11125.2	150672	35127.6	196924.8
Adruino扩展板	9450	51622.2	9399.6	70471.8
LED灯珠	4572.8	5628.8	1856	12057.6
OLED显示屏	9142.5	13018	5692.5	27853
SG90舵机	5344.4	14464.6	4904.2	24713.2
超声波传感器	8091	2708.6		10799.6
电机驱动板	12555	25083	4428	42066
蜂鸣器	1783.6	6830.2		8613.8
霍尔传感器	523.8	1776.6	399.6	2700
面包板	33918.4	57988.4	8734.8	100641.6
热释电传感器	1570	12505	1745	15820
温湿度传感器	1248	6518.4	1161.6	8928
总计	105301.2	363660.5	77268.8	546230.5

图 6–6–5 创建的数据透视图

2. 修饰数据透视图

（1）选中数据透视图并通过四周手柄调节图表大小，通过功能区“图表工具”选项卡中的“添加元素”下拉按钮，依次选择“轴标题”→“主要纵向坐标轴”、“图表标题”→“图表上方”以及“数据标签”→“数据标签外”三种元素，并修改纵向坐标轴的标题为“销售金额”，便于他人明白数据含义及内容，如图 6-6-6 所示。

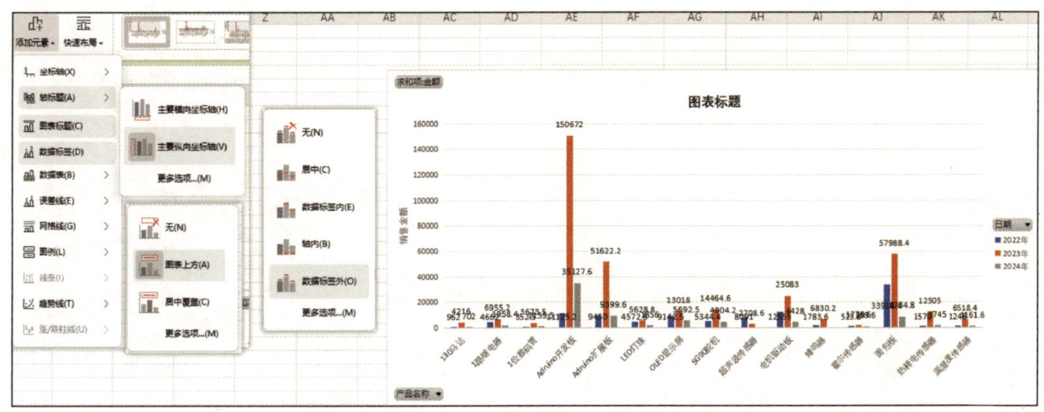

图 6-6-6　添加数据透视图中的元素

（2）双击数据透视图上方“图表标题”处，修改数据透视图的标题为“主要产品销量”，如图 6-6-7 所示。

图 6-6-7　修改数据透视图的标题